创新思维与创新方法

主　编　王亚非　梁成刚　胡智强
副主编　马　丽　马静瑜　赵德胜
编　委　韩　燕　西慧燕　邓莎莎　刘小兰
丁丽娜　刘百顺　王　玮　佟　翔

北京理工大学出版社
BEIJING INSTITUTE OF TECHNOLOGY PRESS

图书在版编目（CIP）数据

创新思维与创新方法 / 王亚非，梁成刚，胡智强主编．—北京：北京理工大学出版社，2018.8（2022.1 重印）

ISBN 978－7－5682－6228－6

Ⅰ．①创…　Ⅱ．①王…　②梁…　③胡…　Ⅲ．①创造性思维　Ⅳ．①B804.4

中国版本图书馆 CIP 数据核字（2018）第 191532 号

出版发行 / 北京理工大学出版社有限责任公司
社　　址 / 北京市海淀区中关村南大街 5 号
邮　　编 / 100081
电　　话 /（010）68914775（总编室）
（010）82562903（教材售后服务热线）
（010）68944723（其他图书服务热线）
网　　址 / http：//www.bitpress.com.cn
经　　销 / 全国各地新华书店
印　　刷 / 三河市天利华印刷装订有限公司
开　　本 / 787 毫米×1092 毫米　1/16
印　　张 / 13.5
字　　数 / 330 千字
版　　次 / 2018 年 8 月第 1 版　2022 年 1 月第 13 次印刷
定　　价 / 38.00 元

责任编辑 / 潘　昊
文案编辑 / 潘　昊
责任校对 / 周瑞红
责任印制 / 施胜娟

前　言

习近平总书记在党的十九大报告中强调，要加快建设创新型国家。创新是引领发展的第一动力，是建设现代化经济体系的战略支撑。创新型国家需要创新型人才，成为创新型人才的首要任务就是培养创新思维与掌握创新方法。

本书编写团队拥有多年高职创新教育的经验，在吸收、借鉴国内外先进教研成果的基础上，根据高职教育特点与学生的学情，整合了创新思维、创新技法与创新方法 TRIZ 的相关内容编写成书。全书通过引入、案例、体验与训练等环节，力求使读者在掌握创新思维、创新技法与创新方法 TRIZ 理论基础上，能够体验创新、创造的魅力，训练创新能力与创新素质，最终达到提高综合创新能力的目的。

本书由包头轻工职业技术学院《创新思维与创新方法》编写组编写。包头轻工职业技术学院王亚非老师、梁成刚老师、胡智强老师担任主编，马丽老师、马静瑜老师、赵德胜老师担任副主编。编写组具体分工如下：王亚非老师负责第一章、第二章的编写，马静瑜老师、丁丽娜老师负责第三章的编写，马丽老师负责第四章的编写，韩燕老师负责第五章的编写，西慧燕老师、邓莎莎老师负责第六章的编写，胡智强老师负责第七章、第八章的编写，赵德胜老师、梁成刚老师负责第九章、第十章的编写，刘小兰老师负责第十一章的编写。资料整理由刘百顺老师、王玮老师、佟翔老师共同完成。

由于高校创新教育尚处于发展阶段，加之作者水平有限，书中难免存在不足之处，请广大读者批评指正。在本书编写过程中，借鉴了国内外先进的教研成果，由于篇幅有限，不能一一致谢，在此衷心表示感谢！

王亚非

2018 年 6 月 15 日于包头

推荐课程教学进度表

课程名称：创新思维与创新方法　　　　课程代码：________

学分：2　　　　周学时：2　　　　教学周数：18周

教学周	教学内容	学时	教学方法	备注
1	课程介绍、组成团队	2	课堂教学	
2	第一章　什么是创新	2	课堂教学	
3	第二章　打破思维定式（1）	2	课堂教学	
4	第二章　打破思维定式（2）	2	课堂教学	
5	第三章　聚散思维之发散思维	2	课堂教学	
6	第三章　聚散思维之聚合思维	2	课堂教学	
7	第四章　逆向思维（1）	2	课堂教学	
8	第四章　逆向思维（2）	2	课堂教学	
9	第五章　联想思维	2	课堂教学	
10	第六章　想象、直觉与灵感	2	课堂教学	
11	第七章　几种创新技法（1）	2	课堂教学	
12	第七章　几种创新技法（2）	2	课堂教学	
13	第八章　TRIZ 创新方法概述	2	课堂教学	
14	第九章　TRIZ 基本概念	2	课堂教学	
15	第十章　发明原理	2	课堂教学	
16	第十一章　技术矛盾	2	课堂教学	
17	课程复习	2	课堂教学	
18	考核	2	课堂教学	

目录

第一章

什么是创新

谈起创新，许多人认为：创新很神秘、很高大上；创新是高智商、高学历的人做的事情；创新主要是在科学研究领域，普通人根本难以企及……真的如此吗？

习近平同志指出：创新可大可小，揭示一条规律是创新，提出一种学说是创新，阐明一个道理是创新，创造一种解决问题的办法也是创新。可以说，这一重要论述适用于各个领域。创新具有丰富内涵和多样形式，只要能突破陈规、有所推进，无论大小都可以称得上是创新。生活从不眷顾因循守旧、满足现状者，从不等待不思进取、坐享其成者，而是将更多机遇留给勇于和善于创新的人。只要积极进取、敢想敢做，就能进行不同程度、不同类型的创新。（摘自《人民日报》2017 年 10 月 23 日 14 版《人人皆可创新》，作者：朱亮亮）

【案例 1－1】

农民发明家赵正义

赵正义（图 1－1）初中毕业回家务农，1976 年进入乡镇建筑企业成为一名农民工。他从砌墙抹灰干起，今天已经是一家企业的总经理。多年来他先后获得“中国时代十大新闻人物”“北京市劳动模范”“北京市农村优秀实用人才”等称号，并在 2008 年入选北京奥运会火炬手。他研制的“塔桅式机械设备装配式预制混凝土构件基础”（简称“赵氏塔基”），入选 2011 年“国家科技进步奖”，荣获“工人农民技术创新奖”二等奖。在院士、教授林立的获奖者中，农民工出身的赵正义，格外引人注目，这位被誉为“当代鲁班”的北京农民工，成为工人、农民技术创新的代表。（农民发明家赵正义的事迹见本章末“拓展阅读”）

图 1－1　农民发明家赵正义

【案例 1－2】

工人发明家孔利明

孔利明（图 1－2）是上海宝钢股份有限公司运输部高级技师。男，1951 年 10 月生，大专文化，中共党员；1997 年度上海市劳动模范，2000 年度全国劳动模范，全国“五一劳动奖章”获得者，2004 年度中央企业劳动模范。

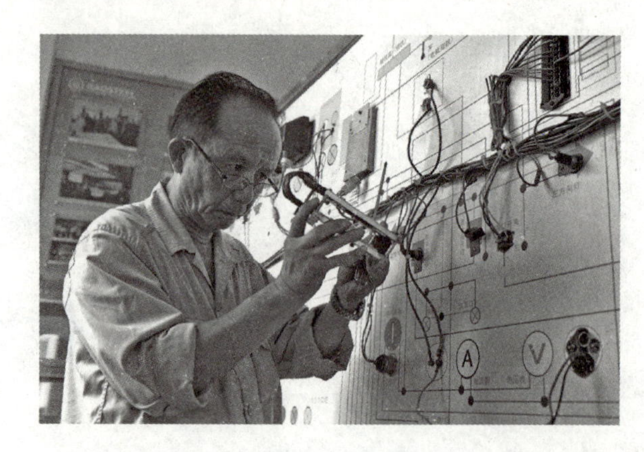

图 1－2　工人发明家孔利明

孔利明从事汽车电器维修工作30余年，忘我工作，不懈追求，共提出合理化建议263条，实施258条；完成科研项目14项；解决进口重型汽车的疑难杂症149个；获技术秘密5项和先进操作法1项，共创经济效益1 200余万元。自1995年起，共申请专利47项，受理41项，授权40项，其中《汽车转向语言报警器Ⅲ型》获1996年中国第五届专利新技术博览会金奖；《汽车电路短路检测器》获1997年中国第六届专利新技术博览会金奖；《多功能汽车发电机测试仪》获1998年中国第七届专利新技术博览会金奖；《办公室自动应答装置》获1999年中国第八届专利新技术博览会金奖，连续四年摘取中国专利新技术博览会金奖。1998年被破格晋升为高级技师，被授予“上海市十大工人发明家”和上海市“优秀技师”称号，1999年荣获“全国十大杰出职工”称号。

【案例 1－3】　高职创新项目制作者张志远

张志远（图1－3）是包头轻工职业技术学院能源工程学院的一名普通学生。2017年10月，他设计发明的光伏发电辅助供热系统在河南许昌举行的第十二届全国高等职业院校“发明杯”大学生创新创业大赛中荣获个人二等奖。比赛现场就有一位本地的企业家看中了他的设计发明，愿意出资将这套系统产业化。2017年12月，张志远完善改进了自己的设计后，向国家知识产权局申请了国家发明专利。

图 1－3　张志远和他设计的光伏发电辅助供热系统在第12届“发明杯”大学生创新创业大赛中

以上三个案例中，发明者分别是农民工、普通工人和学生。特别是农民工发明家赵正义荣获了我国科技界最高的奖项——国家科学技术进步奖。从这里我们看出创新并不是高学历、高智商的科研工作者的专利，普通人只要勤于探索，勇于实践，也一样能够创造发明，实现自我。而在全国像赵正义、孔立明、张志远这样的创新发明能手，还有许许多多。

第一节　什么是创新

大约100年前，美籍奥地利经济学家约瑟夫·熊彼特第一次提出创新的概念并系统研究了“创新”对经济发展的作用。他的独到见解轰动了当时的经济学界。从此，创新的观念深入人心，人们逐渐认识到人类历史就是一部创新的历史；人类的物质文明与精神文明都是人类不断创新的成果；创新是技术进步、经济发展的源泉。

一、创新的几种代表性解释

那么到底什么是创新？除了熊彼特提出的创新是生产要素的重新组合以外，许多专家学者和权威人士给出了自己关于创新的解释。下面我们就列出几种比较有代表性的解释，供大家参考学习。

（一）美籍奥地利经济学家约瑟夫·熊彼特提出的创新的概念

熊彼特认为，创新是生产要素的重新组合，包括5个方面的内容：

（1）引进一种新产品。

（2）采用新的生产方式。

（3）开辟新的市场。

（4）开辟和利用新的原材料。

（5）采用新的组织形式。

（二）成海清编著的《创新辞典》中创新的概念

创新是指组织在技术、产品、流程和服务等方面的变化或改进，这些变化或改进能给顾客和组织中的其他利益相关者带来更多或更好的价值。简而言之，创新就是创造新的客户价值，创新就是将创意变成钱。创新是经济概念，不能实现经济回报的所谓创新都是“伪创新”。

（三）中华人民共和国科学技术部部长万钢提出的创新的概念

所谓创新，就是人们利用新的知识、新的技术去创造新的产品，改进新的工艺，来推向社会，最终达到改善人民的生活、提高社会财富值的目的。（资料来源：CCTV纪录片《创新之路》）。

（四）《现代汉语词典》中创新的概念

创新是指抛开旧的，创造新的。

二、感受创新

到底什么是创新？我们首先来看看下面的案例。

【案例 1-4】

小乔丹卖衣服

小乔丹出生于纽约布鲁克林贫民区，从小就在贫穷中度过。因为小乔丹是有色人种，他还不断遭受种族歧视。对于未来，小乔丹非常迷茫，有一段时间，他只是蹲在低矮的屋檐下，沉默而沮丧。父亲看着小乔丹这样低沉，很是痛心。一天，父亲突然递给小乔丹一件旧衣服，对他说："这件衣服能值多少钱?""大概一美元。"小乔丹回答。"那你能将它卖到两美元吗?"父亲问。

小乔丹不明白父亲的意思，赌气说："只有傻瓜才会买呢。"

"你为什么不试一试呢？要知道，我现在的工资已经不够家里的开销了，你要是把它卖了，也算是帮了我和你妈妈的忙，或许你还能从中得到一些意外的惊喜呢。"父亲真诚地说。

小乔丹这才点点头，说："那好吧，我试一试，但是不一定能卖掉。"语气中带着明显的不确定。

小乔丹很小心地把衣服洗净。没有熨斗，小乔丹就用刷子把衣服刷平，铺在一块平板上晾干。第二天，小乔丹带着这件衣服来到一个人流密集的地铁站，经过 6 个多小时的叫卖，小乔丹终于卖出了这件衣服，赚到了两美元。小乔丹紧紧攥着这两美元，一路奔回了家。以后，每天小乔丹都热衷于从家里淘出旧衣服，打理好后，去闹市里卖。

过了十多天，父亲又递给小乔丹一件旧衣服："你想想，这件衣服怎样才能卖到 20 美元?"有了之前的经历，小乔丹变得十分自信，不再去想旧衣服能不能卖出的问题，但还是有些疑虑："这么一件旧衣服怎么会卖到 20 美元?"

父亲还是鼓励小乔丹说："你为什么不去试一试呢？开动脑筋，看看你有没有新的想法吧。"

小乔丹拿着衣服，坐在院子里想，这件衣服没有什么特点，要是能把它变个样子，也许会卖出去。终于，小乔丹灵机一动，跑了出去。原来，小乔丹想到了自己学画画的表哥，小乔丹请表哥在衣服上画了一只可爱的唐老鸭和一只顽皮的米老鼠，然后来到了一个贵族学校的门口叫卖。不一会儿，一个管家为他的小少爷买下了这件衣服，那个十来岁的孩子十分喜爱衣服上的图案。一高兴，管家又给了小乔丹 5 美元的小费。25 美元，这无疑是一笔巨款，相当于小乔丹父亲一个月的工资！

回到家后，父亲听了小乔丹卖衣服的经过之后说："这个想法真不错，有创意，看得出来，你很聪明，有想法。"接着又递给小乔丹一件旧衣服，"你能把它卖到 200 美元吗?"小乔丹望着父亲深邃的目光，没有怀疑，平静地接过了衣服，开始了思索。母亲看着儿子的身影，对父亲说："你这回是不是有点过分呢？200 美元，他都不知道是个什么概念。"

父亲意味深长地说："没关系，我会帮他的。"

两个月后，机会终于来了。小乔丹得知当红电视剧《霹雳娇娃》的女主角法拉·福塞特（Farrah Fawcett）即将来到纽约做宣传后，兴奋得睡不着觉。终于等到了那一天，小乔丹早早地赶到法拉·福塞特召开记者招待会的地方，观察着法拉·福塞特的一举一动。招待会一结束，小乔丹就推开身边的安保人员，扑到了法拉·福塞特的身边，举着旧衣服请她签名。法拉·福塞特先是一愣，但是知道小乔丹十分喜爱自己出演的节目后，马上就笑了，因为没有人会拒绝一个纯真的孩子。

法拉·福塞特流畅地签完名。小乔丹笑着说："福塞特小姐，我能把这件衣服卖掉吗？""当然，这是你的衣服，怎么处理完全是你的自由！"福塞特微笑着说道。

小乔丹欢呼起来："法拉·福塞特小姐亲笔签名的运动衫，售价200美元！"众人疯抢，于是现场开始出现了竞价，最终，一名石油商人以1 200美元的高价买下了这件运动衫。

回到家里，小乔丹一家人陷入了狂欢，父亲激动得流下了热泪，不断地亲吻小乔丹的额头："我原本打算，要是卖不掉，我就买下这件衣服，没想到你真的做到了，我的孩子，你真的很棒。"小乔丹终于明白了父亲一开始所说的"惊喜"，那就是只要有信心、有想法、肯吃苦，就一定能到达胜利的彼岸。从此以后，不管做什么事情，小乔丹都认真、勤奋、刻苦。20年后，"迈克尔·乔丹"（图1－4）的名字传遍了世界的每一个角落，成为美国NBA历史上最伟大的球员。

图1－4　迈克尔·乔丹

三、到底什么是创新

从前面对创新不同的定义和解释，以及案例中小乔丹将原本价值几美元的旧衣服卖到了1 200美元。我们不难体会和感受到到底什么是创新。

首先，创新是一个经济学的概念，即美籍奥地利经济学家约瑟夫·阿罗斯·熊彼特1912年在他的《经济发展理论》一书中提出的创新含义。按照熊彼特的观点，创新就是建立一种新的生产函数，把一种从来没有过的关于生产要素和生产条件的"新组合"引入生产体系。它包括引进新产品、引用新技术（采用一种新的生产方法）、开辟新市场、获得原材料的新供应来源、实现企业的新组织等五种情况。

其次，创新是一个科学技术领域（包括自然科学、社会科学）的概念，是对科学发现、发明、创造、技术革新等科学和技术上创新性成果的一种泛称。

再次，创新是泛指摒弃旧的事物（思路、办法），创造一种新的事物。这种创新概念应用广泛，适用于社会生活、学习工作的各个领域。

最后，创新是一种精神、一种探索、一种意念。我们青年学生学习、实践创新所需要培养的就是"创新"这种精神、这种理念。

综上所述，到底什么是创新？显然，创新是一种综合性的概念，因为人类社会从古至今在方方面面都离不开它，如果你注意到你生活的周边，除了自然界固有的生物、微生物、山川、河流和地貌等，其他大多数的事物都是人类在某一个阶段的创新成果。甚至自然界的进化、发展、变异，在某种程度上讲，也可以认为是自然界自身的一种创新。可以说，创新是自然界和人类社会的普遍规律、过程和成果。

【思考练习1-1】

(1) 什么是创新？请谈一下你的经历和感受。

(2) 你在生活中感受到“创新”的事例有哪些？请你列举几例。

第二节 为什么创新

创新是摒弃旧的事物，创造新的事物。那么，同学们可以再想一想，我们为什么要摒弃旧的事物？为什么要创造新的事物？

一、不创新就灭亡

笔者认为，因为从生物到微生物、从微观到宏观、从自然界到人类社会都是处在发展变动之中的。旧的事物一定是在旧的条件、环境下产生的，当客观条件、环境发生变化的时候，旧的事物要么不能够适应新的生存环境，要么不能够解决新出现的问题，自身的功能和存在价值大打折扣，这个时候，创新就成为必须完成的任务。谁完成得好，谁就可以发展壮大；谁完成得不好，甚至没有完成，谁就要衰落，甚至灭亡。

【案例1-5】 **诺基亚（Nokia）手机的没落**

曾几何时，诺基亚（Nokia）几乎就是手机的代名词。它曾经连续14年占据市场份额第一，是当之无愧的移动老大。诺基亚最早提出了智能手机概念，但由于理念的落后，诺基亚一直致力于把智能手机做成像电脑一样强大，想尽办法要把键盘、鼠标、桌面管理方法都搬到智能机上。

2007年，苹果iPhone出现了，它用手指替代了实体键盘，独创了平铺桌面，通过App Store吸引了无数App开发者，彻底颠覆了旧有的智能手机概念。

在认识到自己的问题后，诺基亚本可以学习苹果的操作系统iOS的用户界面，重新构建塞班系统，甚至可以全面转向安卓系统（Android），以它的技术积累，很快将在Android阵营里占据一席之地。但是，诺基亚不愿意抄小兄弟苹果的用户界面，也不愿意投入Android的怀抱，而是选择与难兄难弟微软合作。微软的手机操作系统WP系统，相比于苹果的操作系统iOS以及安卓系统（Android）不具优势，再加上缺少第三方应用，消费者不得不选择其他产品。诺基亚最终无力回天，以区区72亿美元出售了旗下最核心的手机业务。这一售价还不足当年辉煌时期公司上千亿市值的零头。苹果公司CEO蒂姆·库克谈及诺基亚时说，不创新必然带来消亡。诺基亚就是一个不创新而枯萎的案例，尽管它曾经在全球市场份额中占有重要地位。这可能正是诺基亚对所有企业敲响的警钟。

【案例1-6】 **柯达：不愿放弃既有市场，终究被数码技术的洪流颠覆**

柯达曾经是世界上最大的影像产品公司，占有全球2/3的胶卷市场。柯达从来都不缺少技术储备，它曾经站在照相技术的巅峰，拥有一万多项专利技术，世界上第一台数码相机正是柯达于1975年发明的。然而，柯达在发明出第一台数码相机后没有重视继续研发，而是妄图通过专利保护把数字影像技术雪藏起来，以保护现有产品。殊不知，一些企业在充分借鉴柯达专利技术的同时，巧妙地绕开了专利保护的障碍，开发出更廉价的数码产品。柯达没有想到，在申请专利保护的范围之外，大量数字技术扑面而来，当意识到问题的严重性时，为时已晚。柯达最终于2012年1月申请破产保护。

二、创新才能发展

【案例1－7】 **小米的创新与成功**

北京小米科技有限责任公司成立于2010年4月。自20世纪90年代至今，在全球手机市场一直保持着激烈竞争的态势下，面对苹果、三星这样强大的国际企业，小米公司从零开始，仅仅在公司创立两年半之后，小米手机就击败了众多国内外对手，成为中国销量第一、世界销量第三的手机品牌。不仅如此，小米在几年时间内，研发、拓展自己的产品生态链，而且个个都销量不俗。如小米笔记本电脑、小米电视、小米路由器、小米电饭煲、小米空气净化器、小米插线板等。特别是2017年，小米继高通、联发科、三星、华为和苹果之后，推出首款自主研发的移动处理器芯片“澎湃 S1”，并将其应用到当年推出的一款智能手机——小米5C上。2017年，小米公司营业收入突破了1 000亿元。

小米的火热表现大大超出了人们的想象。有人说小米手机的硬件配置是现有技术的组合，称不上是重大技术创新。MIUI操作系统是在Android基础之上改进的，而“米聊”虽然号称有数百万个用户，但比起QQ来就小巫见大巫。而且从硬件配置上找不到小米的任何成功之处。但当雷军（小米公司创始人，公司CEO，见图1－5）将营销模式创新、商业模式创新、竞争战略创新以及技术创新等众多微创新整合在一起的时候，你会发现，小米就拥有了一种神奇的力量。

图1－5 小米公司创始人雷军

小米手机除了运营商的定制机外，只通过电子商务平台销售，最大限度地省去中间环节。通过互联网直销，市场营销采取按效果付费模式，这样的运营成本相比传统品牌能大大降低，从而最终降低终端的销售价格。另外，小米从未做过广告，雷军说保持产品的透明度和良好的口碑是小米初步取胜的秘诀。从MIUI开始，小米就牢牢扎根于公众，让公众（尤其是发烧友）参与开发，每周五发布新版本供用户使用，开发团队根据反馈的意见不断改进，此后的米聊和小米手机皆如此，而且还鼓励用户、媒体拆解手机。有人说发烧友是一个特定的用户群，不一定能代表广大用户，但这些人其实是最苛刻的用户，他们反馈的意见将推动小米手机不断改进用户体验。而且，数十万人的发烧友队伍是口碑营销的主要力量。小米的成功，在于依靠MIUI、米聊用户及以发烧友为原点而带动的口碑营销。

目前所有手机厂商的商业模式都是靠销售手机赚钱，在商业模式上，小米也可以和传统手机厂商一样靠硬件赢利，但小米却把价格压到最低，配置做到最高。作为一家互联网公司，小米更在意用户的口碑，只要有足够多的用户，赢利自然不是问题，最后也许小米公司只卖出100万部手机，但是吸引到了几千万个的移动互联网用户。Google免费Android，想通过搜索和广告赚钱，Amazon的Kindle Fire低价亏本销售也是这个思路，只要用户量足够多，以后通过终端销售内容和服务就可以赚大钱。大部分手机厂商没有经营用户的认识，特别是国产品牌，只知道单纯地卖手机，却没看到手机作为移动终端背后的庞大市场。

如果只是低价卖手机，用户又不是自己的也没意义。而小米是自己的手机品牌，并且自己有系统级产品服务，能让用户不仅是自己的手机用户，而且是自己的系统用户，这样发展起来的用户就有价值。其实从这点上说，小米与苹果已经很类似，区别是苹果的利润主要来自硬件，而小米却不靠硬件赚钱。

一个小公司，当没有资源、品牌和用户的时候，就必须找到一块最适合的战场，让大公司看着眼馋，却不敢进来。显然，小米找到了这样的一片蓝海：小米在不靠硬件赚钱的模式上发展手机品牌，软硬件一体化，定位中档机市场2 000元，价格向下看，配置向高端机上靠齐，甚至领先。这个产品空间以及利润空间的考虑，其他厂商不太好进入。另外，手机与移动互联网混合的模式也使得小米没有竞争对手，小米所有Android开发的竞争对手都不是其做手机的竞争对手，所有做手机的竞争对手又都不是其做Android开发的竞争对手。而且就算是竞争对手模仿跟进，将遇到难以想象的困难和挑战。小米相对于一般的Android厂商的优势是有多个差异化竞争手段（MIUI、米聊等）。而雷军最大的优势是那些关联公司（金山软件、优视科技、多玩、拉卡拉、凡客诚品、乐淘等）。只要雷军让小米和这些公司进行服务对接，就有了其他手机厂商都不具有的优势——低成本、高效率、整合速度快和双向推动作用，可以形成一个以小米手机为纽带的移动互联网帝国。手机是目前人们唯一不可或缺随身携带的电子设备，未来所有的信息服务和电子商务服务都要通过这个设备传递到用户手上，谁能成为这一入口的统治者，谁就是新一代的王者。而王者必须集硬件、系统软件、云服务三位于一体。而小米正是奔着这个方向走，这就不难解释为何成立只有短短7年的小米，可以取得如此成绩了。

【思考练习1－2】

（1）试举一个创新驱动发展的例子。

（2）一分钟之内回答下面问题：1元钱喝1瓶可乐，2个空瓶可兑换1瓶可乐，你有5元钱，请问你最多可以喝多少瓶可乐？

第三节　创新的形式

一、方方面面的创新

在第一节中，我们谈到由于事物发展变化的普遍性以及人的认识向纵深发展，所以创新普遍存在于科学进步、社会生活的各个方面。

根据创新与科学技术以及社会生活的结合，我们把创新的形式分为四类：知识创新、技术创新、管理创新和方法创新（图 1－6）。

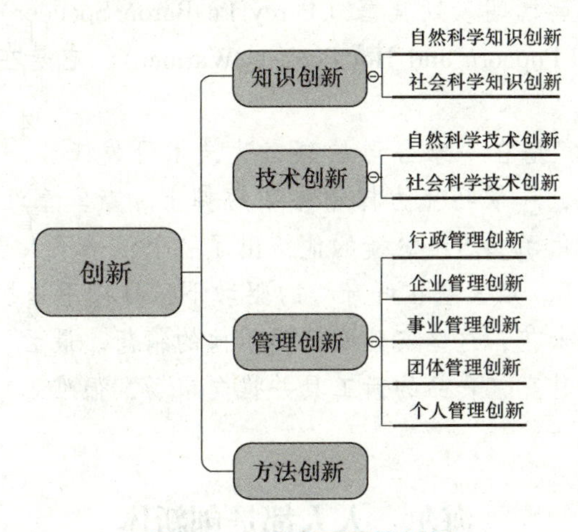

图 1－6　方方面面的创新

（一）知识创新

知识创新就是在现有知识基础上的发明或创造。

知识是人们在探索、利用或改造世界的实践中所获得的认识和经验的总和。我们的知识一般分为自然科学知识和社会科学知识两类。因此，知识创新也可以进一步划分为自然科学知识创新和社会科学知识创新。

自然科学知识创新包括物理学、化学、动物学、植物学、矿物学、生理学、数学等学科领域的知识的创新。社会科学知识创新包括哲学、政治经济学、法学、管理学、历史学、文艺学、美学、伦理学等学科领域的知识的创新。

（二）技术创新

技术创新就是在现有技术基础上的发明或创造。“技术”一词一般有两个方面的含义：第一个含义是指人们在探索、利用和改造自然界和社会的各种物质或现象的过程中积累起来并在生产劳动或社会实践中体现出来的经验和知识。其第二个含义是泛指各种操作技巧。

（三）管理创新

管理创新就是对现有管理构成要素进行新的组合或分解，是在现有管理基础上的进步或发展，是在现有管理基础上的发明或创造。管理可进一步分为行政管理、企业管理、事业管理、团体管理和个人管理五类。管理创新也可以进一步分为行政管理创新、企业管理创新、事业管理创新、团体管理创新和个人管理创新。

（四）方法创新

方法是指人们在探索、利用或改造世界的实践中积累起来的观察问题、分析问题或解决问题的途径、程序或诀窍等。方法创新就是在现有方法基础上的进步或发展，是在现有方法基础上的发明或创造。方法创新就是人们观察问题、分析问题或解决问题的途径、程序或诀窍的创新的总称。方法创新是永无止境的，方法创新的种类也是无穷尽的。

【案例1-8】

微波炉

珍惜偶然的发现，开展相关原理的探索，往往会带来令人意想不到的创新。微波炉的发明者是美国工程师珀西·勒巴朗·斯宾塞（Percy Le Baron Spencer）。微波炉最早的名称是“爆米花和热团加热器”（Popcorn and Hot Pockets Warmer），它是在雷达技术研发项目中被偶然发明出来的。

“二战”爆发后，斯宾塞在一家公司从事雷达技术开发工作。斯宾塞喜欢吃甜食，一天，他在实验室做实验时，一块巧克力棒粘在了短裤上。斯宾塞注意到，当他运行磁控管时，裤子上的巧克力棒融化了。思维敏捷的他给出了一个似乎不太合理的解释：肉眼看不见的辐射光线“将其煮熟了”。斯宾塞在好奇心的驱动下，继续用磁控管做实验，利用这种装置让鸡蛋爆裂，还去烤爆米花，这些实验都证明了他的猜想。最后，他设计了一个箱子将这个装置包装起来，变为一种烹饪食品的新工具并推向市场，很难想象雷达领域的技术会进入普通百姓的厨房。

【案例1-9】

海尔：人人都是创新体

海尔究竟是如何通过产品创新占领全球市场的？张瑞敏的答案是：由传统组织裂变出来的、分布在企业内部的2 000个自主经营体，成为创新用户资源的利润中心。

海尔开创了自主经营体模式，将传统的“正三角”组织结构变为“倒三角”：让消费者成为发号施令者，让一线员工在最上面，倒逼整个组织结构和流程的变革，使以前高高在上的管理者成为倒金字塔底部的资源提供者。

在自主经营体模式下，没有上下级的公司运营规则，2 000多个自主经营体就像是海尔内部的活跃细胞，迸发出无与伦比的创新能量。所有变革围绕用户，为用户创造更大的价值，赋予每个自主经营体“用人权”和“分配权”的实验，让每个自主经营体成为参与市场竞争、自我激励、享受增长的虚拟公司。自主经营体模式将员工作为创新源，“员工从听令者变成了主动创新者，与用户的关系成了主动服务的关系”。海尔总裁杨绵绵说。传统企业“上有政策，下有对策”的非合作博弈消耗了企业资源，而自主经营体则将员工与企业之间的博弈转变为每个经营体与用户之间的契约。所有的经营体必须根据用户的需求变化，不是服从于企业或者上级的任务指标，而是服从用户的需求，将员工与企业的博弈转变为员工为了创造最大价值和自己的能力的博弈。

二、形形色色的创新

上一节主要讲述了创新与科学发展、社会生活的方方面面结合形成的创新。本小节主要讲述创新的各种表现形式。它们分别是发明、创造、创客、创业。其中，创客和创业是近几年提出的较新的一种提法。

（一）发明

一般而言，发明是应用自然规律解决技术领域中特有问题而提出创新性方案、措施的过程和成果。产品之所以被发明出来是为了满足人们日常生活的需要。发明的成果或是提供前所未有的人工自然物模型，或是提供加工制作的新工艺、新方法。机器设备、仪表装备和各种消费用品以及有关制造工艺、生产流程和检测控制方法的创新和改造，均属于发明。

（二）创造

创造，是指将两个或两个以上概念或事物按一定方式联系起来，主观地制造客观上能被人普遍接受的事物，以达到某种目的的行为。简而言之，创造就是把以前没有的事物给产出来或者造出来，这明显是一种典型的人类自主行为。因此，创造的一个最大特点是有意识地对世界进行探索性劳动。

（三）创客

在“创客”这个词中，“创”指创造，“客”指从事某种活动的人，“创客”本指勇于创新，努力将自己的创意变为现实的人。这个词译自英文单词“maker”，源于美国麻省理工学院微观装配实验室的实验课题，此课题以创新为理念，以客户为中心，以个人设计、个人制造为核心内容，参与实验课题的学生即“创客”。“创客”特指具有创新理念、自主创业的人。

（四）创业

创业是创业者对自己拥有的资源或通过努力对能够拥有的资源进行优化整合，从而创造出更大经济或社会价值的过程。创业是一种劳动方式，是一种需要创业者运营、组织、运用服务、技术、器物作业的思考、推理和判断的行为。

【思考练习1－3】

（1）试举例说明创新与发明、创造、创客和创业的关系。

（2）给用过的票据（火车票、汽车票、超市购物小票、电影票等）找到新的用途。

【体验与训练】

体验与训练指导书

训练名称	感受创新的我和我们
训练目的	班级和小组内融洽关系，启发创新意识
训练所需器材	大白纸、即时贴、彩笔
训练步骤与内容	通过创新地回答下列问题来介绍自己和团队，在给出介绍的词语时，需简要说明理由。 回答下列问题： 1. 我（们）看起来像__________ 2. 我（们）听起来像__________ 3. 我（们）尝起来像__________ 4. 我（们）闻起来像__________ 5. 我（们）摸起来像__________

续表

训练结果	
体现原理	
训练总结与反思	

【拓展阅读】

（1）推荐观看 CCTV 高端访谈：《塔基大王赵正义：从泥瓦工到发明家》。

（2）推荐图书（图 1－7）。

①《科技之巅——〈麻省理工科技评论〉50 大全球突破性技术深度剖析》《科技之巅 2——〈麻省理工科技评论〉2017 年 10 大全球突破性技术深度剖析》。

A. 推荐指数：5 星。

B. 推荐理由：了解当今世界各个领域科技创新的最新成果，体验创新带来的震撼。

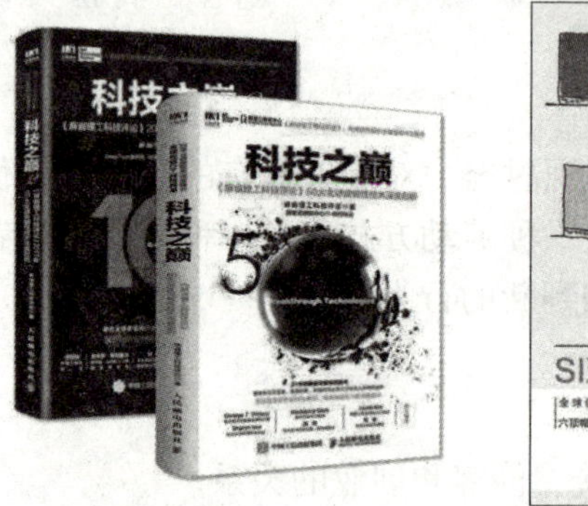

图 1－7　推荐图书的封面

②《六顶思考帽——如何简单而高效地思考》。

A. 推荐指数：5 星。

B. 推荐理由：全球创新思维训练经典著作。

【小结】（图 1－8）

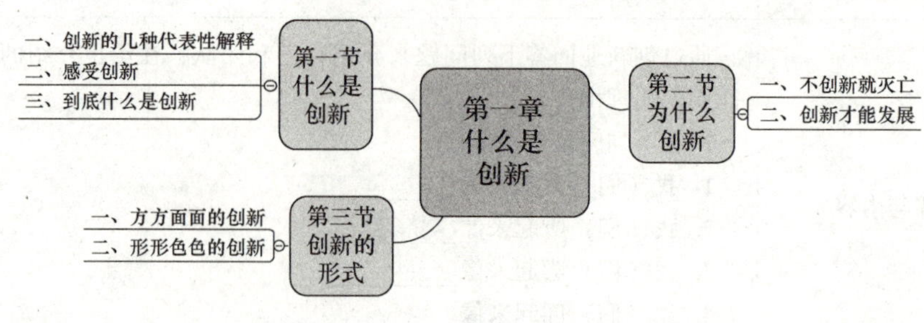

图 1－8　本章内容小结

第二章

打破思维定式

各位同学，上一章我们学习了什么是创新、为什么创新以及创新的形式。从本章开始，我们来学习如何打破思维定式。

【案例 2－1】

某制鞋公司先后派两个推销人员到一个岛屿上去推销鞋。第一个推销员到了岛上之后，发现这个岛上的每个人都是赤脚，他们根本就没有穿鞋的习惯。于是他非常生气。没有穿鞋的人，推销鞋怎么行？他气馁了。马上发电报回去，鞋不要运来了，这个岛上没有销路，因为每个人都不穿鞋。

第二个推销员来了，看到这个岛上的人都不穿鞋。他欣喜若狂，不得了，这个岛上鞋的销售市场太大了，每个人都没有穿鞋啊，要是一个人穿一双鞋，不得了，那要销出多少双鞋！他马上打电报给公司，让公司赶快空运一些鞋过来。

大家看，同样一个问题，采用不同的思维方式得出的结论、取得的成果大相径庭。第一个推销员按照固定的、旧有的思维方式思考和处理问题，由于没人穿鞋，鞋子自然就没有销路。而第二个推销员认为如果让不穿鞋的人都穿上鞋，那将是多大的市场啊！这就是采取创新性思维。那么接下来的问题是你有什么样的思路能够帮助这位销售人员？

第一节　什么是思维定式

一、什么是思维定式

思维是一种复杂的心理现象，是人脑的一部分能力。可是，人的思维一旦沿着一定方向，按照一定次序思考，久而久之，就会形成一种惯性。比如，当你这次这样解决了一个问题，下次遇到类似的问题，不由自主还是沿着上次思考的方向或次序去解决，我们一般把这种惯性称为“经验”。当这种“经验”被反复使用且获得了预期成效的时候，这种“经验”就会上升成非常固定的思维模式。这种思维模式一旦形成，我们在处理现实问题时，就会不假思索地沿着特定的思维路径，将其纳入特定的思维框架进行思考和判断，这就是思维定式。

【案例2-2】

一家报纸举办过一项有着高额奖金的有奖征集活动，其题目是：在一个发生故障、充气不足的热气球上载着关系人类命运的三位科学家。现在必须丢出一个人，以减轻热气球的负荷，否则热气球将会坠毁。三个人中一位是环保专家，他的研究可拯救无数因环境污染而深陷死亡厄运的人。一位是核武器专家，他有能力防止全球性的核战争，以使地球免遭核武器的毁灭。另一位是粮食专家，它能够让不毛之地长出粮食，让数以亿计的人摆脱饥饿。结果报纸编辑部收到了大量的应答信件，大家众说不一，但是最后巨额奖金却由一个小男孩得到。小男孩的答案是，把最胖的科学家丢下去。

二、思维定式的两面性

思维定式是人们按经验与思维习惯去用比较固定的思路与程序去考虑问题、分析问题。同时，思维定式并不是一无是处，思维定式有积极的一面，而我们常说的思维定式消极的一面，指的是思维定式对于思维创新的束缚。

（一）积极的思维定式

思维定式是一种惯常处理问题的思维方式，同时也是我们长期学习和实践积累下来的经验，应用思维定式常常可以省去许多思考摸索、试探的时间，从而提高工作和生活效率。在日常生活中，思维定式可以帮助我们解决遇到的大部分问题。这是思维定式积极的一面。

（二）消极的思维定式

对创造性的解决问题、创新性思维来说，思维定式具有较大的负面影响。一个问题之所以要运用创造性的办法解决，一般是因为问题出现的环境、发生的条件发生了变化。此时如果墨守成规、死搬硬套过去旧有的经验，形成的思维定式往往不能够很好地解决问题，这是思维定式消极的一面。

【案例2-3】

美国AT&T公司的前总经理在《企业成长的哲学》一书中指出，大企业的衰退并非没有预兆，这种预兆经常表现为以下七个明显的信号：

第一，固守陈旧的作业方法，总认为旧的方法最好而不愿意革新。

第二，没有设定新的企业目标，决策带有很大的盲目性。

第三，反省思考能力逐渐减退，整日纠缠于外部事务。

第四，制度主义过于根深蒂固，无法用宽松而有弹性的制度来适应日益变化的社会环境。

第五，进取的积极性逐渐消失，使得无数千载难逢的好机会从眼前溜走。

第六，新人被老人的经验所束缚，新来的年轻人尽管敢闯能干，却得不到升迁的机会，因为职位都被原来的“有经验的”人占据了。

第七，无法宽容批评，缺乏虚心接受不同意见的心胸。

这七种企业衰退的信号，本质上讲就是企业经营中七种不同形式的以经验主义、墨守成规为代表的思维定式。相反，保持一个企业长盛不衰的秘诀，就是时刻警惕以上七种危险的信号，把它们消灭在萌芽之中，也就是不断打破思维定式，保持不断的创新迭代，以使企业永立时代的潮头。

【格言】

妨碍人们学习的最大障碍，并不是未知的东西，而是已知的东西。

——法国生物学家贝尔纳

三、思维定式的顽固性

思维定式，是人们通过不断的学习和实践积累下来的经验，形成自己独有的对世界、对客观规律的认识。所以，一旦思维定式建立，就具有极强的顽固性。

因为思维定式有其积极的一面，所以在用以往经验、惯常的思维定式去解决问题的时候，人们往往意识不到是因为自己头脑中的思维定式，阻碍了创造性解决办法的挖掘。同时，因为个人的自尊、自我验证等心理效应，也使人们不能够及时地认识到自己的思维模式出了问题。

所以，当我们了解了思维定式的两面性以后，就既要在实际的工作中善于总结经验，形成自己做事的风格与套路，同时对于思维定式的消极性要保持警惕，在日常生活中要注意开阔眼界，多反思自己，而且必须说明的一点是，经科学家研究，一个人最有创造力的年纪，并不是成年以后，而是未成年的青少年时期。所以，对年轻学生来说，应该有更强的创新思维，应该有更强的好奇心与探索精神。

【思考练习 2－1】

（1）一个做梳子的工厂旁边紧挨着一个佛教寺庙，梳子工厂的厂长想要把自己工厂的产品——梳子推销给和尚，你觉得可能吗？你有什么思路能够帮助他？请把你的答案写下来。

（2）什么是思维定式？试举你曾经经历过的思维定式影响思考的事例。

（3）什么是思维定式的两面性？试举例说明。

第二节　常见思维定式

一、经验型思维定式

经验型思维定式是指人们不自觉地用已有的经验和某种习惯了的思维方式去思考已经变化的问题。例如，如果有人问你：“动物的血液都是红色的吗？”绝大多数人会不假思索地回答“是”。因为人们生活中经常看到许多动物的血是红色的，但是，在大海深处，有一种名叫鲎的动物，它的血液就是深蓝色的。这是因为它们的红细胞内主要成分是一种血蓝蛋白，而不是血红蛋白。血蓝蛋白中含铜，呈蓝绿色，因此也叫“铜蓝蛋白”。拥有“铜蓝蛋白”的血液当然是蓝色的了。

学习成功者的经验，跟随成功者的足迹，就能成功，这是成功学的著名逻辑。

当你真正开始实践，才发现很多东西是无法模仿的，这就是生活的逻辑。

讲成功学的老师，常常会用到比尔·盖茨的例子：比尔·盖茨不是也没有读完大学吗？为什么他可以退学，成为这么伟大的公司老总？同学们，比尔·盖茨的成功经验，真的是可以模仿跟随的吗？

【案例2-4】 **不靠谱的“成功学”**

在微软（Microsoft）成为家喻户晓的品牌之前，它的创始人比尔·盖茨（Bill Gates）拥有的社会关系网中就有一个得天独厚的优势——那就是他的母亲玛丽·盖茨（Mary Gates）。当时，她与IBM公司的高层管理者约翰·埃克斯（John Akers）同是一家慈善组织的董事会成员。而埃克斯正在带领IBM向台式机业务进军。

有一次，玛丽·盖茨与埃克斯谈及计算机行业中新成立的一些公司（其中可能就包括他儿子比尔·盖茨的微软公司），埃克斯认为这些公司太小，太不专业，没有什么价值），但玛丽认为IBM低估了这些新公司的实力。也许是她改变了埃克斯在IBM应该向谁采购其个人计算机DOS操作系统这个问题上的看法，也许是她的观点印证了埃克斯已经知晓的情况。但不管当时的实际情况到底是哪一种，反正在他俩这一席话之后，埃克斯同意考虑小公司提供的DOS技术方案，微软公司就是其中的一员。接下来发生的事情就尽人皆知了，微软赢得了DOS合同，并最终取代IBM成为全球最强大的计算机公司。如果比尔·盖茨没有强大的社会关系网络，这个轰动一时的新操作系统也许就会被埋没。（注：微软公司恰恰是借助了与IBM公司的合作，借助于DOS操作系统在IBM公司的PC机在全世界范围内的推广使用，而逐步走向辉煌的。）

比尔·盖茨为什么能够从哈佛退学？首先是因为他有一个衣食无忧、不需要自己支持的富裕家庭，父亲是著名律师，母亲是富裕银行家的女儿（图2-1）。在他7年级（相当于初一）的时候，他的父母让他从公立学校转学，送他到湖边学校——西雅图的一所昂贵私立中学。第二年，私立学校花3 000美元购置了ASR-33，这是当时第一批能够接入分时系统编程的机器。这让比尔·盖茨在13岁就成为世界上最早接触计算机编程的一群人之一。在他退学那年，他已经有了1万小时的编程时间，那个年纪的他没有父母的负担，美国的福利保障非常好，这让他自己也没有什么可担心的。

图2-1 比尔·盖茨与其父母合影

其次是当时的大学没有他需要的科目，比尔·盖茨的专注领域是计算机而非法律。那个时候的哈佛大学没有计算机系，而经过无数日夜痴迷编程的他，自己就是当时世界上最好的编程员之一。

最关键的是，比尔·盖茨有一个强大的家庭网络，帮助他链接上资源平台，让他能链接上世界上最好的硬件公司。否则 IBM 不要说和这个年纪轻轻、不打领带的哈佛退学生签订合同，甚至比尔·盖茨连进 IBM 的大门都难。

在上述条件都满足以后，关于商业眼光和技术的比赛才真正开始。

如果今天的你还有家人需要负担，毕业工资不定，福利、保险一个没有，创业还需要场地，家里没人没钱，你当然也可以成功，但是请谨慎模仿比尔·盖茨的经验。

我们生活在一个经验的世界里。从幼儿长到成年，我们看到的、听到的、感受到的、亲身经历的各种各样的现象和事件，它们都进入我们的头脑而构成了丰富的经验。

在一般情况下，经验是我们处理日常问题的好帮手，只要具有某一方面的经验，那么在应付这一方面的时问题时就能得心应手。特别是一些技术和管理方面的工作，非要有丰富的经验不可。老司机比新手司机能更好地应付各种路况；老会计比新手会计能更熟练地处理复杂的账目。正因为如此，在各类招聘广告上，经常要特别注明“三年以上实际工作经验”之类的话。

但是经验具有一定的局限性。任何经验总是在一定的时空范围内产生的，而且往往也只适应于当时的时空条件，一旦超出这个范围，这种经验很有可能无效。如果我们仍然用以往的经验，甚至是别人的经历、经验来处理自己的问题，则不可避免地要产生偏差和失误。

二、权威型思维定式

权威型思维定式是指人们对权威人士的言行的一种不自觉的认同和盲从。

人们对权威普遍怀有崇敬的心理，这本来很正常，然而这种崇拜、崇敬的心理，常常会演变为对权威的迷信和盲从，不少人喜欢引证权威的观点，不假思索、不加批判地接受权威的观点。

权威型思维定式，一般分为教育权威和专业权威，教育权威是人们在学校教育中形成的权威，另一种是由于社会分工不同和知识技能方面差异所导致的专业权威。

【案例 2-5】 伽利略的比萨斜塔实验

古希腊哲学家亚里士多德（公元前 384—公元前 322 年）认为物体的下落速度和重量成正比，物体越重，下落的速度越快。千百年来这被当成不可怀疑的真理。但是年轻的伽利略（1564—1642 年）通过推演和实验，验证了这是不正确的，于是伽利略要推翻这个所谓的“真理”。

在伽利略生活的时代，亚里士多德关于大千世界运行原理的学问叫“亚里士多德物理学”，是神圣不可侵犯的经典。其中就有这样一条落体运动法则：每个物体在每种介质中都有一个自然下落速度，在同一种介质中，物体的下落速度与它的重量成正比，物体越重下落的速度越快。伽利略据此设想，有一重一轻两个球，重球的下落速度将比轻球快。再设想把这两个球绑在一起，速度慢的轻球会拖慢速度快的重球，因此它们一起下落的速度应介于它们各自下落的速度之间。但是两球合在一起的重量大于重球，它们一起下落的速度又应该比它们各自下落的速度都大。这样就出现了自相矛盾，因此亚里士多德的落体运动法则是不能成立的。最后伽利略在比萨斜塔上当众实验，扔下了一重一轻两个球。在众人的惊呼声中，两个球同时落地。千年的经典和教条被推翻了，一条新的科学定律——自由落体运动定律被发现了。

三、从众型思维定式

从众型思维定式是指人们不假思索地盲从众人的认知与行为。

思维定式的一个重要表现就是从众定式。从众就是服从众人，服从大伙，随大流。受到从众定式的影响，人们一般表现为大家怎样做，我就怎样做；大家怎样想，我就怎样想。

【案例2-6】

所罗门·阿希实验

社会心理学家所罗门·阿希做过这样一次实验（图2-2）。他找来七名大学生坐在一起，请他们判断两张卡片上的线段长度。第一张卡片上画着一个“标准线段”，其余的每张卡片上画着三个线段，其中只有一个线段与“标准线段”长度相等。阿希要求大学生们找出其余卡片上与“标准线段”长度相等的线段，并且按照座位顺序说出自己的答案。

其实，那七位大学生中，只有倒数第二位是蒙在鼓里的受试者，其余六名事先已经串通好了，他们的答案保持一致，但三分之二都是错误的。以此来测试那位受试者能在多大程度上不受周围人的影响而坚持自己的正确答案。

试验结果是有33%的受试者，由于屈服于群体的压力而说出了错误的答案。

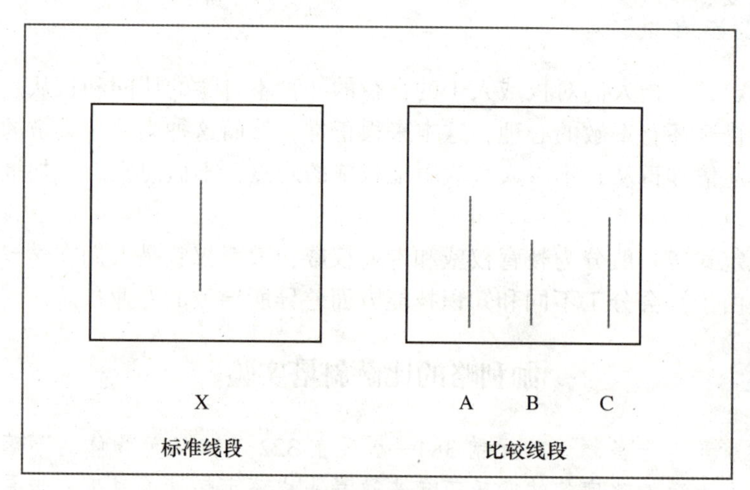

图2-2 所罗门·阿希实验

有趣的是，不但人类有从众的思维定式，其他群居类动物，也许都有从众的习惯，法国科学家约翰·法伯曾经做过一次有趣的毛毛虫实验（这个实验在法布尔的《昆虫记》中确实有相关记载）。

【案例2-7】

毛毛虫实验

法国心理学家约翰·法伯曾经做过一个著名的“毛毛虫实验”。法伯把许多毛毛虫放在一个花盆的边缘上，让它们一个紧跟着一个，头尾相连，沿着花盆边缘排成一圈。于是，毛毛虫们开始沿着花盆爬行，每一只都紧跟着自己前面的那一只，既害怕掉队，也不敢独自走新路，一个小时过去了，一天过去了，又一天过去了，这些毛毛虫还是围绕着花盆边缘转圈，它们最终因为饥饿和筋疲力尽而相继死去。

以上这个故事中导致毛毛虫悲剧的原因就在于盲从，在于毛毛虫总习惯于固守原有的本能、习惯、先例和经验，这些让毛毛虫付出了生命的代价。

四、书本消极思维定式

书本消极思维定式是指人对书本知识的完全认同与盲从。

书本是一种系统化、理论化的知识，是人类经验和体悟的总结。有了书本，前人的间接经验能够很方便地传递给下一代人。有了书本，人类的进化、人类社会的进步才有了坚实的智力支撑。到目前为止，读书仍然是获得前人宝贵的间接经验的最佳方法。

但是从另外一个角度来说，书本知识是经过头脑的思维加工、抽象、选取之后所形成的理论，它往往表示一种理想的状态。而且书本知识的形成和作者所处的历史、时代条件、观念都有着直接的关系。而现实世界，我们碰到的每一件事情都是具体的，而且是随着时代和时间的推移发生变化的。我们学习前人的间接经验，要采取具体问题具体分析的方法，而不能够盲从和迷信书本，甚至是成为书本和知识的奴隶。所以孟子说，尽信书，则不如无书。

【案例 2-8】

纸上谈兵

“纸上谈兵”出自《史记·廉颇蔺相如列传》。战国时期，赵国大将赵奢曾以少胜多，大败入侵的秦军，被赵惠文王提拔为上卿。他有一个儿子叫赵括，从小熟读兵书，张口爱谈军事，别人往往说不过他。因此赵括很骄傲，自以为天下无敌。然而赵奢却很替他担忧，认为他不过是纸上谈兵，并且说：“将来赵国不能用他为将。如果用他为将，他一定会使赵军遭受失败。”果然，公元前 259 年，秦军又来犯，赵军在长平（今山西高平附近）坚持抗敌。那时赵奢已经去世。廉颇负责指挥全军。他年纪虽高，打仗仍然很有办法，使秦军无法取胜。秦国知道拖下去于己不利，就施行了反间计，派人到赵国散布“秦军最害怕赵奢的儿子赵括将军”的话。赵王上当受骗，派赵括替代了廉颇。赵括自认为很会打仗，死搬兵书上的条文，到长平后完全改变了廉颇的作战方案，结果 40 多万赵军尽被歼灭，他自己也被秦军箭射身亡。

【案例 2-9】

美国汽车大王福特，只受过很少的正规教育，有一次，芝加哥的一家报纸，在一篇发表的文章中把福特说成是一个无知的企业家，福特得知后很生气，向法庭控告这家报纸恶意诽谤。

在法庭上，报社的律师向福特提出了许多所谓常识性的问题，以此来证明福特确实是一个无知的人。律师的问题大多是来自书本，对于没有受过正规学校教育的福特来说，这些问题他确实是不知道的。比如：美国《宪法》第五条的内容是什么？英国在 1776 年派了多少军队来镇压美国的独立运动？等等。福特对这些提问有些不耐烦，他气愤地指出：请让我来提醒你，在我的办公桌上有一排电钮，只要我按下某个按钮，就能把我所需要的助手招来，他能够回答我的企业中的任何问题，至于我企业之外的问题，只要我想知道，也可以用相同的方法获得，既然我周围的人能够提供我所需要的任何知识，难道仅仅为了在法庭上能回答出你的提问，我就应该满脑子都塞满那些东西吗？

书本知识对人类所起的积极作用确实是巨大的。但书本知识有滞后性，有局限性，所以过度迷信书本的赵括打了败仗，也断送了赵国40多万名士卒的性命，而福特的例子从另外一个方向说明了书本知识的局限性，正是这位没有受过多少正规教育的汽车大王福特发明建造了世界上第一个生产流水线，把家用轿车普及全美国，所以，书本知识只有不断更新，不断和具体的实际紧密结合起来才能成为有效行动的指导，才能推动事业的进步和发展。

【思考练习 2－2】

（1）试分析“初生牛犊不怕虎”这句话中包含的打破思维定式的内容。

（2）你面前有一张纸，很大很大的正方形普通打字纸，你把它从正中折叠一次，纸的面积减小一半，而厚度则增加一倍。然后，再从正中折叠第二次，纸的面积又减小一半，而厚度又增加一倍；如此连续不断地进行下去，一直折叠50次。请问，这张纸的厚度将达到多少？

（3）打破思维定式训练。

大街上，有个人仰着头站着。旁边的人以为天空中有什么好看的东西，就跟着往天上看。那个人身后站了许多人，大家都跟着往天空中看，可是什么也没看到。过了一会儿，那个人把头放正了。你猜那人怎么说？那人在做什么？

第三节　思维定式的突破

【案例 2－10】

小象嘟嘟的故事

动物园里的小象嘟嘟被一条小铁链牢牢地拴在一根小小的水泥柱上。它将尾巴摇来摇去，将头摆来摆去，将四只脚踱来踱去，可是就想不起到外面看看那精彩的世界。

是它没有能力挣脱那根铁链吗？不是，它完全有这个力气。只要一使劲，别说那根小链条，就是那根水泥柱也可以连根拔下来。但是小象嘟嘟没有那个想法，它每天依旧在水泥柱旁边吃动物园管理人员送来的青草和香蕉。它十分满意自己在局促的小天地之内的生活。

是不是小象嘟嘟从来就没有走出去看看的想法呢？也不是，它曾经想过，不过那是在它小的时候，那时它还是一头小小象。它对世界充满了好奇心，非常渴望到热闹的猴山、虎山旁边乐一乐。于是它使劲地想挣脱那根铁链的束缚。不行，它失败了。隔了不到一星期，外面的热闹劲又使它按捺不住心情的激动。于是它再次企图挣脱铁链，可还是不行，它又失败了。

“不行，我是没有能力挣脱那根铁链的。”两次失败，给小象嘟嘟以强烈的印象。这印象深入它的脑海之中，以至成为一种深深的烙印：我是挣脱不开那根铁链的。就这样，小象嘟嘟一天天长大、变老。小象嘟嘟从来没有离开过象馆的局促天地。它倒认为：我的能力就是这样低，我只配享受这么一块天地，我只配这么过一生。

一、挑战定式，走向创新

同学们，思维定式是从小至今受到的教育、人生的遭际、周围人的影响等综合因素作用形成的。如果你想培养创新思维、打破思维定式，首先就必须有挑战思维定式的勇气与自信。就像上面案例中的小象嘟嘟，从小就被铁链束缚和禁锢在原地，带来的后果就是虽然它知道外面的世界很精彩、很广阔，但是它已经没有冲出牢笼、解放自己的想法。因为它认为自己没有这样的能力（虽然它具备）。古人说，哀莫大于心死。所以，当你打算训练自己的创新思维时，打算通过创新达到更高的人生目标时，你首先应该有这样的自信与勇气：我有能力通过努力挣脱束缚，实现目标。

【案例 2－11】

奥斯本的成长经历

每个人都拥有巨大的潜能，开发好了，任何一个人都会有大的作为。美国著名的创造工程学家奥斯本 21 岁那年失业了。一天，他到报社应聘，考官问："你从事写作有多少年？"奥斯本直言相告："只有三个月，但是请你先看一看我所写的文章吧。"考官看完后说："从你的文章中看出，你既无写作经验，又缺乏写作技巧，文句也不够通顺；但内容却富有创造性，暂时录用，试一试。"奥斯本从主考官的评语中，深刻领略和体会到"创造性"三个字的极端重要性。参加工作以后，他强迫自己奉行"每日一创新"的精神，积极主动地开发自己潜藏于脑海中的创造力，并尽最大的努力在工作中发挥出来。

这个从未受过高等教育的奥斯本，由于从事各种工作都"极有创意"，很快就从一个小职员发展为企业家，并写出了著名的《思考的方法》一书，成为当代创造工程的奠基人之一。奥斯本的个人经历充分说明，即便是个没有受过多少教育的人，只要能充分发掘潜藏的创造力，也能获得大的成功。

二、质疑权威与书本

在多数情况下，人们按照权威和书本的意见办事总能得到预想中的成功，如果不慎违反了权威的意见，违反了书本中的理论，总要招致或大或小的失败。如此，久而久之，人们便习惯了以书本和权威的是非为是非，总是想当然地认为，理论和权威不可能出错，于是在大家的思维模式当中，权威和理论就形成了一道难以逾越的思维屏障。

显然，从创新思维的角度来说，这种思维屏障就是对推陈出新的阻碍与束缚，由此，我们就需要对权威和理论保持质疑的精神，勇敢地以质疑和批评的态度对待权威和理论的绝对正确性，而不是盲从。

三、大胆探索，勇于尝试

思维定式的重要特点之一就是它的单一性，甚至是排他性，而事物的发展总是指向丰富多彩，那么如果要解决问题，多方位的探索，甚至是大胆的推测，都会有助于打破思维定式。

四、思维定式与创新性思维对立统一

创新思维是相对于人们日常在使用的习常性思维而言的一种思维，习常性思维是人们针对常规性问题进行的思维。而我们在日常生活中，反复应用习常性思维，则容易形成固定模式和套路以提高效率、节约时间。而创新思维是人们在创新活动中应用的思维，它是通过创造性地解决问题来标志自己的。而创新思维的结果，一定是对现有的模式、方法、观念的一种突破和超越，所以有既定的固定模式和套路的思维定式，一定会对这种突破、会对创造性地解决问题形成障碍和束缚，这是创新思维和思维定式之间对立的一面。但是大家必须看到：创新思维是在前人总结出来的知识经验、观念和方法的基础上建立起来并取得成果的，没有前人的知识、经验模式、程序，人们是不可能形成创新的，这是创新思维与思维定式之间相统一的一面。

【思考练习 2-3】

上帝想改变一个乞丐的命运，就化作一个老翁来点化他。他问乞丐："假如我给你1 000元钱，你打算怎么用它？"乞丐回答："好啊，我可以买一部手机，可以和各个城市的乞丐联系呀！哪里人多我就去哪里乞讨。"乞丐回答说。上帝很失望，又问他："假如我给你 10万元呢？"乞丐说："那我可以买一部车。这样我以后再出来乞讨就方便了，再远的地方也可以迅速赶到。"上帝感到悲哀，他狠了狠心说："假如我给你1 000万元呢？"乞丐听罢，眼里闪着亮光，说："太好了，我可以把这个城市最繁华的地区全买下来！"上帝听后挺高兴。这时乞丐突然补充了一句："到那时，我可以把我领地里的其他乞丐都撵走，不让他们抢我的饭碗。"

请你谈一下，看完上面这个小故事的想法。

【体验与训练】

体验与训练指导书

训练名称	钉蜡烛实验
训练目的	体验与训练打破思维定式
训练所需器材	白板、白板笔、便利贴、彩笔一盒、图钉一盒、火柴一盒、蜡烛两支
训练要求	在 10 分钟之内，想尽可能多的办法，把蜡烛固定在墙壁上（或者是可固定物品的纸板、木板上），要求当蜡烛燃烧时，蜡烛油不能滴在地板上或者桌子上
训练步骤（小组商讨后，拟定训练步骤）	
训练结果	
体现原理	
训练总结与反思	

【章节练习】

（1）古代有一位国王出了这样一道难题：谁能花最少的钱把一座大厦塞满，便给他重赏。一言既出，百官响应，有人觉得泥土花钱少，有人要买稻草来填塞大厦。国王见了，都觉得不满意：一是大量的泥土、稻草花费并不小；二是虽能填塞，却无法填满。这时有一个小伙子声言他能花钱少而填满大厦。你知道他是怎样做的吗？

（2）相声大师侯宝林有一次和数学家华罗庚闲谈。侯宝林说："我有一个问题请教你，3 加 2 在什么情况下不等于 5。"华罗庚想了许久，还是摇了摇头。侯宝林说："你何时研究出来了再告诉我。"事后华罗庚苦苦思索也不得其解。侯宝林再见到华罗庚时，又提起此事。华罗庚说："我不知道。"侯宝林哈哈大笑："很简单，在算错了的情况下不等于 5。"此时华罗庚才明白侯宝林利用了他思维的死角。华罗庚作为数学家，对每一个数学问题都要弄清前因后果，而出错在他的思维中并不能算作答案。而侯宝林正是利用了这一点。虽然是个玩笑，可玩笑中却不乏别出心裁，充溢着智慧之光。你在生活中有类似的例子吗？

（3）河中石兽哪里寻？

沧州南面有一座寺庙靠近河岸，一年发大水，大门倒塌在大水中，寺庙门口的两个石兽也一起被大水卷入河底。十多年后，和尚们募集金钱重修寺庙。和尚们在寺庙附近的河底寻找两个石兽，最终没能找到。和尚们以为两个石兽被河水冲卷着顺流而下了，于是摇着几只小船，拉着铁耙，寻找了十几里，没有痕迹。一个学者在寺庙里教书，听了这件事嘲笑说："你们这些人不能推究事物的道理。这不是木片，怎么能被大水带走呢？石头的性质又硬又重，沙的性质又松又轻，埋在沙里，越沉越深。沿着河水，在下游寻找它们，不也荒唐吗？"大家觉得他的话是正确的。一个老船夫听了这话，又嘲笑说："凡河中落入石头，应当从上游寻找它们。"

看了这个故事后，你觉得从书本知识出发，推究事物的道理——就在石兽入水的地方进行深挖，能找到石兽，还是相信和尚们的判断，顺流而下能找到石兽，还是听从老船夫的话，从河的上游能够找到石兽？请讨论一下。

【拓展阅读】（图 2－3）

图 2－3　推荐图书的封面

（1）推荐图书1：《反惯性思维：为什么你面对正确答案却百思不得其解》。

A. 推荐指数：4 星。

B. 推荐理由：与众不同的思维行动指南。

（2）推荐图书2：《别让惯性思维骗了你》。

A. 推荐指数：4 星。

B. 推荐理由：本书用一个个真实有震撼力的故事告诉读者，每个人所能到达的高度取决于思维的宽度和广度。如果在某一个方向上无论付出多少努力最后都停滞不前，那么是时候换一种思维方式重新开始了。

【小结】（图 2-4）

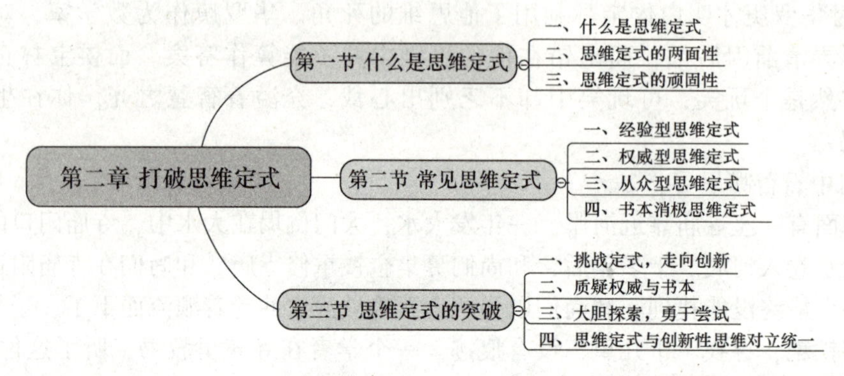

图 2-4 本章内容小结

第三章

聚散思维

同学们，本章我们来学习聚散思维。聚散思维是由聚合思维和发散思维构成。聚合思维又称为收敛思维、求同思维等。聚散思维中的发散思维，在创新思维中占有非常重要的地位，用美国心理学家吉尔福特的话说：发散思维是创新思维的标志，是创新思维的核心。一个人发散思维的好坏，代表了他的创新思维的品质和基本水平。

【案例3－1】

铅笔的用途

1983年，一位在美国学习的法学博士普洛罗夫在做毕业论文时发现：50年来，美国一所穷人学校圣·贝纳特学院出来的学生犯罪率最低。

普洛罗夫在将近6年的时间里进行调查，问一个问题："圣·贝纳特学院教会了你什么？"共收到了3 756份回函。在这些回函中有74%的人回答，他们在学校里知道一支铅笔有多少种用途，入学的第一篇作文就是这个题目。

当初，学生们都知道铅笔只有一种用途——写字。后来他们都知道了铅笔不仅能用来写字，必要的时候还能用来替代尺子画线；能作为礼品送朋友表示友爱；能当商品出售获取利润；铅笔的芯磨成粉后可以做润滑粉；演出的时候可以临时用来化妆；削下的木屑可以做成装饰画；一支铅笔按照相等的比例锯成若干份，可以做成一副象棋；可以当作玩具的轮子；在野外缺水的时候，铅笔抽掉芯能当作吸管喝石缝中的水；在遇到坏人时，削尖的铅笔能作为自卫的武器；等等。

圣·贝纳特学院让这些穷人的孩子明白，有眼睛、鼻子、耳朵、大脑和手脚的人更是有无数种用途，并且任何一种用途都足以使他们成功。

第一节　发散思维

一、什么是发散思维

发散思维是由美国心理学家吉尔福特（J. P. Guilford，1897—1987年）在《人类智力的本质》中作为与创作性有密切关系的思考方法提出的，是对同一问题从不同层次、不同角度、不同方向进行探索，从而提供新结构、新点子、新思路或新发现的思维过程。发散性思维是指"从给定的信息中产生信息，其着重点是从同一的来源中产生各种各样的为数众多的输出”。不少心理学家认为，发散思维是创造性思维的最主要的特点，是测定创造力的主要标志之一。

发散思维是大脑在思维时呈现的一种发散状态的思维模式，比较常见，它表现为思维视野广阔，思维呈现出多维发散状。可以通过从不同方面思考同一问题，如“一题多解”“一事多写”“一物多用”等方式，培养发散思维能力。

从问题的要求出发，沿不同的方向去探求多种答案的思维形式，故又称求异思维。当问题存在着多种答案时，才能产生发散思维。这种思维方式不墨守成规，不拘泥于传统的做法，有更多的创造性。在构成智力的各要素中，思维能力的培养占据着核心地位。发散思维是一种推测、发散、想象和创造的思维过程，如图 3－1 所示。

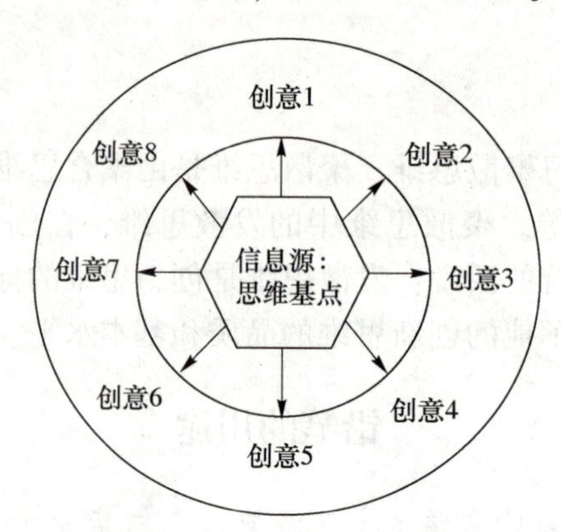

图 3－1　发散思维原理

二、常见的发散思维方式

方式一：材料发散。

材料发散是以某种物品作为“材料”，以“材料”为发散点，设想它的多种用途。

如：报纸作为一种材料，可以用在哪些地方？反过来作为物品的帽子，都可以用哪些材料制作？

方式二：功能发散。

功能发散指从某种事物的功能出发，构想出获得该功能的各种可能性。

如：需要获得一种取暖功能，可以用哪些途径？反过来，一个物品废纸盒可以有哪些功能（用途）？

方式三：结构发散。

结构发散是以某种事物的结构为发散点，设想出利用该结构的各种可能性。

如：一个典型结构，可以用在哪些地方？一个待设计的物品，可采用的结构形式有哪些？一个简单的结构，可进行哪些添加构成新结构？

【案例 3－2】　**多加了一个孔的味精瓶**

日本有一厂家生产瓶装味精，质量好，瓶子内盖上有 4 个孔，顾客使用时只需甩几下，很方便，可是销售量一直徘徊不前。全体职工费尽心思，销售量还是不能大增。后来一位家庭主妇提了一条小建议。厂方采纳后，不费吹灰之力便使销售量提高了近四分之一。

那位主妇的小建议是：在味精瓶的内盖上多钻一个孔。由于一般顾客放味精时只是大致甩个两三下，四个孔时是这样甩，五个孔时也是这样甩，结果在不知不觉中多用了近25%。

请同学们也看看你家厨房带孔的调料瓶，数一数上面有几个孔，想一下孔是越来越多，还是越来越少？孔的直径是越来越大，还是越来越小？为什么？

方式四：方法发散。

方法发散是以某种方法为扩散点，设想出利用方法的各种可能性。如：一法多用（一种方法多种用途）和一能多法（一种功能多种方法）。

【案例 3-3】

气泡混凝土

在合成树脂（塑料）中加入发泡剂，使合成树脂中布满无数微小的孔洞，这样的泡沫塑料用料省、重量轻，又有良好的隔热和隔音性能。日本的一个名叫铃木信一的人应用因果类比，联想到在水泥中加入一种发泡剂，使水泥也变得既轻又具有隔热和隔音的性能，结果发明了一种气泡混凝土。

根据气泡混凝土的原理，又有人发明了加气水泥砖、气泡水泥、气泡砖、加气混凝土砌块等。产品具有隔热保温效果好、重量轻、单体面积大、施工效率高、比实心黏土砖综合造价低、其他综合性能好等众多优点，受到了市场的认同和欢迎。

方式五：因果发散。

因果发散是以某个发展的结果为扩散点，推测出造成该结果的各种原因，或者由原因推测出可能产生的各种结果。如：一果多因，寻求事物变化的原因；一因多果，寻求事物变化的结果。

【案例 3-4】

曲别针有多少种用法

1983 年，在广西南宁召开全国创造学首届学术研讨会。被邀请的日本专家村上幸雄隔海赶来，为与会的作家、艺术家、编辑、记者、发明家、厂长、经理、教育专家们讲课。日本专家连续讲了 3 个半天，讲得很有魅力、挺新奇。台下一片闪亮亮的专注的眼睛。

面对这些创造思维能力很强的学者同人，风度潇洒的村上幸雄先生捧来一把曲别针（回行针）："请诸位朋友动一动脑筋，打破框框，看谁说出这些曲别针的用途，看谁创造性思维开发得好，多而奇特！"

片刻，山西、广东的一些代表踊跃回答："曲别针可以别相片，可以夹稿件、讲义。""纽扣掉了，可以用曲别针临时钩起。"七嘴八舌，大约说了十几种，其中较奇特的是把曲别针磨成鱼钩去钓鱼，引来一阵笑声。村上对大家在不长时间讲出近 20 种曲别针用途很称道。人们问："村上您能讲多少种？"村上一笑，伸出 3 个指头。"30 种？"村上摇头。"300 种？"村上点头。人们惊讶。不由得佩服这个人聪慧敏捷的思维。我递了张条子：对于曲别针的用途，我能说出3 000种、3 万种！邻座对我侧目："吹牛不罚款，真狂！"

第二天上午 11 时，我"揭榜应战"，走上了讲台。我拿起一支粉笔，在黑板上写了一行字：村上幸雄曲别针用途求解。原先不以为然的听众一下子被吸引过来了。

我说："昨天，大家和村上讲的用途可用 4 个字概括。这就是：钩、挂、别、连。要启发思路，使思维突破这种格局，最好的办法是借助于简单的形象思维工具——信息标与信息反应场。”

我把曲别针的总体信息分解成重量、体积、长度、截面、弹性、直线、银白色等10个要素。再把这些要素，用根标线连起来，形成一根信息标。然后，再把与曲别针有关的人类实践活动进行要素分解，连成信息标，最后形成信息反应场。

我从容地将信息反应场的坐标不停地组切交合。

通过两轴推出一系列曲别针在数学中的用途，如：把曲别针分别做成1、2、3、4、5、6、7、8、9、0，再做成+、-、×、÷的符号，用来进行四则运算，运算出数量，就有一千万、一万万……在音乐上可创作曲谱。曲别针还可以做成英文、俄文、希腊文等外文字母，用来进行拼读。

曲别针可以与硫酸反应生成氢气，可以用曲别针做指南针。曲别针是铁元素构成，铁与铜化合是青铜，铁以不同比例与几十种金属元素分别化合，生成的化合物则是成千上万种。实际上，曲别针的用途是接近于无穷的！

我在台上讲着，台下一片寂静。

此时，再也没有人说曲别针有3 000种、3万种用途是吹牛，而是对这种新的认识工具感到了新奇，普遍陷入打破了原有思维格局的沉思。我是许国泰，人称“中国思维魔王”。(本案例摘自《中国思维魔王》)

三、发散思维的特点

发散思维在创造过程中并非“孤军奋战”，它是创新思维的核心、创新过程中的“先行军”。任何一种创新活动都是多种思维方式共同运作的结果，创新思维本身就是一种借助于联想与想象、直觉与灵感，使人们打破常规、寻求变异、探索多种解决问题的新方案或新途径的思维方式，是多种思维方法的综合、交替运用。而发散思维作为一种多角度、多向度、多层次寻求多种答案的思维方式，最集中地体现了创新思维的本质特征。

发散性思维强调通过联想和迁移对同一个问题形成尽可能多的答案并寻找多种正确途径。发散思维具有以下几种主要特征：

(1) 流畅性。这是指单位时间内产生设想和答案的多少。流畅性衡量思维发散的速度(单位时间的量)，可以看作发散思维“量”的指标，是基础。其中包括字、词流畅性，图形流畅性，观念流畅性，联想流畅性，表达流畅性等。

(2) 变通性。这是指提出设想或答案方向上所表现出的灵活程度。变通性是发散思维“质”的指标，表现了发散思维的灵活性，是思维发散的关键。变通性是指知识运用上的灵活性，观察问题的多层次、多视角。

(3) 独特性。这是指提出设想或答案的新颖性程度。独特性是发散思维的本质，表现为发散思维的新颖程度，是思维发散的目的。独特性也可称为独创性、求异性，这一点是创新思维的基本特征和标志。这是发散思维的最高目标，能形成与众不同的独特见解，是思维活动创新的高级阶段。

【思考练习3-1】

(1) 请利用发散思维整合出手机的“新颖而不为人知”的应用场景和功能。

(2) 你能找到一瓶矿泉水的更多用途吗？

(3) 筷子作为夹取食物的工具，你能找到它更多的用处吗？你能设计出更多的夹取食物的方法吗？

(4) 正方形作为一种特殊的四边形是许多物品的结构，试举例正方形结构的物品，你觉得正方形还可以用在哪些场景中？

第二节　聚合思维

一、什么是聚合思维

聚合思维也叫作“收敛思维”“求同思维”“辐集思维”“集中思维”，是指在解决问题的过程中，尽可能利用已有的知识和经验，把众多的信息和解题的可能性逐步引导到条理化的逻辑序列中去，最终得出一个合乎逻辑规范的结论。它与发散思维相反，是一种有方向、有范围、有条理的收敛性求同思维方式，是把发散开来的不同部分、不同方面、不同来源、不同材料、不同层次、不同角度的众多思路信息聚集成一个焦点，对发散思维结果进行系统全面考察、分析、归纳，把多种想法理顺、筛选、综合、统一为一个整体，从众多可能性结果中选出一个大家认为现有条件下能合理解决问题、有实用价值的最佳方案的思维方法。

聚合思维法是人们在解决问题的过程中经常用到的思维方法。例如，科学家在科学试验中，要从已知的各种资料、数据和信息中归纳出科学的结论；企事业单位的合理化改革，要从众多方案中选取最佳方案；公安人员破案时，要从各种迹象、各类被怀疑人员中发现作案人和作案事实，这些都需要运用聚合思维方法。

聚合思维也是创新思维的一种形式。与发散思维不同，发散思维是为了解决某个问题，从这一问题出发，想的办法、途径越多越好，总是追求还有没有更多的办法。而收敛思维也是为了解决某一问题，在众多的现象、线索、信息中，向着问题一个方向思考，根据已有的经验、知识或发散思维中针对问题的最好办法去得出最好的结论和最好的解决问题的方法，如图 3－2 所示。

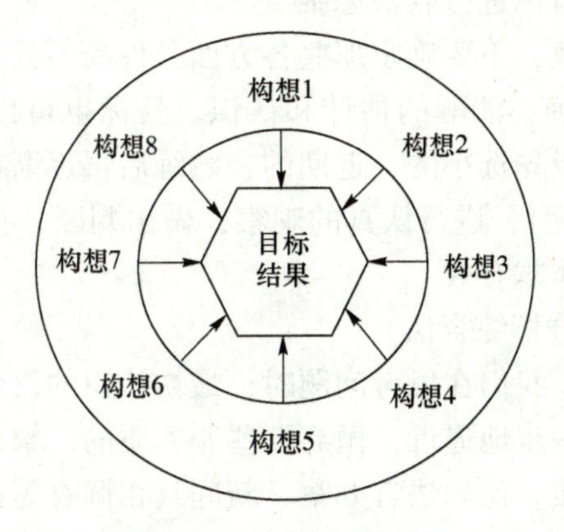

图 3－2　聚合思维原理

【案例 3－5】　**5why 分析法**

在日本丰田汽车公司流行一种管理方法，叫作“5why 分析法”。就是说，对公司新近发生的每一件事，都采用5why分析法追问到底，以便找出最终的原因。一旦找到了最终原因，那么对于一连串的问题也就有了深刻的认识。

比如，公司的某台机器突然停了，那就沿着这条线索进行一系列的追问。

问："机器为什么不转了？"

答："因为保险丝断了。"

问："为什么保险丝会断？"

答："因为超负荷而造成电流太大。"

问："为什么会超负荷？"

答："因为轴承枯涩不够润滑。"

问："为什么轴承枯涩不够润滑？"

答："因为油泵吸不上润滑油来。"

问："为什么油泵吸不上润滑油来？"

答："因为抽油泵产生了严重磨损。"

问："为什么油泵会产生严重磨损？"

答："因为油泵未装过滤器而使铁屑混入。"

追问到此，最终的原因就算找到了。给油泵装上过滤器，再换上保险丝，机器就正常运行了。如果不进行这一番追问，只是简单地换上一根保险丝，机器照样立即转动，但用不了多久，机器又会停下来，因为最终原因没有找到。

二、聚合思维方法

方法一：目标确定法。

平时我们碰到的大量问题比较明确，很容易找到问题的关键，只要采用适当的方法，问题便能迎刃而解。但有时，一个问题并不是非常明确，很容易产生似是而非的感觉，把人们引入歧途。这个方法要求我们首先要正确地确定搜寻的目标，进行认真的观察并做出判断，找出其中关键的现象，围绕目标进行收敛思维。

目标的确定越具体越有效，不要确定那些各方面条件尚不具备的目标，这就要求人们对主客观条件有一个全面、正确、清醒的估计和认识。目标也可以分为近期的、远期的、大的、小的。开始运用时，可以先选小的、近期的，熟练后再逐渐扩大。

确定搜寻目标（注意目标），进行认真的观察，做出判断，找出其中的关键，围绕目标定向思维；目标的确定越具体越有效。

方法二：层层剥笋法（分析综合法）。

该方法又称分析综合法。我们在思考问题时，最初认识的仅仅是问题的表面，然后，层层分析，向问题的核心一步一步地逼近，抛弃那些非本质的、繁杂的特征，才能揭示出隐蔽在事物表面现象内的深层本质。比如法官办案、新闻真相调查等都属于层层剥笋。这种方法要求我们有一定的逻辑思维能力。在柯南·道尔的《福尔摩斯探案全集》中，福尔摩斯凭着惊人的记忆力、丰富的想象力破了许多案子。书中福尔摩斯说过这么一段话："一个逻辑学家不需要亲眼见到或者听到过大西洋或尼亚加拉瀑布，他能从一滴水上推测出它有可能存在。所以整个生活就是一条巨大的链条，只要见到其中的一环，整个链条的情况就可以推想出来了。"

【案例3-6】 **日本人是如何找到大庆油田位置的**

20世纪60年代，日本出于战略上的需要，非常重视中国石油的发展，于是把弄清大庆油田的情况作为情报工作的主攻方向。当时，由于各种原因，大庆油田的具体情况是保密的。然而，由官方对外公开播发的宣传中国工人阶级伟大精神的照片，在日本信息专家的手里变成了极为重要的经济信息，揭开了大庆油田的神秘面纱。

在1966年7月的一期《中国画报》上，日本人看到：大庆油田的“铁人”王进喜头戴狗皮帽，身穿厚棉袄，顶着鹅毛大雪，手握钻机刹把，眺望远方，在他背景远处错落地矗立着星星点点的高大井架。他们根据这张照片上人的服装衣着判定：“大庆油田是在冬季为零下30 ℃的中国东北北部地区，大致在哈尔滨与齐齐哈尔之间。”其依据是：唯有中国东北的北部寒冷地区，采油工人才必须戴狗皮帽和穿厚棉服。后来，到中国来的日本人坐火车时发现，从东北来往的油罐车上有很厚的一层土，从土的颜色和厚度，证实了“大庆油田在中国东北北部地区”的论断是对的，但大庆油田的具体地点还是不清楚。

日本人又根据有关“铁人”事迹的介绍，王进喜和工人们用肩膀将百吨设备运到油田，表明油田离铁路线不远。据此，他们便判断出大庆油田的大致方位。在1966年10月，日本人又从《人民中国》杂志上看到了石油工人王进喜的事迹。分析中得知，最早的钻井是在安达东北的北安附近，并且离火车站不会太远。在英雄事迹宣传中有这样一句话：王进喜一到马家窑看到大片荒野说：“好大的油海，我们一定要把石油工业落后的帽子丢到太平洋去。”于是，日本人从旧地图上查到“马家窑是位于黑龙江海伦县（今为海伦市）东南的一个小村，在北安铁路上一个小车站东边十多公里处”。就这样，日本终于把大庆油田的地理位置搞清楚了。

日本人探查大庆油田具体地理位置的过程，就是运用了聚合思维。他们把能够收集到的我国公开发表的信息，沿着由表及里层层剥笋的办法，逐一分析判断，最后综合出他们想要的情报信息。

三、聚合思维的特征以及与发散思维的关系

（一）聚合思维的特征

1. 封闭性

如果说发散思维的思考方向是以问题为原点指向四面八方的，具有开放性，那么，收敛思维则是把许多发散思维的结果由四面八方集合起来，选择一个合理的答案，具有封闭性。

2. 连续性

发散思维的过程，是从一个设想到另一个设想时可以没有任何联系，是一种跳跃式的思维方式，具有间断性。收敛思维的进行方式则相反，是一环扣一环的，具有较强的连续性。

3. 综合性

在聚合思维过程中，要想准确地发现最佳方法或方案，还必须综合考察各种发散思维成果，进行归纳综合、分析比较，聚合式综合并不是简单的排列组合，而是具有创新性的综合，即以目标为核心，对原有的知识从内容到结构上进行有目的的评价、选择和重组。

4. 求实性

发散思维所产生的众多设想或方案，一般来说很多都是不成熟的，也是不实际的，我们也不应对发散思维做这样的要求。对发散思维的结果，必须进行筛选，收敛思维就可以起这种筛选作用。被选择出来的设想或方案是按照实用的标准来决定的，应当是切实可行的。这

样，收敛思维就表现了很强的求实性。

（二）聚合思维与发散思维的关系

1. 二者的区别

（1）思维指向相反。聚合思维是由四面八方指向问题的中心，发散思维是由问题的中心指向四面八方。

（2）两者的作用不同。收敛思维是一种求同思维，要集中各种想法的精华，达到对问题的系统全面的考察，为寻求一种最有实际应用价值的结果而把多种想法理顺、筛选、综合、统一。发散思维是一种求异思维，为在广泛的范围内搜索，要尽可能地放开，把各种不同的可能性都设想到。

2. 二者的联系

聚合思维与发散思维是一种辩证关系，既有区别，又有联系，既对立，又统一。没有发散思维的广泛收集、多方搜索，聚合思维就没有了加工对象，就无从进行；反过来，没有聚合思维的认真整理、精心加工，发散思维的结果再多，也不能形成有意义的创新结果，也就成了废料。只有两者协同动作、交替运用，一个创新过程才能圆满完成。

发散性思维与聚合性思维在思维方向上的互补，以及在思维过程上的互补，是创造性解决问题所必需的。发散性思维向四面八方发散，聚合性思维向一个方向聚集，在解决问题的早期，发散性思维起到更主要的作用；在解决问题的后期，聚合性思维则扮演着越来越重要的角色。

发散思维与聚合思维具有互补的性质。不仅在思维方向上互补，而且在思维操作的性质上也互补。美国创造学学者 M·J·科顿，形象地阐述了发散性思维与聚合性思维必须在时间上分开，即分阶段的道理。如果它们混在一起，将会大大降低思维的效率。

3. 结论

聚合思维与发散思维各有优缺点，在创新思维中相辅相成，互为补充。只有发散，没有聚合，必然导致混乱。只有聚合，没有发散，必然导致呆板僵化，抑制思维的创新。因此，创新思维一般是先发散而后聚合。

发明创新一般都要经过发散思维与聚合思维的交替过程才能完成。发散思维要求对问题的共性有一个全方位、多层次的把握，联系越多，发散也就越广。聚合思维要求对问题的个性有彻底的认识，分辨得越细，收敛得就越准确。发散思维与聚合思维的结合，有利于引发学生积极思考，提高思维的开放性和准确性。只有两者协同动作、交替运用，一个创新过程才能圆满完成。

【思考练习 3－2】

（1）按要求寻找下列事物的相同之处。

①请说出家中既发光又发热的东西。

②请写出海水与江水的共同之处，越多越好。

③鸽子、蝴蝶、蜜蜂与苍蝇有什么相同之处？

④铜、铁、铝、不锈钢等金属有什么共同的属性？

（2）请填上所缺的数字。

①2，5，8，11，（　）

②7，10，9，12，11，14，（　）（　）

（3）以下各词，哪一个与众不同？请圈出来。

冰屋　平房　房屋　办公室　茅舍

【体验与训练】

1. 发散思维体验训练项目

体验与训练指导书

训练名称	连词成戏
训练目的	体验与训练发散思维
训练所需器材	白板、白板笔、便利贴、彩笔一盒
训练要求	在15分钟之内，将关键词“《西游记》师徒四人、合作、三聚氰胺”连成一个符合逻辑的小故事，并且以团队的形式表演出来
训练步骤（小组商讨后，拟定训练步骤）	
训练结果	完成训练的用时：______，训练结果为：______
体现原理	
训练总结与反思	

2. 聚合思维体验训练项目

体验与训练指导书

训练名称	谁是神探
训练目的	体验与训练聚合思维
训练所需器材	白板、白板笔、便利贴、彩笔一盒
训练要求	案情：在海边的沙滩上，躺着一个男人，一动不动，身上没有穿任何衣服，手里攥着一个纸团，纸上写着一个字母“J”，周围没有痕迹。 规则：在规定时间（10分钟）内，各组队员通过向主持人或老师提出封闭性的问题来推断案情的起因和经过，主持人或老师只负责用“是”或“不是”来回答学员的提问，看看哪一组推断出来的案情起因和经过最合理
所提问题记录	
训练结果	完成训练的用时：______，训练结果为：______
体现原理	
训练总结与反思	

【章节练习】

（1）尽可能多地说出领带的用途。

（2）尽可能多地说出旧牙膏皮的用途。

（3）○是什么？（至少想出30种）

思维索引：头、地球、宇宙、鸡蛋、扣子、面包、英文字母O、氧元素符号、杯子、铁环、孙悟空的紧箍咒、结束、圆满……

（4）你对电话机的铃声可以做哪些改变？

（5）尽可能多地列举出与旋涡这种形状相像的东西。

（6）邮票的四周要打上齿孔，便于撕下。请你想一想，这个办法还能在什么地方有用？

（7）怎样使四个9的数字列出的等式等于100？

（8）尽可能多地列举出下列事物不同类型的可能用途：

①一个空塑料饮料瓶。

②一段钢管。

（9）用1、2、3这三个数字能表示的最大的数是多少？

（10）尽可能多地想想，生活中需要“封口”的东西有哪些？至少想出4个。

（11）请设计一种新式旅游鞋。可先对题目发散思维，比如设计一种能在多种路况中方便使用的鞋，再试着去解决它。

（12）我们去看牙医，眼科大夫却走了出来，这是怎么回事？

（13）点燃了12根蜡烛，“噗、噗、噗”连续吹灭了6根，还剩下几根蜡烛？

（14）怎样照镜子，能同时照到自己的前后身？

（15）一个桥载重80公斤①，为什么一个重70公斤的人可以拿两个各重10公斤的球过桥？

（16）一个袋子里装着豆子，有黄豆和绿豆，一个人把豆子倒在地上，很快他就把黄豆和绿豆分开了，请问他是怎么分的？

（17）一条河的平均深度是1米，一个小孩身高1.4米，他虽然不会游泳，但肯定不会在这条河里淹死。你说对吗？为什么？

（18）有一辆装载着集装箱的大卡车要穿过天桥，可是集装箱的顶部却高出天桥底2厘米。集装箱又大又重，不便卸下；而绕道走又要耽搁时间。请问：有什么办法能使大卡车顺利穿过天桥，又不至于撞坏天桥？

（19）牙医最喜欢的行业是什么？

（20）有一棵树，在距树7米的地方有一堆草，一头牛用一根3米的绳子拴着，最后这头牛把这堆草全吃光了，请问为什么？（注意：这头牛体长不足2米）

（21）什么样的河人们永远也渡不过去？

（22）什么时候四减一等于五？

【拓展阅读】（图3-3）

推荐图书：《青少年思维特训：拓展你的发散思维》。

---

① 1公斤=1 000克。

A. 推荐指数：4 星。
B. 推荐理由：让你用更新的视角来解读自己身边习以为常的概念。

图 3－3　推荐图书的封面

【小结】（图 3－4）

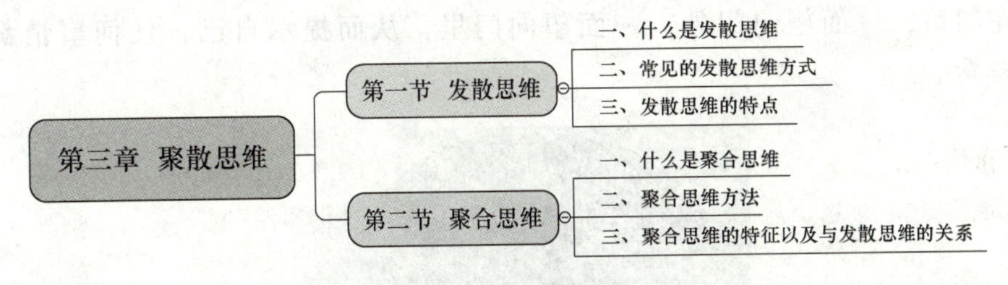

图 3－4　本章内容小结

第四章

逆向思维

对于一个表面的结果，我们应该思考——也许它正是原因吧。而对于一个所谓的原因，我们应该思考——也许它正是结果吧。对于原因和结果，我们能做些什么呢？我们将其颠倒一下会怎么样？这种次序的问题可能会成为设想的源泉。事实上，我们始终不能确切地知道何为原因，何为结果，我们甚至不能肯定是先有鸡还是先有蛋。

——奥斯本（美国创造学大师）

“雅努斯”是一尊罗马神话传说中的两面神（图4－1），他的脑袋前后各有一副面孔，一副面孔凝视着过去，一副面孔注视着未来。至今在古罗马的钱币上还经常能看见他，一手握着开门钥匙，一手执警卫长杖，站在过去和未来之间。古罗马人还把他的雕像立在门口，一面望向门外，一面望向门里，从而提示自己，任何事情都要从正反两方面去看。

图4－1　罗马神话传说中的两面神“雅努斯”

第一节　什么是逆向思维

一、什么是逆向思维

逆向思维就是指不按照传统的思路考虑问题，而是恰恰反其道而行之，从问题的另一面进行深入思考。逆向思维法又称反面求索法，或叫反向思维法。逆向思维主要是针对既定的结论进行反方向推想，提出相反判断的思维形式。

运用逆向思维是激发创新思维的有效方法之一，同时也是发散性思维中的一种。发散性思维的特点是富于变通性和灵活性，即在一定条件下，探索者的思维机动灵活地运用到各种不同的方向上，而逆向思维就是把思维方式改变到与常规思路相反的方向。

逆向思维也是一种非常重要的创造性思维方法，它能使人想到许多按常规思维所想不到的点子。例如在对事物的缺点、优点的看法上，经常出现这类情况，某个事物或某种现象，从一个角度看，是缺点、毛病，而从相反的角度看，却成了优点，并且可以利用。

逆向思维是发现问题、分析问题和解决问题的重要手段，还有助于克服思维定式的局限性，是决策思维的重要方式之一。它的思维取向总是与常规的思维取向相反，一般采取顺繁则逆、正难则反的策略，比如人弃我取、人进我退、人动我静等。

逆向思维的应用领域非常广泛，不论是科学发现、技术发明，还是企业经营管理、文艺创作，到处都可以追寻到它的踪迹。

世界上的逆向思维模式不存在绝对，当大多数人掌握并应用一种公认的逆向思维模式时，它就变成了正向思维模式。

丰田公司的创始人丰田喜一郎曾说："如果说我取得了一点成功的话，那是因为我对什么事情都倒过来思考。"这种说法虽然有点过于片面。但是，不可否认，当面对一个比较棘手的问题，按照传统的思路来解会遇到困难或者结局会很平庸时，使用逆向思维，往往能够得到有创新而且十分巧妙的解决方案。

【案例 4－1】

哈桑借据法则

一位商人向哈桑借了2 000元钱，并且写了借据。在还钱的期限快到的时候，哈桑突然发现借据丢了，这使他焦急万分，因为他知道，丢失了借据，向他借钱的这个人是会赖账的。哈桑的朋友纳斯列金知道此事后对哈桑说："你给这个商人写封信过去，要他到时候把向你借的2 500元还给你。"哈桑听了迷惑不解："我丢了借据，要他还2 000元都成问题，怎么还能向他要2 500元呢？"尽管哈桑没想通，但还是照办了。信寄出以后，哈桑很快收到了回信，借钱的商人在信上写道："我向你借的是2 000元钱，不是2 500元，到时候就还你。"

这个案例告诉我们在生活中处处潜藏着看似不可能的改变，关键是要学会运用逆向思维的方法。

二、逆向思维的特点

任何事物都具有多面性。人们受过去经验的影响，容易看到熟悉的一面，而忽视另一面。逆向思维能克服这一障碍，给人以耳目一新的感觉。

（一）普遍性

世界上的任何事物都包含着对立统一的矛盾，相互对立的两面是客观存在的。我们在接触事物时，相互对立的两面都在背景之中，只不过人们大部分时候只把注意力集中在主要方面，而忽视了对立面，并且对对立面缺乏明显的认识。逆向思维，主张把对立面从背景中拉出来，推到前台，使之一目了然。逆向性思维在各个领域、各种活动中都很适用，对立统一规律是普遍存在的，而对立统一的形式又是多种多样的，有一种对立统一的形式，就有一种逆向思维与之对应。逆向思维也有多种形式，如性质上对立的转换：软与硬、高与低等结构；位置上的互换、颠倒：上与下、左与右等；过程上的逆转：气态变液态或液态变气态、电转为磁或磁转为电等。不论哪种形式的转换，只要是从一个方面想到与之对立的另一个方面，都是逆向思维。

在现实生活中，有很多事物就保留着逆向转换的反向思维的痕迹。例如：两用钉锤，一头用来敲钉子，以反向思维考虑，另一头用来起钉子；橡皮头铅笔，一头用来写字，一头则用来擦字；录音机能放音乐，也能录音乐。

（二）批判性

正向思维指按常规的、公认的、习惯的想法和做法进行思考。逆向思维是相对正向思维而言的，换句话说，逆向思维就是对常规的、传统的、习惯的思维方式的反叛，挑战“天经地义”“绝对正确”等传统思维，显而易见的好处是克服了思维定式，打破了由于经验和习惯造成的僵化的模式，即具有批判性。例如：关于地质变动的假设理论曾经非常盛行，外国地质学家并由此断言中国是贫油国家。我国著名地质学家李四光采用了批判性的精神重新审视板块理论，提出新的地质理论，并探测出了地下资源，发现了大油田，驳回了中国是贫油国家的言论，促进了我国石油产业的发展。

逆向思维是要求人们把思维方法来个 180° 的大转变，有时会有意想不到的效果。历史上有许多采用逆向思维法而取得重大发现和发明的案例。

【案例 4-2】 **电磁场的相互转换**

1820 年，丹麦哥本哈根大学物理学教授奥斯特通过多次实验发现了电流的磁效应。英国物理学家法拉第重复了奥斯特的实验后，想到既然电能产生磁场，那么磁场也可能产生电。为了使这种设想能够实现，他从 1821 年开始做磁产生电的实验。虽然无数次实验都失败了，但他坚信，反向思考问题的方法是正确的。十年后，他终于提出了著名的电磁感应定律，并根据这一定律发明了世界上第一台发电装置。

【案例 4-3】 **发明充气电灯泡**

美国的科学家兰米尔，同样运用逆向思维，发明了充气电灯泡。当时的电灯泡有个致命的弱点，钨丝通电后很容易发暗，使用不久灯泡壁就会发黑。许多科学家都认为要克服这个毛病必须进一步提高灯泡的真空度。但兰米尔的想法与众不同。他不是去提高灯泡的真空度，而是分别将氢气、氮气、二氧化碳、氧气等充入灯泡，并惊奇地发现氮气可以延长钨丝的寿命。1913 年，兰米尔成功发明了功率大、寿命长、效率高的充气灯泡。后来，他又以氖气代替氮气，发明了小功率充气灯泡。

（三）新颖性

循规蹈矩地按照传统方法去解决问题虽然轻车熟路、简单易行，但时间久了就使人的思路僵化、刻板，容易陷入思维定式的牢笼，得到的结果也是预料之中的，比较难获取有新颖性的成果。而逆向思维要从人们不注意、不熟悉的方面入手，进行思索，寻求解决问题的答案，所以结果显然是人们所不能预料的，但是它不仅开阔了人们的思路，而且容易创造出新的成果。

【案例 4-4】 **青霉素的发明**

俗话说：有心栽花花不开，无心插柳柳成荫。在科技发明中常有这样的现象，按原定的目标久攻不下，偶然产生的思路却使得重大的成果诞生了。细菌学家弗莱明在做培育葡萄球菌的实验中，偶然发现了器皿中葡萄球菌成片死亡，经研究观察发现是因为存在青霉孢子的原因，青霉孢子杀死葡萄球菌。于是他将目标转向青霉孢子的杀菌研究，最终，发现了青霉素，这一发现，使人类平均寿命得以延长。

【思考练习 4-1】

(1) 请以 10 秒钟每小题的速度回答下面的问题。

①某人咬了一口苹果，发现有虫子，请问有几条虫子最可怕？

②用红墨水怎样才能写出蓝字？

③一个人到国外后，发现他周围所有的人都是中国人，请问是怎么回事？

④一个人在草原上行走，突然下起了大雨，他既没带雨具，也无处避雨，但是他的头发却没有弄湿，请问为什么？

⑤某个医生告诉一位富有的重病病人：你已经不行了，你想见谁？可病人的病情突然好转，请问为什么？

(2) 什么是逆向思维？

(3) 逆向思维的特点是什么？

第二节　逆向思维的方式与类型

一、逆向思维的方式

方式一：反转型逆向思维。

反转型逆向思维是指从已有事物的相反方向来引导发明构思的思路。在自然界的大多数事物和现象中，都存在正反两方面。因此，通过逆向思维的方法，去认识和理解事物和现象，并按照特殊的要求，以特殊的方式进行反转，往往会创造出新的东西来。就印刷来说，凹版印刷不如凸版印刷方便，照相用正片合适，而医学上用的 X 光用底片更合适。这说明，从事物相反的方向来寻求解决问题的途径是可能实现的。

大家都熟知的司马光砸缸的故事，讲的就是反转型逆向思维的典型例子。

【案例 4-5】 **司马光砸缸**

有一次，司马光跟小伙伴们在后院里玩耍。院子里有一口大水缸，有个小孩爬到缸沿上玩，一不小心，掉到了缸里。缸大水深，眼看那孩子快要没顶了。别的孩子一见出事了，吓得边哭边喊。司马光却急中生智，从地上捡起一块大石头，使劲向水缸砸去，砰的一声，水缸破了，缸里的水流了出来，被淹在水里的小孩也得救了。

孩子掉进水缸里，按照一般的常规思维，是要赶快把孩子从水缸里拉出来，换句话说，是让人离开水，这样性命才能保住。“人离开水”其实也是我们长期养成的一种固有思维方式。但司马光的头脑中没有那么多定式的东西，他认为“让水离开人”不是也可以同样救人的命吗？

方式二：转换型逆向思维。

当某种技术目标或技术课题，从一个方向上屡攻不破时，放弃这种解决思路，把问题的重点从一个方面转向另一个方面，往往会有意想不到的效果。这种“转换重点”的方法，就是所谓“转换结构思维”的一种形式。

【案例 4-6】

圆珠笔漏油问题

1934 年匈牙利的 L·J·拜罗和格奥尔兄弟发明了圆珠笔。这种笔方便好用，特别新奇的是能在水中书写，于是一下子风行起来，人人以用此笔为快。但好景不长，因为圆珠笔有一个致命的缺点，即用了一段时间后，圆珠笔就会漏油，弄脏了衣服和书本。因而 20 世纪 40 年代，人们就不再用这种会漏油的笔了。圆珠笔为什么会漏油？分析原因很简单，在书写过程中，笔的圆珠出现磨损，珠与套管间隙加大，油从间隙流出。于是人们纷纷想办法来改进，减小圆珠的磨损，采用淬火钢珠、宝石等，但问题并没有解决。因为圆珠笔虽耐磨了，但套管的磨损反而加快了，漏油问题仍没解决。一晃十几年过去了，1950 年，日本发明家中田藤三郎变换了一下改进问题的思路。他不再在耐磨性上想办法，而是琢磨：圆珠笔是在书写了20 000字之后，才发生漏油，如果此时无油可漏，会怎样呢？根据这一思路，中田藤三郎设法控制笔中的油墨，使它刚好写到15 000字之后，油墨用完，然后将笔芯扔掉，漏油问题就完全解决了。这样圆珠笔又广泛使用起来，几乎人手 2 ~ 3 支。这方法看起来很简单，不过是把油管做小一点，但在解决问题的思维方法上，给人们在创新活动中提供了一笔宝贵财富。

方式三：缺点型逆向思维。

缺点型逆向思维是将事物的缺点变为优点，化不利为有利的思维方式。缺点逆用法并不是要克服事物的缺点，而是巧妙地利用事物的缺点，化弊为利、化腐朽为神奇所进行的创新发明。

因此，了解和掌握缺点逆用法是对人们开拓思维路径、转换思维视角、提高思考质量十分有利的。

【案例 4-7】

朱可夫元帅的妙计

第二次世界大战后期，在盟军攻打柏林的战役中，有一天晚上，苏军必须在当晚向德军发起进攻。夜晚本来是偷袭的好时机，可是那天夜里天上偏偏有星星，大部队出击很难做到高度隐蔽而不被敌军觉察。苏军元帅朱可夫对此思考了很久，后来他突然想到了一个妙计，并立即发出命令：将全军所有的大探照灯都集中起来。在他们向德军发起进攻时，苏军 140 多台大探照灯同时射向敌军阵地。强烈的灯光照得敌军将士眼睛都无法睁开，什么也看不见，除了挨打根本无法还击。因而苏军很快就突破了德军的防线。这次苏军的袭击成功，无疑与苏军元帅朱可夫从缺点出发将问题倒过来，采用殊途同归的道理分不开。他敏锐地意识到：黑夜进攻的目的就是让部队能够高度隐蔽而不被敌军觉察。那要达到进攻的时候不被敌军觉察有没有别的方法呢？他从缺点出发想到了“没有光”会使人“看不见”，那么“强烈的光”同样也会使人“看不见”，从而取得进攻成功。

“以毒攻毒”就是我国中医宝库中出奇制胜的方略。历史上一些别具匠心的创新，也大多运用了这种思路。例如：金属的腐蚀性本来是件坏事情，但是有人却利用腐蚀的原理发明了蚀刻和电化学加工工艺。机械的不平衡转动会产生剧烈的振动，有人利用它发明了夯实地基的蛤蟆夯。

二、逆向思维的类型

（一）条件逆向

条件逆向是指分析与事物有关的条件，然后进行逆向思维，从而获得有价值的创新。条件逆向中的“条件”，主要是一些看似不利的条件。

【案例 4-8】

丹波村的优势

在日本有一个名叫丹波的小村庄，这里土地贫瘠，没有什么物产，交通也不方便，因此村民们的生活十分清苦。眼看着其他地方都富裕发达起来，丹波的村民们也开始想方设法致富。但是，这里什么有利条件都没有，如何才能致富呢？村民们请来一位专家井坂弘毅，他在了解了丹波的情况后，提出了这样一个大胆的设想：发展旅游业，展示这里的清贫生活！按照他的说法，现在的日本人大都过上了富裕发达的生活，已经开始慢慢忘却曾经的苦难，让他们到这里来旅游，来体会一下这种生活，一定会是一件很有意义，而且很有价值的事情。村民们接受了井坂弘毅的建议，于是以自己家乡的贫穷落后为宣传点，开发旅游业。没有想到，这果然引起了很多人的兴趣，人们络绎不绝地来到这里，寻找往昔的生活和感觉。丹波村的村民也因此富裕了起来。贫穷是人们避之唯恐不及的东西，而井坂弘毅却能利用贫穷带来富裕，这种条件逆向的运用不可谓不神奇。

对不利条件的逆向思维，蕴含着丰富的经济及社会效益，可以说是一种“一箭双雕”式的创新思维方式。

（二）作用逆向

作用逆向主要是偏重于对事物的作用进行逆向思考，变不利作用为有利作用，作用逆向也叫功能逆向。

【案例 4-9】

汽车大盗的贡献

某地警察局刚刚抓获一名汽车大盗，他的盗车技术相当娴熟，偷走一辆防盗措施十分到位的汽车，仅仅需要几分钟的时间，被他盗窃的车辆总数已经达到了上百辆。这个大盗曾经多次被逮捕过，还坐过十多年的监狱。对于这么一个人，应该怎么处理，才能使他痛改前非，在出狱后再也不会继续危害社会呢？警察局局长考虑了很久，终于想出一个办法。在汽车大盗出狱的那一天，警察局局长亲自把他接到警察局，并正式聘请他做了警察局的一名顾问，担任该局的“汽车防盗技术指导”。这名汽车大盗做梦也没有想到竟然会得到如此的礼遇，自然感激涕零，当即表示今后再也不会犯罪，专心工作，回报社会。果然，这名昔日的大盗从此以后就像变了一个人，每天在警察局勤奋地进行研究工作。不久，他的研究成果——新型汽车防盗设备——问世了，质量和效能都十分优秀，该地的汽车失窃案件发案率也大大降低了。

这名聪明的警察局局长就是善于运用逆向思维，从而使一名汽车大盗变成了汽车的保护神。

电冰箱是以制冷形成低温来保存食品的，为保证电冰箱正常工作，在电冰箱背面都有一个散热器。那么，电冰箱能否既能制冷，又能产生可利用的热呢？人们想：如果把散热器当作一个加热器，放入水箱中，就可以加热出热水。根据这一思路，美国的一个工程师设计了一种新式水箱，将散热器置于水箱中，果然获得成功，这种新电冰箱，既能制冷，保存食物，又能产生热水，供日常使用。

（三）方式逆向

方式逆向的思维方法，是指从事物运作的常规方式入手，尝试用这种方式的反面去思考，从而发现新的可行性与创新设想。

人们上楼时必须在楼梯上走，这是不可违背的情理。若有人提出“人若不动能否上楼”，肯定会被认为这是天方夜谭。但根据人上楼，高层是目标，楼梯是工具，只是它是不动的。若把上楼的过程进行逆反，把楼梯做成活动的，人只要站在楼梯上，就可以不爬楼梯，也能达到目的，于是出现了电梯。

人们在洗澡的时候总是要用毛巾在背上上下来回地拉动，这样既费劲又不方便。有人倒过来想，若将毛巾固定，让人的背来回移动进行搓背，也能达到同样的效果，并且省力方便。

人们在照相的时候，一般是先拍照，拍照完后再倒胶卷。有人就根据这个过程进行逆反，发明了先一次性把胶卷倒过来，然后再一张一张地拍照，这样不但方便，而且也能节省时间。

（四）因果逆向

正如奥斯本所说，事物的因与果并没有我们所想的那么水火不容，一个事物的果，它同时还是某事物的因，某事物的因，又同时是另一事物的果。如果把事物的因和果看得甚是死板，不可改变，那么你的头脑也必然是死板的。因此，不妨经常把因转换为果，果转换为因来处理，你可能会立刻得到一个巧妙的构想。有时我们所认为的事情的原因也未必是唯一的原因，运用因果逆向思考法可以拓宽思路，更加全面地分析事情。比如，在《心之漫游思考法》一书中，有这样一个关于倒转思考的例子：把“老师沉闷的讲解令学生上课不专心”倒转为“学生上课不专心令老师的讲解沉闷”。

倒转了我们习惯认为的原因和结果，我们的思路就变得更加开阔了。我们习惯于把教学质量不好归咎为老师讲课不够生动、没有热情，导致学生听课的时候不够专心。难道没有别的情况吗？把因果倒转之后，我们想：学生不专心听讲反过来是不是会导致老师讲课没有热情？于是形成恶性循环。另外，学生听课的时候是不是不够热情？老师讲课的时候是不是不够专心？从这个角度着手，我们就可以更加全面地处理教学质量低这个问题。进一步深究之后，我们会发现为什么学生上课不够热情？可能是对所学内容不感兴趣，或者教学模式过于死板，限制了学生的积极性。是什么使老师讲课不够专心呢？可能是教学以外的行政事务或者个人的私事分散了他们的注意力，或者落后的教学设施让老师感到沮丧。从这些角度着手，可以使问题得到更圆满的解决。

逆向思维中“倒因为果、倒果为因”的方法在生活中的应用极其广泛。有时，某种恶果在一定的条件下又可以转换为有利因素，关键是如何进行逆向思考。

倒因为果最恰当的案例应当是人类对疫苗的研究。人类在一场场灭顶之灾的努力中，唯一有效的法宝就是倒因为果的逆向思维——以毒抗毒，以其人之道还治其人之身。

早在我国宋朝时，人们就开始想到用事物的结果去对抗事物的原因。据文献记载，当时人们把天花病人皮肤上干结的痘痂收集起来，磨成粉末，取一点吹入天花病患者的鼻腔。后来这种天花免疫技术经波斯、土耳其传入欧洲。直到1798年英国医生琴纳用同样的原理研制出了更安全的牛痘，为人类根治天花做出了决定性的贡献。

（五）对立逆向

对立逆向思维法，就是把思维对象中对立的两个面作为目标，运用逆向路径研究问题，把正向思考和逆向思考很好地结合起来。要求人们在处理问题时既要顺着正常的思路研究问题，也要倒过来从反方向逆流而上，看到正反两方面的互补性。

对立逆向思维法的第一步：建立在“逆向”意识之上，必须认识到事物都是由两个方面构成的，现在面对的问题必然还存在其对立面。也就是说，当面对一个难题时，同时也会面对这个难题的条件、问题和答案。需要做的就是对这个难题的构成重新洗牌，逆向考虑。

对立逆向思维法的第二步：把握住对立面之间相互渗透的关系，以达到对问题解决的质的飞跃。对立是为了共存。再看下面这个案例，循着这一脉络学习、把握如何将对立的部分嵌合互补。

【案例4－10】 什么样的18层大厦可以在地震中屹立不倒?

什么样的18层大厦可以在地震中屹立不倒？千万不要以为这是一个脑筋急转弯，也不要认为这是一个单纯的建筑学问题——你可能因为专业的局限不能想到合适的建材和房屋结构，但是你可以抓住正确的思路。答案就在下面的这篇报道中。

1972年12月23日，尼加拉瓜共和国首都马那瓜发生了大地震，一座现代化城市顷刻间变成了一片瓦砾，死亡万余人，震中511个街区的房屋被无情地震毁。令人惊奇的是，一片废墟中唯独18层的美洲银行大厦竟安然屹立，而大厦正前方的街道地面却呈现了上下达0.5英寸（1.27厘米）的错动！如此奇迹，轰动了全球。

奇迹的创造者就是著名工程结构专家美籍华人林同炎。他在设计美洲银行大厦时，试图设计一座震中不会出现房屋崩裂的大厦，但是无论如何都没有办法解决建筑材料在强大外力下变形、裂开的问题。就在他一筹莫展之际，忽然想到如果不是把思维的重点放在正面（因为放在正面不能彻底解决防震问题），而是把思维着重放在反面呢？

于是，在多方筛选测算后，他采取了框筒结构。这种结构和一般结构不同，具有刚柔相济的特点：在一般受力的情况下，建筑物有足够的刚度来承受外力；而当受到突如其来的强烈外力时，可由房屋内部结构中某些次要构件的开裂使房屋总刚度骤然减弱，从而大大减少主要构件建筑材料承受的地震力。这种以房屋次要构件开裂的损失来避免建筑物倒塌的设计思想突破了一般常规的思维框架，突破了以刚对刚的正面思维模式，从而创造了世界上少有的奇迹。

在这里，林同炎选择了以“逆”保护来保护。保护与破坏是完全对立的，但这不意味着它们不能互补共存。如果不遗余力的保护不能达到“保护”的最终目的，那么用“破坏”来“保护”就是对立逆向思维的精髓所在了。使“保护”和“破坏”双方呈现出相互依存的态势，主动设计一些在强地震中会被破坏的东西，恰恰成就了保护的目的。在主要建筑体完好的前提下，次要内部结构的破坏反而使得建筑物避开了强震的摧残。

对立逆向思维法的第三步：建立在对前两步扎实把握的基础上。这一步要求解析对立的双方，然后进行重组建构。

（六）状态反转

事物的属性往往是多方面的，一件事情可以从不同的角度去理解，即使同一件事情从不同的属性去观察，其性质也可能是多方面的，并且是可以相互转化的。就像钱钟书说的“以酒解酒、以毒攻毒、豆燃豆萁、鹰羽射鹰”，包含着极大的矛盾性。例如：好—坏、大—小、强—弱、有—无、动—静、多—寡、冷—热、快—慢、增—减、生—死、出—入、始—末、水—火，等等。

【案例 4－11】

有一次，美洲草原上失火了，烈火借着风势，无情地吞噬着草原上的一切。那天刚巧有一群游客在草原上玩，一见烈火扑来，个个惊慌失措。幸好有一位老猎人与他们同行，他一见情势危急，便喊道：“为了我们大家都有救，现在听我的。”老猎人要大家拔掉面前这片干草，清出一块空地来。这时大火越来越逼近，情况十分危险，但老猎人胸有成竹。他让大家站到空地的一边，自己则站在靠大火的一边。他见烈火像游龙一样越来越近，便果断地在自己脚下放起火来。眨眼间在老猎人身边升起了一道火墙，这道火墙同时向3个方向蔓延开去。奇迹发生了，老猎人点燃的这道火墙并没有顺着风势烧过来，而是迎着那边的火烧过去。当两堆火终于碰到一起时，火势骤然减弱，然后渐渐熄灭。

游客们脱离险境后纷纷向他请教以火灭火的道理，老猎人笑笑说：“今天草原失火，风虽然向着这边刮来，但近火的地方气流还是会向火焰那边吹去的。我放这把火就是抓准时机借这股气流向那边扑去。这把火把附近的草木烧了，这样那边的火就再也烧不过来了，于是我们得救了。”

逆向思维总是能帮助我们在困难中找到出路的。

（七）置换方位

置换方位的方法是将考察的命题颠倒过来，发明新事物的创造方法。

方位逆向就是双方完全交换，使对方处于己方原先位置的换位。它不仅仅是指物理空间的置换，更是指一种对立抽象的本质。相辅相成的对立面有：入—出、进—退、上—下、前—后、头—尾，等等。

恋爱中的男女总是时而甜甜蜜蜜，时而吵吵嚷嚷，而吵架的原因不外乎就是抱怨对方从来不为自己考虑，从来都不站在自己的角度想问题。事实上，如果每个人都能真正站在别人的位置上想一想，世界上也就不会再有战争和悲剧了。遗憾的是，大多数人总是在抱怨对方不站在自己的角度为自己考虑一下的时候，忘了自己也应该站在对方的角度为对方考虑一下。看来，“逆向换位”是一件说起来容易做起来难的事。

学习方位逆向，首先就在于4个字：设身处地。在方位逆向的实际应用中，需要你真正站在他人的角度——尤其是存在利益关系的“敌对方”的角度——看待和分析事物。学习这一点，不仅需要一颗真诚的心，更重要的是创新的智慧。

站在对立面研究解决问题的方式，和对方换一个角度，是“一次逆向换位”。逆向换位思维还可以多次换位，甚至反复逆向换位。2次以上的换位就是多次换位。

学习方位逆向，其实就是要学会“换位再换位”。之所以要进行多次、反复的逆向换位，是因为我们必须考虑到“对立”的那一方可能也在进行逆向换位思考，思考他人—做出反馈—再思考他人对于你的反馈会做出什么逆向的反馈—重新反馈……这就是逆向换位思想的升级，是兑换为思想的终极把握。在这样的换位对抗中谁胜谁负，就要看谁在换位思考上胜人一筹了。

（八）结构反转

结构反转的方法是指从已有的事物或者是产品的结构出发进行逆反思维，通过结构位置的倒置、置换等技巧进行创新发明的方法。

【案例 4－12】

日本有一位家庭妇女在煎鱼的时候很是恼火，鱼总是粘在锅上，不好翻动锅中的鱼，并且煎好的鱼常常因为翻动不方便而出现煎炸不均匀，要煎炸均匀就必须经常翻动，可这样鱼又不能保持完整，总是东一块西一块的。她仔细观察后发现，这是因为加热后，鱼油融化滴在锅底所造成。一天，她做鱼的时候反过来想，能不能不在锅底加热，而在锅的上方加热呢？她先后尝试了许多种在锅上方加热的做法，但是没有一种理想的方法。最后她又试着在锅盖上安装电阻丝，这种方法终于成功了，这样既不会把鱼煎焦、翻烂，而且环保不冒烟、省油。

【案例 4－13】

美国洛克希德公司的飞机设计师，采用新型动力装置，就是在飞机的结构上进行逆反，将飞机的前后机翼顺序颠倒，改为前短后长。改造的飞机经过模拟测试发现，这种结构能够提高飞机的某些性能，重约113吨的飞机可在610米的短跑道上升空，速度能达到940千米每小时，可载重43吨，航程可达5 800千米。

（九）心理逆反

心理逆反的方法是指在思考的过程中摈弃自身局限，先探究对方的心理，然后反对方的思路而行事的思维方式。

心理逆反的“反”并不是置换方位的“反”，而是反其道而行之的“反”。虽然在置换方位中已经掌握了捉摸对方心理，然后逆反对方心理做出对策的方法，但在心理逆反方法的运用中，需要更进一步，让对方跟着你的思路走，让他做你需要他做的选择。

让对方跟着你的思路走，听起来不容易，但如果尝试着训练自己并琢磨对方的思考路径从而逆反其逻辑，慢慢地就会发现掌握这一方法并不困难。

引申而言，心理逆反思维体现着一种“料敌在前，抢占先机”的精神。“敌不动我不动，敌动我动”的后发制人策略虽然彰显了大气和谨慎，先置自己于必守之地，再图进攻，但是在应对上始终因为必须依据他人行动做决定而丧失了先机。心理逆反思维则是立足于对对方心理的预测和反馈，并依此布局，先攻其防不胜防，让你在应对自如之余还能反将一军。

【思考练习 4－2】

（1）请用逆向思维方式中“作用反转”的思维列出下列表中相应事物的相反事物。

序号	已知事物	相反事物
1	火箭发射	如：钻井火箭
2	看书	
3	空调夏天制冷	
4	钉锤钉钉	
5	打电话	
6	吸尘器除尘	
7	风助火势旺	

（2）借助逆向转换法的某种思路，请以“帽子”为例，提出五种以上的创新方案。

（3）逆向思维的运用方式有几种？

第三节　逆向思维的应用

一、职场中的逆向思维

我们总是习惯于顺着事物发展的方向去思考问题并寻求解决办法。其实，对于某些问题，从结论往回推，反过来思考，从结果回到原因，反过去想或许会使问题简单化，解决办法也就轻而易举，甚至会有新的发现，创造出奇迹来，这就是逆向思维和它的魅力。

当今职场，求职难，难于上青天。不少求职者为了吸引招聘方的眼球，在简历上列举了许多荣誉和成绩，结果啰里啰唆一大堆，能给招聘单位留下深刻印象的优点反而湮没其中，未能凸显出来。

【案例 4－14】

有这样一个有心人，论学历，他只是大专毕业，如何才能在本科生扎堆的不利情况下，让对方看上自己呢？他使用逆向思维，在简历的撰写上来了个“倒叙”。一般来说，简历总是从介绍自己的姓名、兴趣、爱好等开始的，他却从用人单位都比较注重的“工作经验”入手，先声夺人，开篇就牢牢吸引住了招聘方的注意力。同时，与众多求职者不惜重金包装自己、不惜笔墨吹嘘自己相反，他有的放矢地介绍了自己的“缺点”。这里他玩了一点小花样，因为这些所谓的“缺点”正好是用人单位比较看重的“特点”，结果他从众多的竞争者中胜出。

如今的用人单位，早已将用人观念从寻找“最优秀的人”，转变为寻找“最有特点的人”。用逆向思维写就的求职简历，最容易显现一个人的思维能力、工作风格和发展潜力。求职者们不妨根据自己的实际情况试一试，到时候，用人单位自然会对你格外留心。

对于逆向思维这种方式，人们已经不很陌生，然而一旦遇到具体的实际问题，人们还是习惯用常规思维，很多本来可以解决的问题，也就被人们看成无法做到、难以解决的问题了。汤姆·彼得斯说：“创造性思维为你提供了实现自我更多的机会。”

二、逆向思维创新

在创造发明的路上，更需要逆向思维，逆向思维可以创造出许多意想不到的人间奇迹。

【案例 4-15】

传统的破冰船，都是依靠自身的重量来压碎冰块的，因此它的头部都采用高硬度材料制成，而且设计得十分笨重，转向非常不便，所以这种破冰船非常害怕侧向漂来的冰块。苏联的科学家运用逆向思维，变向下压冰为向上推冰，即让破冰船潜入水下，依靠浮力从冰下向上破冰。新的破冰船设计得非常灵巧，不仅节约了许多原材料，而且不需要很大的动力，自身的安全性也大为提高。遇到较坚厚的冰层，破冰船就像海豚那样上下起伏前进，破冰效果非常好。这种破冰船被誉为“20 世纪最有前途的破冰船”。

【案例 4-16】

日本是一个经济强国，却又是一个资源贫乏国，因此他们十分崇尚节俭。当复印机大量吞噬纸张的时候，他们一张白纸正反两面都利用起来，一张顶两张，节约了一半。日本理光公司的科学家不因此而满足，他们通过逆向思维，发明了一种“反复印机”，已经复印过的纸张通过它以后，上面的图文消失了，重新还原成一张白纸。这样一来，一张白纸可以重复使用许多次，不仅创造了财富，节约了资源，而且使人们树立起新的价值观：节俭固然重要，创新更可贵。

逆向思维最宝贵的价值，是它对人们认识的挑战，是对事物认识的不断深化，并由此而产生“原子弹爆炸”般的威力。我们应当自觉地运用逆向思维方法，创造更多的奇迹。

世间万事万物都是相互联系的，人们掌握的知识也是多门类多学科的，因此，面对一个思维对象，不能更不必仅仅局限于传统习惯，不能更不必死守一个点。单兵作战毕竟力量太孤单，合力作战，不就威力强大了吗？

逆向思维最宝贵的价值，是它对人们认识的挑战，是对事物认识的不断深化，并由此而产生“原子弹爆炸”般的威力。

【思考练习 4-3】

试举出生活、学习、工作中利用逆向思维解决问题的一两个例子。

【体验与训练】

体验与训练指导书

训练名称	排好队
训练目的	锻炼学生的逆向思维
训练所需器材	纸杯、水
训练步骤与内容	1. 准备6个空纸杯和1瓶水 2. 将纸杯一字摆开 3. 在前3个相邻的纸杯里注入清水 4. 只许动1个杯子，你能把这6个杯子按照1个满、1个空这样依次排开吗
训练结果	让学生感受什么是逆向思维，如何运用逆向思维
体现原理	逆向思维原理
训练总结与反思	

【拓展阅读】

快闪店悄然走红“吸睛又吸金” 逆向思维引领创业新时尚①

以前，它们是传统的展销会；如今，它们是来去匆匆的时尚快闪店。

从“5·20”浓情四射的表白日，到只开一天的“分手花店”；从排队“天荒地老”的喜茶，到只营业四天的丧茶……最近，国内刮起了一阵快闪店风潮，尤其为年轻人钟爱。再来看看享誉全球的知名品牌，可口可乐在静安区开设了一家快闪店，引来无数鹿晗迷；香奈儿在南京西路开设了营业12天的咖啡店，更是刷爆了微博和朋友圈。

“消逝、限量”的概念，反思维营销的模式，唤起消费者心中的好奇感，驱使消费者进入购物中心尝试不一样的消费体验。那么，这些来去匆匆的快闪店，其中究竟藏了多少“出奇制胜”的营销套路？其是否可以成为创业者在创业征途上的试错平台？

发掘痛点，反思维营销 差异性打造的快闪店刺激消费

在近几年零售百货业业绩不佳的情况下，快闪店却逆势而上，迅速蹿红。这种“做几天生意，反思维营销，制造话题，打响知名度，然后立即消失”的运营模式，正受到越来越多年轻人的青睐。

“其实，快闪店的出现，为百货零售业提出了一个线下经营的新思路。”创业导师张晓曙表示。说起这种新潮的方式，还得追溯到2003年，当时市场营销公司Vacant，在全球零

---

① http://sh.eastday.com/m/20170725/u1a13144459.html

售业最顶尖的实验场的纽约SOHO区，帮助鞋履品牌Dr. Martens开设了一家快闪店，只销售限量款商品，效果非常好。“快闪店的形式，在国内也很早就已存在。”它以前的形式是特卖会、促销展，如今，它将更多的年轻、潮流、惊险刺激等时尚元素捆绑在一起，成为一种新文化背景下的营销模式，也诞生了一种新兴的消费业态。据RET睿意德发布的《中国快闪店研究报告》显示，2015年开始，中国的快闪店进入一个快车道，平均每年复合增长率超过100%，到2018年，二三线城市将占整个快闪店市场份额的54%~72%，成为营销的重要法宝。预计2020年快闪店在中国将超过3 000家。

在“5·20”全民秀恩爱的那天，各大品牌的“5·20”海报此起彼伏“搔首弄姿”地博得消费者眼球。不同寻常的是，在这一天，在位于静安区的愚园路，开了一家“一天分手花店”，而且只为“5·20”这一天。这真的符合了“快闪”一词的定义。

快闪店的创意源自何处呢？项目负责人表示，每年的“5·20”期间，消费者都会被商家的活动所骚扰，但是没有新意的活动并不能带来消费者的关注。“因此，只有从用户角度出发，真正发掘痛点，找到时下年轻人喜爱的方式才能打动他们。”在情感话题的基础上，把花店设定为“只开一天”，把当下新颖的快闪店“过时不候”的特征表达得淋漓尽致，而且更加强化了“5·20”当日“分手”话题的差异性。从一个反常规思路的“分手经济”并加上文案上其独具特色的表达刺激消费者购买。

这种在“5·20”当天的反思维营销思路和只开设一天的经营模式也确实获得了很好的社会反响。在营业的唯一一天里，分手花店产生的效果更是让人眼前一亮：线上流量超过2 000万人次，线下人流量超过10万人次，8万支花提前售罄。值得一提的是，在开店筹备的凌晨3点18分，花店迎来第一对有故事的顾客，在了解到分手花店的创意由来后，当即就下了一单。此外，当天的分手花店不仅涌入了广大的上海市民，还有来自其他城市的，诸如北京、苏州、合肥……更令人诧异的是，很多老外也纷纷走进“分手花店”凑起了热闹。

“这足以说明，好的创意是吸引消费者的，哪怕只有一天。”对于快闪店的选址，分手花店的创意者们分享了他们的经验：要选闹市区域，人流量大，有时尚新颖元素，可以起到很好口碑宣传效应的地点。未来，他们或还将在鲜花互动体验和生活方式上做更多的尝试。

市集形式的新型时尚快闪店 做有意思、好玩的消费购物体验

不同于“5·20分手花店”逆向思维、制造话题性的营销形式，还有一种快闪店是以时尚潮流吸引年轻人眼球为商场带来更多客流为目的的。创立了独立设计师工作室的黄煌就是奔着这样的主题，在上海新天地内开设了一家以买手为主题的时尚快闪店。

昨日，记者来到位于新天地新里一层的商厦大厅，推开玻璃门，一簇簇花团仿佛让人置身花海。粉色的高脚椅、黑色的老科勒皮沙发、印着英伦风的骨瓷餐具、饱含东方韵味的手工钱袋……眼前的摆设，让经过此处的消费者忍不住驻足欣赏一番。

“我其实已经做过很多快闪店了，最早开快闪店是在2014年，主要以家居产品为主。”黄煌告诉记者，快闪店作为Pop-up Store，是一种国际流行趋势。国外很多品牌都在做快闪店。在他看来，快闪店的特点是时效很短，在限时时间内推出一些特定的产品，让大家觉得很有意思，也很好玩，愿意在这个时间段买一些很特别的商品，或者是跨界合作的系列。

其实，这家开设在上海新天地新里的“House of Heddy”仲夏里限时体验室是黄煌在上

海的第一次快闪店尝试。“从7月7日到7月30日，是一个以仲夏为主题的快闪店。我们要将时髦时尚的设计和一些设计师的个人作品，加上生活方式，三者结合在一起，希望带给消费者不同的购物体验。”黄煌说，本次快闪店主要采用市集的模式，现场布置了各种鲜花、绿植，顶上是用香干花手工串制的捕梦网，非常梦幻。“消费者来到店里拍照，买东西，反响都很好。”同时，快闪店还与美宝莲等品牌合作，邀请这些品牌在快闪店现场做产品的限时发送。这种特别的体验消费模式，也吸引了很多消费者光顾。

谈到整个快闪店的前期准备，黄煌坦言花费了很多精力和时间，“前后差不多准备了一个月”。从快闪店的选址来说，之所以选择新天地新里，黄煌强调，这里游客很多，同时又有上海本地的优质客群。“是非常好的客源，我们会针对这些客群做相应的产品搭配和设计。”

谈及打造一家快闪店的成本时，黄煌强调一定要控制。因为它的时效短，不可能花太多的费用做搭建。黄煌与团队因地制宜，选择那些成本不太高但很容易出效果的元素。比如，通过手工做了很多制作，通过绿植和鲜花的摆放，烘托出热带雨林的气氛。另外，也在网上淘了一些便宜的产品做混搭。“不可能花太多的资金，控制成本是非常重要的。”黄煌说。

快闪店能否营利？黄煌表示，当然也希望快闪店能够营利。但从整个的网络环境、消费者的消费习惯和消费水平来说，并不一定所有的快闪店都会营利。在他看来，营利并不是最重要的。“品牌的推广和形象够特别，能够吸引消费者眼球，这才是我想要表达的。”

黄煌告诉记者，正在营业的“House of Heddy”仲夏里限时体验室就吸引了很多年轻消费者和设计师，以及众多媒体的关注，这对于“House of Heddy”的品牌形象和推广都是非常有帮助的。“对我来说，这就是成功的，是非常不错的一次快闪体验和尝试。”

快闪店打破了传统的商业模式，以“特别”“独特”“限量”“限时”带给人们不一样的消费体验。黄煌表示，希望通过这种模式将独特的生活方式和生活美学传递给更多人。“未来，我还会继续尝试快闪店这种形式。”黄煌说。

【导师评点】

开快闪店来做创业试错，这种模式不可取

有业内人士表示，即使电商模式是现在零售业发展的方向之一，但线下实体店仍是打造场景式消费的最佳方式。不过，实体店的高昂租金和长期营利压力，无论是对成熟品牌还是初创品牌来说，都无疑是一次冒险，这也催生了一些想要试错的年轻创业者，想在创业的道路上做一些尝试。

不过，对于试错这一理念，创业导师张晓曙并不认可。“这种模式的试错形式成本有点高，而且也不能定位店铺正确的消费群体。”张晓曙称，工作日和周末的客流量和消费人群不同，季节的差异也会造成消费人群的不同，因此，他并不提倡创业者以这种形式来进行试错。看起来开一家租期比较短的快闪店是个很简单的事儿，但实际有很多问题，比如选址、营销方式、店铺设计、成本、维护等。“不少人看到了快闪店的崛起，从中看到了创业的机会，一些快闪店中介平台应运而生。”

张晓曙同时指出，未来，快闪店也将成为奢侈品牌转型的一种模式，其以文化快餐的发展方式来为品牌宣传，起到不同的业态推广作用。“即使对一些成熟的品牌而言，商铺的租金价格都异常高昂。”在零售业不景气的情况下，在闹市区的街道上开一家“天价”店，亏不亏本还真是个未知数。因此，快闪店这种新模式，租期通常较短，在几天到几个月之间，租金通常以天为单位计算，所需的资金较少，但效果并不差。根据英国经济与商业研究中心的报告，2015 年7 月至2016 年7 月，英国快闪店的零售额达到了230 亿英镑，约合2 025亿元人民币。

控制好成本，快闪店可“吸睛又吸金”

为何有越来越多的创业者选择开快闪店？创业导师肖毅表示，这是比较好的品牌宣传方式。对商场来说，快闪店的出现可以吸引流量，是很好的营销方式。而从品牌的角度来讲，开快闪店可以借用商场本身的线下流量，起到品牌宣传的作用。“这是一种双赢的模式，自然会受到很多创业者的青睐。”

但快闪店具体如何开，也是有选择和讲究的。肖毅指出，开店之前最好在设计和选址方面做足准备，进行一定的市场调研。在他看来，如果准备充分，控制好成本的话，是可以实现吸睛又吸金的。

针对目前市面上有些快闪店只开一天的现象，肖毅认为，其意义并不大。很有可能入不敷出，经济效益无法保证。另外，开店时间太短，也无法起到推广的作用。“虽然快闪店比较灵活，但也不能为了快而快，还是要考虑收益的。”

未来，还有哪些行业可以尝试快闪的形式？在肖毅看来，快餐行业不太适合做快闪，但很多线上或线下的品牌，在具备一定流量的前提下，都可以尝试快闪店的形式。比如，在互联网上做的还不错的一些品牌，如果再开快闪店，就可以打通线上线下的渠道，比较容易成功。

此外，肖毅强调，除了现在市面上出现的茶饮、花店、家居品牌等快闪店外，动漫、文化类的品牌都可以尝试快闪店的形式。在他看来，目前快闪店的频频出现还只是个开头，以后会有更多的快闪店出现，甚至每一个商场都有机会出现快闪店。“长久来说，这有可能会成为一种日常的标准配置，会变成一种趋势。”

【小结】（图 4－2）

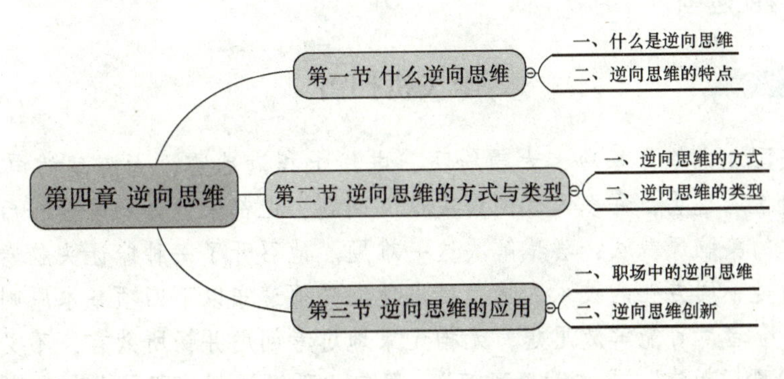

图 4－2 本章内容小结

第五章

联想思维

联想思维简称联想，是人类一种高级的心理活动，是指在人们的大脑中将一事物的形象与另一事物的形象相互联系起来，以寻求它们之间共同的或者是相似的规律，从而达到解决问题的思维方法。《辞海》对联想是这样解释的："由一事物想起另一事物的心理过程。"由当前的事物回忆过去有关的另一事物，就是联想思维。联想也是揭示事物相互关系，形成新概念的一种思维方式。西方心理学家早就注意到了联想这种心理活动的极端重要性，在19世纪就形成了"联想学派"。这一学派的早期代表人物——英国著名哲学家穆勒认为：联想对心理学来说，就像引力对天文学、细胞对生理学一样重要。我们日常生活中常说的举一反三、由此及彼、触类旁通等词语就是联想思维的体现。

心理学家认为：联想是由某一种事物想到另一种事物的心理过程。换句话说，联想思维就是在人脑内记忆表象系统中由于某种诱因使不同表象相互产生联系的一种思维活动。联想思维同想象一样，都是以表象作为基本要素的。英国外科医生李斯特从剩菜汤的腐败变质联想到伤口化脓的问题，进而研究出了苯酚杀菌剂；鲁班从自己的手被茅草叶子边上无数的细齿拉破，马上联想到若做成铁的就可以锯木头，从而发明了锯。这些联想的事物本身是有的，但是通过联想不能够直接产生出新的东西，它必须借助别的思维形式共同发挥作用，从而进行创新发明。联想思维和想象思维可以说是一对孪生姐妹，在创新过程中起着非常重要的作用。一个人的联想越广阔、丰富，那么他的创新能力就越强。

【案例5－1】

坐飞机扫雪

有一年，美国北方格外寒冷，大雪纷飞，电线上积满冰雪，大跨度的电线常被积雪压断，严重影响通信。过去，许多人试图解决这一问题，但都未能如愿以偿。后来，电信公司经理应用奥斯本的头脑风暴法，尝试解决这一难题。他召开了一种能让头脑卷起风暴的座谈会，参加会议的是不同专业的技术人员，要求他们必须遵守以下四项基本原则：第一，自由思考。即要求与会者尽可能解放思想，无拘无束地思考问题并畅所欲言，不必顾虑自己的想法或说法是否"离经叛道"或"荒唐可笑"；第二，延迟评判。即要求与会者在会上不要对他人的设想评头论足，不要发表"这主意好极了""这种想法太离谱了"之类的"捧杀句"

或“扼杀句”。至于对设想的评判，留在会后组织专人考虑；第三，以量求质。即鼓励与会者尽可能多而广地提出设想，以大量的设想来保证质量较高的设想的出现；第四，结合改善。即鼓励与会者积极进行智力互补，在增加自己提出设想的同时，注意思考如何把两个或更多的设想结合成另一个更完善的设想。按照这种会议规则，大家七嘴八舌地议论开来。有人提出设计一种专用的电线清雪机；有人想到用电热来化解冰雪；也有人建议用振荡技术来清除积雪；还有人提出能否带上几把大扫帚，乘坐直升机去扫电线上的积雪。对于这种“坐飞机扫雪”的设想，大家心里尽管觉得滑稽可笑，但在会上也无人提出批评。相反，有一个工程师在百思不得其解时，听到用飞机扫雪的想法后，大脑突然受到冲击，一种简单可行且高效率的清雪方法冒了出来。他想，每当大雪过后，出动直升机沿积雪严重的电线飞行，依靠高速旋转的螺旋桨即可将电线上的积雪迅速扇落。他马上提出“用直升机扇雪”的新设想，顿时又引起其他与会者的联想，有关用飞机除雪的主意一下子又多了七八条。不到一小时，与会的10名技术人员共提出90多条新设想。

会后，公司组织专家对设想进行分类论证。专家们认为设计专用清雪机，采用电热或电磁振荡等方法清除电线上的积雪，在技术上虽然可行，但研制费用大，周期长，一时难以见效。那种因“坐飞机扫雪”激发出来的几种设想，倒是一种大胆的新方案，如果可行，将是一种既简单又高效的好办法。经过现场试验，发现用直升机扇雪真能奏效，一个久悬未决的难题，终于在头脑风暴会中得到了巧妙的解决。

第一节 联想的类型

一、相关联想

所谓相关联想，就是对事物或者现象之间存在的相关性进行联想，从而得到启发，找到创新的途径。相关联想可以让思考者从宏观上把握事物之间的相互关系，从而做出对自己有利的决策。在这个信息飞速更新的社会，各种信息铺天盖地地袭击我们的眼球，也许看似两个毫无关联的信息之间会具有某种相关性。如果你能把握信息之间的关系，并利用其中有用的部分，也许就能得到新的创意。

【案例5-2】 **为男员工设立私房钱账户**

麦当劳日本公司在调查中发现，大约有16%的男员工藏有私房钱。这些人认为这是“男人必需的经费”，如偶尔打打牌、跟朋友喝喝酒、泡个澡等，都属于这样的“必需经费”。而这样的“必需经费”很多时候不能直接向太太要，甚至不能让太太知道，于是就有了藏私房钱的做法。

之前，麦当劳日本公司有个传统，就是把每年3月份的结算奖金并不直接打给男员工，而是把钱打入他们太太的账户，这样的做法自然受到太太们的极大赞赏，公司常常收到太太们各式各样的赞扬。由于博得了太太们的欢心，自然也激发了男员工的工作热情。但自从了解到“16%现象”后，他们做出了相关联想：也可以设立两个账户呀！其中一半的奖金依然打入太太账户中，另一半则打入先生账户中，岂不皆大欢喜？

具体做法是：由男员工提出申请，然后财务部门单独为他们提供特别服务。

这样一来，虽然有“欺骗太太”的嫌疑，但有私房钱账户的员工工作干劲更足了，花钱也理直气壮起来。

二、相似联想

相似联想是指通过对事物之间相似的现象、原理、功能、结构、材料等特性的联想，寻找解决问题的方法的思考过程。善于观察、善于思考的人很容易找到事物之间的相似点。相似联想的两个事物，可能在形态和属性上有天壤之别，但只要其某一特性上有哪怕一点的共同点，就有可能进行奇妙的联系。

【案例5-3】

怎样分开薄钢板

某企业因生产需要，要从国外进口薄钢板。由于这些薄钢板被防锈油粘在一起，很难一张张分开。有一位操作工在玩扑克时发现，一副整整齐齐的扑克牌只要用手一弯，就自动一张张分开了。由此他想到，钢板不是也可以这样做吗？于是，他设计了地槽，将钢板往槽里一放，中间向下弯曲，钢板就自行一张张分开了。

三、对比联想

所谓对比联想，是指利用事物之间的相互矛盾关系进行的联想。这种联想，由于其鲜明的差异性，很容易激发联想者的丰富想象力，从而得到有创造性的设想和方法。

【案例5-4】

丑陋玩具

一天，美国艾士隆公司董事长布什耐在外面散步，他发现有几个小孩子正在玩一只小虫子。这只小虫子不仅满身污泥，而且长得十分丑陋难看，可是这几个小孩却玩得津津有味，爱不释手。这一情景让布什耐联想到：市场上销售的玩具清一色都是形象美丽的，凡是动物玩具，个个都面目清秀、俏丽乖巧。假如生产一些丑陋的玩具投放市场，销路又将如何呢？

他决定试一试。于是他让设计人员迅速研制了一批丑陋玩具投放市场：有橡皮做的“粗鲁陋夫”，长着枯黄的头发、绿色的皮肤；有一串小球组成的“疯球”，每个小球上都印着丑陋不堪的面孔……没想到这些丑陋玩具上市后，一炮打响，市场反应热烈，给艾士隆公司带来了丰厚的利润。尽管它们的价格大大高出一般玩具，但销售却长盛不衰。

四、因果联想

所谓因果联想是指由事物之间存在的因果关系而引起的联想。这种联想往往是双向的，可以由因想到果，也能从果想到因。千变万化的客观事物，正是由于组成了环环紧扣的彼此制约和牵制的锁链才使世界保持着相对的平衡与和谐的状态。植物界中存在着植物链，动物界有着食物链，这些链本身就是一种因果的关系。假设这些链中某个环节脱节，就会造成生态的不和谐，甚至可能给人类造成损失和伤害。因而，我们在思考问题的过程中，尽量找出产生这个问题的原因，再去寻求解决的办法。

【案例 5－5】

鱼吃人的悲剧

在南美洲亚马孙河中生长着一种鱼，它牙齿锋利，嗜人成性，当地人叫它“皮拉尼西亚”，俗称“吃人鱼”。有一次，一辆载着30多名旅游者的大客车，在转弯的时候不小心掉进了亚马孙河。“吃人鱼”蜂拥而来，争相吞噬那些落水者，顿时河水被鲜血染成一片血红色。但人们把汽车打捞上来时，车厢内只剩下30多具白骨。在“吃人鱼”嗜人之后，人们开始对亚马孙河大量繁衍出这种凶残的“吃人鱼”进行了种种联想，发现这是与人们忽略了对事物之间的因果联想，即忽略了事物之间的关系链分不开的。最初，在亚马孙河生长着许多专食水里这种鱼的鸟，它们是“吃人鱼”的天敌。后来，由于人们大肆砍伐亚马孙河流域的热带雨林，森林变成了荒原，专食“吃人鱼”的鸟类丧失了生存环境，逐渐消失灭绝了。这样，“吃人鱼”就没了天敌，亚马孙河成了它们的乐园，因而繁衍速度极快，数量猛增，成为人们的敌人。假设人们在大肆砍伐以前先进行因果联想，就不会去破坏鸟与鱼之间的生态关系链，也就不可能上演那一幕幕“鱼吃人”的悲剧了。

【思考练习 5－1】

(1) 联想思维有哪几种类型？分别是什么？

(2) 除了课本中提到的几种联想思维的类型，你是否还能想到其他的类型？

第二节 联想的方法

一、自由联想法

自由联想法指的是思维不受限制的联想，可以从多方面、多种可能性中寻找问题的答案。

【案例 5－6】

永不卷刃的刀

在印刷公司任职的N先生，对刀具很感兴趣，一直希望有一种廉价的而且永不卷刃的刀。

一次，N先生看到有人用碎玻璃刮地板上涂的漆。那个人先敲碎玻璃，再用碎片的棱角刮，该碎片的棱角磨秃后不好使用时，把玻璃再敲碎，用新的切口来刮。

见此情景，N先生眼前一亮，“啊，有了”！

刀钝后用不着磨，而是将钝了的部分折断。于是他在薄而长的钢片上刻出印痕，钝了以后折断，果然顺利地出现了一段新刃。

从敲碎玻璃、去掉一部分中获得启示，设计出这种世界上前所未有的可折断的刀子，并出口到世界各国。N先生理所当然地当上了新成立的刀具公司的经理。

你一定见过或用过这种刀子，看了这个例子有何感想？“这种事我也见过，怎么就没想到？”很多人在别人的创造面前这样想。其实，这里边深藏着的是问题意识和创造精神两个关键的因素。

二、强制联想法

强制联想法是指把思维强制性地固定在一对事物中，并要求对这对事物产生联想。

【案例 5－7】 **机枪播种法**

大家知道，机枪是打仗用的，播种机是种庄稼用的，两件东西简直是风马牛不相及。但偏偏美国加利福尼亚州一位生物学家就将机枪与播种机联系在一起，发明了机枪播种法。这一方法配合飞机播种使用，有效地解决了单纯飞机播种只能把种子撒在泥土表面的缺点，只见随着机枪的嗒嗒声，“种子枪弹”射入了土地。

三、仿生联想法

仿生联想法是通过研究生物的生理机能和结构特性，设想创造对象的方法。

【案例 5－8】 **尼龙搭扣**

尼龙搭扣的发明者叫乔治，是一位瑞士人，工程师。他平时很喜欢打猎，但他每次打猎归来裤腿和衣物上都会粘满一种草籽，即便是用刷子也很难刷干净，非得一个一个地摘才行。

有一次，他把刚摘下来的草籽用放大镜仔细地进行观察，竟然大吃了一惊：原来在这些小小的草籽上有一个有趣的奥秘。他看到那些草籽上有许多小钩子，正是这些小钩子牢牢地钩住了他的衣裤。

受到草籽的启发，他想，难道不可以用许多带小钩子的布带来代替纽扣或拉链吗？经过多次试验和研究，他制造了一条布满尼龙小钩的带子和一条布满密密麻麻尼龙小环的带子。两条带相对一合，小钩恰好钩住小环，牢牢地固定在一起，必要时再把它们拉开。乔治依靠他对自然深入的观察而发明的这一尼龙搭扣，获得了许多国家的专利。

【思考练习 5－2】

（1）这个训练要求你想起同一刺激或环境下相似的信息。如，从警察想到士兵（警察—士兵），由医生想到护士（医生—护士）等。

猫—　狗—　湖泊—　小溪—　茅草—　手机—　MP4—　汽车—

（2）进行强制联想训练时，既要在限定的两个事物中进行，又要让思维活跃起来，找到两点之间尽可能多的通路。

①钢笔—星星，它们之间怎样发生联系，你会产生什么想法？

②土—纸，二者之间有什么联系？

（3）多做仿生联想训练，不仅可以锻炼联想能力，而且能提高对外部环境的观察力，从而产生创新的灵感。

①有人设计了黄瓜形电话，话筒的颜色、形状活像一条新鲜的黄瓜，使人一见就感到清新凉爽。你认为这种产品销售到哪些地方比较合适？

②雨中观荷，想必别有诗意。雨滴落在荷叶上，会怎么样？由此你想到了什么？

第三节 联想思维的特征和作用

一、联想思维的基本特征

（一）形象性

由于联想思维属于形象思维的范畴，它的基本操作元素是表象，所以，联想思维和想象思维一样显得十分生动，具有明显的形象性。比如我们看到“四不像”三个字的时候，就能够联想到牛、马、驴和鹿这四种动物。

（二）连续性

联想思维最神奇的地方就在于它的连续性，即由此及彼、连绵不断地进行，由一种现象进而去寻求原因，或者由一种事物联系到与这种事物相似、相关的事物。联想的过程可以是直接的，也可以是迂回曲折的；可以按一定的顺序进行，也可以不按顺序进行；可以按一定的逻辑规则进行，也可以不按逻辑规则进行；可以由一事物联系到另一事物，也可以从一种事物联想到多种事物。通过这些过程，形成一系列的联系，而使原本风马牛不相及的事物相互联系起来。有一种说法：“如果大风吹起来，木桶店就会赚钱。”这是怎么进行联想的呢？当大风吹起来的时候—沙石就会满天飞舞—以致瞎子增加—琵琶师父会增多—越来越多的人以猫的毛替代琵琶弦—因而猫会减少—结果老鼠相对地增加—老鼠会咬破木桶—所以做木桶的店就会赚钱（这是西方的一个比喻）。

（三）概括性

联想思维能够很快地把联想到的思维结果呈现在我们的眼前，而不顾及联想过程中所涉及的诸多细节问题，是一种可以整体把握的思维操作活动，因此也具有很强的概括性。

二、联想思维的作用

随着人们对创新的认识，尤其是在对创新能力的开发过程中，人们发现联想思维的作用非常重要，它不仅能够改善和提高人的记忆力，而且还能强化人的创新意识，开发人的创新潜能。自 20 世纪创新学诞生，联想思维就成为创新学的重要研究对象，并被纳入基本的创新思维中。联想思维的创造性功能早已在社会的各个领域中得到了体现，起着不可替代的催化创新的作用。

（一）在两个或者是两个以上的事物之间建立联系

世界上的万事万物都存在着一定的联系，看似毫不相干的事物也能通过联想将它们相互联系起来。心理学家哥洛万斯和斯塔林茨就曾经用试验证明了，任何两个或者是两个以上的事物都可以通过四五个步骤将其通过联想而联系起来。例如从光头到鸡蛋：光头—和尚—念经—晨钟—鸡鸣—母鸡—鸡蛋。假如每个事物都可以与 10 个以上的事物直接发生联系的话，那么第一步就有 10 次联想的机会，第二步就有 100 次联想的机会，第三步就有 1 000 次机会……由此可见，联想思维可以将两个或者两个以上相似、相近甚至是相反的事物通过一定的诱因相互联系起来，从而发现它们之间的属性，使自己得到启发，进而去探索未知的领域，获取更多的创新成果。正如贝弗里奇所说，科学的联想常常在于发现两个或者是两个以上研究对象或假设之间的联系或相似之处。

（二）活化创新思维的空间

人脑在进行创新思维的时候是特别活跃的，有如波涛澎湃的大海。但是起伏的“波涛”并非凭空而起的，正是联想思维由此及彼、触类旁通的特征，将思维引向更加广阔的领域，让我们能够多角度、多渠道、多侧面地思考问题，使其达到想象或新的联想思维的形成，甚至能够产生灵感，从而寻求多种途径去解决问题。

联想思维就像是创新思维的“万花筒”，人们在思考中每进行一次的联想，就好像将这个万花筒转动了一次，就能够看到丰富多彩、质量越高、数量越多的新图案，促使人们的创新思维空间更广阔。

（三）为想象思维提供一定的基础

联想思维一般不能直接产生有价值的新的形象，但是它往往将信息有条不紊地储存在大脑中，也就是把那些需要记住的东西“串”起来，然后纳入一定概念或形象的“链”中去，并在大脑中将其储存起来，从而为想象思维提供了一定的基础——表象。这些表象正是想象的接通点，想象就如同电路，它们就是电，只有插上电的电路才能通畅，少了电，电路则不通。也正因为有了人的大脑中储存的丰富的表象，人们在进行想象的过程中，才能以极高的速度从大脑的信息库中检索出所需要的信息来。否则，如果大脑储存的信息是杂乱无章的，像一个凌乱的房间，要找什么都找不到，那人的思考活动就很难进行下去。比如，在智力激励法中，参加会议的每个人，在听到别人发言以后会产生许多联想，而某些联想正是产生新的想象思维的起点。

（四）有利于信息的储存和检索

思维操作系统的重要功能之一，就是把知识信息按一定的规则存储在信息存储系统，并在需要的时候再把其中有用的信息检索出来。联想思维就是思维操作系统的一种重要操作方式。

【思考练习 5－2】

（1）联想思维的基本特征是什么？

（2）联想思维的作用有哪些？

【体验与训练】

体验与训练指导书

训练名称	联想思维训练
训练目的	运用联想思维
训练所需器材	书写白板，白板笔，图 5－1（A），图 5－1（B）
训练步骤与内容	一、游戏规则 1. 告诉大家可以在白纸上写出他们可以联想到的一切事情，包括任何奇思怪想。 2. 告诉学生不要批评和嘲笑他人的答案，而要鼓励他们说出答案。 3. 当学生写完答案后，让他们依次说出他们的答案。 二、问题讨论 1. 看到图 5－1（A）你想到了哪些事物？为什么会想到这些？ 2. 看到图 5－1（B）你想到了哪些事物？为什么会想到这些？ 3. 你和其他人联想到的事物有哪些是相同的？有哪些是不同的？他人的想法对你有什么启示？

续表

训练结果	
体现原理	
训练总结与反思	

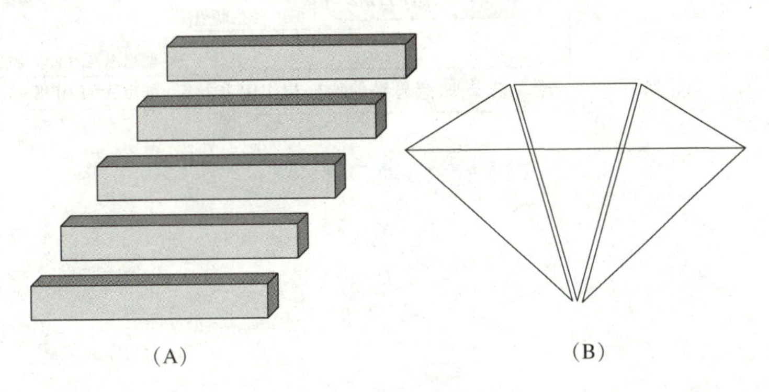

图 5 – 1　联想图画

【拓展阅读】（图 5 – 2）

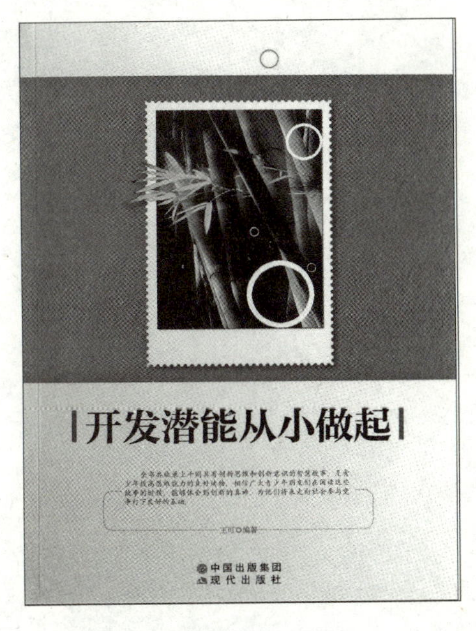

图 5 – 2　推荐图书的封面

推荐图书：《开发潜能从小做起》。

A. 推荐指数：4 星。

B. 推荐理由：本书是一本关于培养青少年思维能力、创新能力的智慧故事集，全书共收录上千则具有创新思维和创新意识的智慧故事。

【小结】（图 5－3）

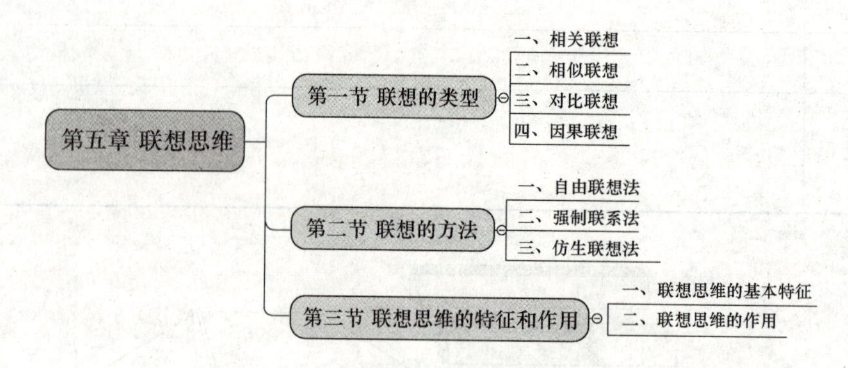

图 5－3　本章内容小结

第六章

想象、直觉与灵感

科学的创造或技术的发明，最终表现为对问题的解决。因为创造发明活动的过程，其实就是一种解决问题的过程。但创造发明活动与一般的解决问题的过程有区别，最重要的一点是在发明创造过程中必然有想象、直觉和灵感。

【案例6-1】

老树与宣纸

蔡伦是造纸术的发明者。他有一个徒弟叫孔丹。孔丹非常敬重他的师父蔡伦。他很想造出一种又白又好保存的纸来为师傅画像。于是，这件事成了他的心事，无论走到哪里，他都会留心是否能发现什么新材料，可以造出理想的好纸。功夫不负有心人。一天，他在山里砍柴，看到溪流中有一棵古老的檀树，由于时间很长了，树皮被流水浸泡冲刷，已经腐烂了，但是变得很白。孔丹茅塞顿开，不由得浮想联翩。他开始了想象：这样的树皮，按照它的质地，可以分离出一缕缕洁白、柔韧的纤维来，对它再加工，就可以制成又白、又薄、又吸水、又富于韧性的白纸。他头脑中想象的波澜，使他仿佛已经亲眼见到了这种理想中上等白纸的具体形象。同时，想象也给了他鼓舞和力量，促使他返回家中后立刻便着手设计和试验。经过反复试验，他终于用檀树皮制造出了洁白如玉、久不变色、至今仍在世界上享有美誉盛名的宣纸。

第一节 想 象

一、什么是想象

著名科学家爱因斯坦说过：“想象力比知识更重要，因为知识是有限的，而想象力概括着世界上的一切，推动着社会的进步，并且是知识进化的源泉。严格地说，想象力是科学的实在因素。”可以说，想象是创造发明之本。任何创新以及发明创造都离不开想象。想象不需要逻辑，但它是创新的火种和出发点，是创新思维的核心能力。

所谓想象，是在头脑中将已经获得的知识、经验和情报信息等，进行加工、排列、组合，使之产生新思想、新方案、新方法，即创造新形象的思维过程。个体通过想象不仅能构想出生动、夸张的事物形象，而且还能创造出客观现实未曾存在的崭新形象。因此，想象是任何创新活动都不可缺少的基本要素。哲学家康德认为：“想象力是一个创造性的认识功能；它有本领，能从自然界所提供的素材里创造出另一个想象的自然界。”

【案例 6-2】

罗丹的雕像

法国18世纪著名雕塑家加尔波曾经创作了一座雕像，表现13世纪意大利比萨暴君乌谷利诺父子被起义者囚禁在高塔中活活饿死的情景。他的雕塑真实地刻画了乌谷利诺父子挨饿的恐怖状况：两个儿子已经饿死在他身旁，他肝肠寸断，呼天抢地（图6-1）。雕塑大师罗丹看了这个作品以后，叹息加尔波糟蹋了这个惊心动魄的题材。他另行创作了一座雕像，大大超过了加尔波。他的秘诀正是发挥了创造想象的强调特点。他强调了乌谷利诺内心中兽性和人性剧烈斗争的一刹那：一个儿子刚断气，另一个还在凄惨地挣扎，乌谷利诺对儿子的哀号充耳不闻，却伏在已死儿子的身上，准备用尸体充饥，但是又下不了口，瘦削的脸孔在抽搐（图6-2）。

图6-1 加尔波作品

图6-2 罗丹作品

想象思维虽然源自客观世界，但是又会高于客观世界，它本质上是对客观事物和规律的一种反映、提炼、升华和概括，不属于单纯、直观的感性认识阶段，而属于经过提炼之后的理性认识阶段。

到底想象和知识哪个更重要呢？大部分人都会重视知识而轻视想象。似乎知识是实实在在的，而想象是空洞的。其实知识是死的，而想象是活的。爱因斯坦说：“想象力比知识更重要，因为知识是有限的，而想象力概括着世界上的一切，推动着人类的进步，并且是知识进化的源泉。严格地说，想象力是科学研究中的实在因素。”可见想象是何其重要。英国诗人雪莱说：“想象是创造力，也就是一种综合的原理。它的对象是宇宙万物和存在本身所共有的形象。”从某种意义上说，创新者要进行创新活动，必须借助于想象。因为要发明和创造的东西是“不存在”的，不能简单地模仿，创新者必须先在头脑中构思，依靠想象构建新事物的“形象”，才能取得成功。

【案例 6-3】

凡尔纳的小说

我还记得有一次读《海底两万里》的情形，尽管这是一本100年前的小说，但我依然读得津津有味。20世纪许多著名的创新都是基于想象的结果。其中，法国著名科学幻想作家儒勒·凡尔纳（1828—1905年）的小说对推动人类的创新起到了很好的作用，以至于许多人都说受到了他的影响。他的代表作有《海底两万里》《神秘岛》等。他在书中描述的许多情景现在都已经实现，如霓虹灯、坦克、潜水艇、直升机、导弹、电视等。

【案例 6－4】

人造月亮

1993 年 2 月 4 日，格林尼治时间 5 时多，俄罗斯科学家首次在太空打开了太空伞，向处在黑暗中的欧洲大陆投去一条宽达 10 公里的亮带，并照亮了 6 分钟。这个巨型太空伞，像一面巨大的镜子，将太阳光“借”到地球上。它由高强度的凯夫拉纤维制成，表面镀有铝箔，它裹在飞船头部的卷筒上，在距地球 350 公里的高空，高速旋转，在离心力的作用下“伞衣”缓慢张开，形成直径 22 米的圆形反射镜。

这就是“人造月亮”。据专家预算，建立一个人造月亮照明系统的费用将远远低于每年的照明费用。

想象有着惊人的力量！设想一下，如果是在走廊上铺着一块 40 厘米宽的长木板，然后你命令自己从这一端走到另一端，我想所有人都会毫不犹豫地走过去。但是，如果将这块木板架在两座七层楼的房顶之间，然后再命令自己走过去，那会出现什么情景呢？大概连意志最坚强的人，也会犹豫不决、停滞不前吧？这主要是想象在起作用，可见，想象比意志更有力量。

【案例 6－5】

沼泽地与迪斯尼

据报道，2009 年年初，上海在申请开办迪斯尼乐园。如果说把迪斯尼建在荒无人烟的沼泽地中，你觉得可能吗？沃特·迪斯尼就具有这样超凡的想象力。当年讨论在哪里建设新乐园时，大部分人的意见是建在人口稠密的美国东北部地区，但是沃特·迪斯尼决定建在美国南部、现在被称为奥兰多的“佛罗里达沼泽地”——那里曾是一片鳄鱼的栖息地。当然这一提议遭到了几乎所有人的反对。甚至有人说：“在那种只住鳄鱼的地方修建了乐园又怎样？难道是想和鳄鱼一起玩吗？”现在，奥兰多迪斯尼乐园吸引着来自世界各地的人，人们从四面八方来到这里。事实证明沃特·迪斯尼的想象力超人一等，他在看到广阔沼泽地的瞬间，就已经想象并预见了人们在园中快乐游玩的景象。与此相对的是，大部分人看见的就只是沼泽地而已。

【案例 6－6】

《机器人总动员》

动画电影《机器人总动员》中不仅有打动人心的情感描写，还让人经历了一次穿越整个银河系、最令人兴奋也是最具有想象力的奇幻旅程。最重要的是这样的超凡想象力是那样的至情至理，所以，由皮克斯公司制作的《机器人总动员》票房价值一举超过了梦工厂的《功夫熊猫》，被称为“印钞机器人”。

二、想象的类型

从是不是有明确的目的这一角度来划分，可以把想象分为无意想象和有意想象。

（一）无意想象

无意想象是事先没有预定的目的、不自觉的想象，属于想象的简单、初级的形式，这种想象没有特定的目的和意向，是不由自主地产生的。例如，人们看到天上的朵朵白云时，头脑中便自然地浮现出棉花、人脸或某种动物等的形象。

梦是一种漫无目的、不由自主的奇异想象，是无意想象的极端情况。梦境的内容是过去经验的奇特组合。创造者对想解决的问题冥思苦想时，就会“日有所想，夜有所梦”。在睡梦中，创造者大脑中的信息会随意“拼合”。于是，就有可能产生灵感，使问题迎刃而解。在创造发明活动中，有不少发明家的灵感是从梦中得来的。

【案例6-7】

无意想象“现”问题

海湾战争期间，美军急需大量用纤维B制成的防弹背心，一个防弹背心就可能挽救一个战士的生命。可是关键时刻掉链子，生产这种纤维的杜邦公司的机器发生了故障，致使生产停顿。公司上下乱作一团，因为生产每停顿一分钟，公司就会损失700美元，并且战场上的士兵很可能由于没有防弹背心的防护而丢掉性命。工程师们卸开机器检查，但是找不到问题出在哪里。

其中一位叫弗洛伊德·雷格斯戴尔的工程师忙碌了一天后，在夜里做了个梦。他梦见很多软管、弹簧和水雾化器。一觉醒来后，他在纸上写上“软管”“弹簧”，仔细琢磨这两个词和自己做的梦，终于想出可能是机器里水冷却软管的管壁时常收缩导致供水停顿，才使得热继动器中止整个工作过程。如果在软管里面装上螺旋弹簧，就可以防止其收缩。工程师们按照他的设计思路对机器进行改进，果然奏效。纤维B的生产得以恢复，公司上下一片欢腾，他们庆贺雷格斯戴尔的梦为公司挽回了约300万美元的损失。

【案例6-8】

牛顿是怎样思考的

大家都知道，牛顿是因为看到苹果掉在地上而发现了万有引力定律。但鲜为人知的是他随后的思维过程——这样伟大的发现一定用了创新思维。没错，牛顿用的是想象，而且是随意想象。

苹果熟了会从树上掉下来，如果苹果树再高一些，也会掉下来。倘若苹果树有从地球到月亮那么高，月亮就是一个大苹果，那么月亮也应该掉下来。可事实上月亮没掉下来，原因何在呢？这时，他的思路又从月亮回到地球。假设在地球的一个高塔上发射子弹，如果不考虑空气的阻力，那么当子弹的初速度较小时，会沿着抛物线落到地球上。而当子弹的初速度大到一定程度，使子弹运动的抛物线轨迹同地球表面的圆弧线平行时，子弹就永远也不会落到地球上。这时，子弹走的是圆周轨道，这就必然存在着离心力和向心力的平衡问题，这个平衡力就是地球与月亮之间的引力。

由此，牛顿产生了万有引力的思想，并导致最后创立了万有引力定律。在这个过程中，牛顿并不是真的看到月亮掉下来、子弹沿圆周轨道运动等，而是在他的头脑中进行了“想象实验”，形成了上述思路。

（二）有意想象

有意想象是事先有预定的目的，带有一定自觉性的想象，属于想象的高级形式。这种想象活动具有一定的预见性、方向性，其特点在于新形象是有意创造的。

【案例 6－9】

“想”出的电热水器

武汉市第一中学刘黎家装修住房，他看着家里那台 80 升贮水式电热水器总觉得“不顺眼”。如果把它隐藏在吊顶扣板的上面，卫生间的使用空间会显得太低；如果半隐藏，又要打破吊顶；如果全部露在外面，外观又不好看。很多人在装修时遇到这样的问题，会认为热水器就是这样，只有将就一下。但富有想象力的刘黎想，为什么不把热水器做成其他形状的呢？

他开始想把热水器做成长方形，但老师提出一些问题：长方形的电热水器，怎么保证压强要求？如何保温？如何安装？后来经过查阅资料，发现长方形的电热水器行不通。

刘黎没有放弃，他时时刻刻想着这个问题，一天看到路边一辆油罐车，他一下子就有了答案。油罐车的贮油罐是椭圆柱体的，而且是横卧的，既然能运油，安全性应该没问题。电热水器的外形为什么不能是椭圆的呢？为了证实自己设想的可行性、可靠性，刘黎花了很多时间进行市场调查，最终把想法变成了现实。

从案例中可以看出，原来市场上并没有椭圆柱体的热水器，刘黎同学利用自己已有的知识，经过想象，创造出了这种具有诸多优良性能的热水器，并得到了市场的认可。

幻想是一种指向未来的想象，属于创造想象的特殊形式。其突出特点是超越现实性。也正因为其脱离现实，才使得幻想大胆而富有创造性。人们运用幻想，能跨越时空的限制，展望未来事物的新形象。幻想中往往蕴含着不可估量的创新价值。

【案例 6－10】

垃圾和宝贝

当年，在奥斯维辛集中营有一位犹太人对他的儿子说：“现在我们唯一的财富就是智能，当别人说 1 加 1 等于 2 的时候，你应该想到大于 2。”父子俩竟然在纳粹的奥斯维辛集中营里活了下来。

后来他们来到美国做铜器生意。一天，父亲问儿子 1 磅①铜的价格是多少？儿子答 35 美分。父亲说：“对，谁都知道每磅铜的价格是 35 美分，但是作为犹太人的儿子，你要说 3.5 美元，你试着把一磅铜做成门把手看看。”

20 年后，父亲死了，儿子独自经营铜器店。他做过铜鼓，做过瑞士表上的簧片。他曾把 1 磅铜卖到 3 500 美元，这时的他已是麦考尔公司的董事长了。

然而，真正使他扬名的却是一堆垃圾。

1974 年，美国政府为清理给自由女神像翻新扔下的废料，向社会广泛招标。很长时间过去了都没人应标。正在法国旅行的他知道后，立即飞往纽约，看过自由女神像下堆积如山的铜块、螺丝和木料，未提任何条件就签了字。那时有不少人对他的这一举动暗自发笑，因为有 2 000 多吨的垃圾既不能就地焚化，也不能就地挖坑深埋，送到垃圾厂又运费昂贵，而且在纽约州垃圾处理有很严格的规定，弄不好会受到环保组织的起诉。就在一些人准备看他的笑话时，他开始组织工人对废料进行整理。他让人把废铜熔化，铸成小自由女神像；他把木头加工成木座；废铅、废铝做成纽约广场的钥匙；他甚至把自由女神像身上扫下的灰尘都包装起来，出售给花店。

---

① 1 磅约等于 0.453 6 千克。

不到3个月时间，他让这堆废料变成了359万美元，其中每磅铜的价格整整翻了1万倍。

三、想象思维的方法

在科学技术飞速发展的今天，人们在进行创造发明活动时，常常并不是缺乏科技理论和具体的技术手段，而是缺乏想象。世界上每一项优秀的发明，都是由一个好的想象做先导，然后再想办法实现它。如果缺乏奇异的想象，即使投入很多人力、物力，也难以奏效。所以，想象是衡量一个人创新水平的重要标志之一。那么，怎样进行想象呢？

（一）组合想象思维方法

组合想象就是指从头脑中某些客观存在的事物形象中，分别抽取出它们的一些组成部分或因素，根据需要做一定改变，再将这些抽取出的部分或因素，构成具有自己结构、性质、功能与特征的能独立存在的特定事物形象。

组合想象在现实生活中无处不在。例如，儿童把积木搭成各式各样的房子，手工工艺师把各种废料做成不同的手工作品，运用的就是组合想象思维；旱冰鞋就是由英国一名叫吉姆的小职员通过想象，把脚上穿的鞋和能滑行的轮子这两样东西的形象组合在一起，设计出的一种“能滑行的鞋”。正是组合想象思维，帮助人类创造出了这个千姿百态的奇妙世界。

【案例6-11】

驱蚊台灯

我们知道普通台灯只能够用来照明，但不能用来驱蚊、清洁空气。试想，若能将照明和驱蚊两者结合起来，那不就可以解决两个方面的问题了吗？于是，广东的中学生麦锦锋的灵感就这样在脑海里触发了，进而发明了一种可驱蚊台灯。驱蚊台灯是在原有台灯的基础上，在台灯的顶部增加一个金属盒。当台灯照明时，利用台灯灯泡所产生的热能（60 ℃～70 ℃即可）来加热驱蚊液或驱蚊片（也可以是有利空气清新的香料），驱蚊液或驱蚊片经蒸发后所产生的气体弥漫在空气中，从而达到驱蚊的效果。

麦锦锋同学将驱蚊盒和台灯组合在一起，发明了非常方便、实用的可驱蚊台灯。可见组合想象是非常简单易用的发明方法。

通过组合想象，在头脑中可以将一些本来没有多少联系，甚至毫无联系的事物形象，组合成为人们见所未见、闻所未闻的新的事物形象。把这种想象付诸实现，那就可能使一些事物组合成新的事物，或者在一些事物之间建立起新的联系。所以，爱因斯坦说：“找出已知装备的新的组合的人，就是发明家。”组合想象思维方法在人们各方面的创新活动中发挥着巨大的作用。

（二）补白填充想象思维方法

填充想象是指通过对事物运作过程进行全盘思考，为了增强某事物的完整性，利用想象对事物的某些环节或某些部分进行补白填充，这是一种重要的创新思维方法。

人们在实践中得到的事物的表象，由于受时间和空间条件的限制，常常只是客观事物的一个或几个部分，一个或几个片段，因而也就自然需要进行填充想象，以推知事物的全貌。古生物学家根据一具古生物的化石，就能想象地推测这个古生物的原有形态；医生据患者的某些病情，便能想象和推断患者的其他症状；侦察人员只听到犯罪现场目击者提供的某些情况，便能想象罪犯的身高、体重和模样。

【案例 6-12】

卢瑟福的想象

19 世纪，虽然物理学家们都知道，在一个原子里，既有带正电的粒子，也有带负电的粒子，然而这两种粒子在原子的内部究竟保持着什么样的关系，却像黑匣子一样弄不清楚，因为这仅靠逻辑推理思维方法是不起作用的。在当时的条件下，又不可能通过做实验来揭示。因此，许多物理学家另辟蹊径将他们的想象物化为一定的模型。经过比较，大家公认英国物理学家卢瑟福提出的“太阳系模型”最合理。这个模型认为：带负电的电子像太阳系的行星那样，围绕着占原子质量绝大部分的带正电的原子核旋转。

卢瑟福根据自己的已有知识经验和丰富的想象力，做出了关于带正电和带负电粒子之间关系的具体情景的想象，以填补和充实对原子内部结构认识上的不足和缺陷。这就是所谓的补白填充想象。

补白填充想象离不开模型。模型作为原型的替代物，只有在头脑中运用想象对其残缺的部分进行扎实填补，才能“完整”“形象”“逼真”。例如，亚里士多德通过月球的弧形阴影想到地球可能是圆形的。亚里士多德是把月球作为地球的替代物，将这个弧形阴影加以延伸，用想象中的球形物填补其中，从而获得地球是圆形的这一预见。

（三）纯化想象思维方法

纯化想象是指在头脑中抛开与所面临问题无关或关系不大的事物的某些因素或部分，只保留必须着重考察的某些因素或部分，以构成反映该事物某方面本质与规律的简单化、单纯化、理想化的形象。

【案例 6-13】

解决大问题的小网兜

现在的大多数洗衣机，内桶里都有一个小网兜，它可以网住衣服洗涤过程中掉下来的一些小棉团，以免粘到衣服上。但你知道吗？这个问题曾使许多科技人员大感棘手。他们经过研究，提出了一些有效的办法，但大都比较复杂，需要增加洗衣机的体积和使用的复杂程度，洗衣机的成本和价格也要提高，因而很难推广。

和科技人员一样，家庭主妇们也在为这一问题大伤脑筋。日本有一位叫笥绍喜美贺的家庭妇女也不例外。但是，她是一个爱思考、爱想象、爱发明的主妇。她想能不能自己想个办法解决这个问题呢？有一天，她突然想起幼年时在农村山冈上捕捉蜻蜓的情景，她想小网可以网住蜻蜓，如果在洗衣机中放一个小网不是也可以网住小棉团一类的杂物吗？可是，许多科技人员认为这样的想法太缺乏科学头脑了。而笥绍喜美贺却不顾他们的嘲讽，用了三年时间不断对自己的简单设想进行研究试验，终于获得了满意的效果。

一个小小的网兜构造简单，使用方便，成本低廉，完全符合实用发明的一切条件，投入市场后大受欢迎。很快，世界上很多洗衣机厂采用了这一最简单却又最实用的发明。而笥绍喜美贺也因为这个发明，仅在日本就获得了高达 1.5 亿日元的专利费。

笥绍喜美贺之所以能取得成功，就是因为她充分利用了纯化想象思维的方法。她抛开其他因素，专注考虑怎样网住小棉团等杂物这一问题，从用网可以网住小东西这一简单思维入手，经过不懈努力，终于取得了成功。

（四）取代想象思维方法

取代想象是指采用换位思考的方法，通过揣摩和体会某人的思想情感或某事的具体情景，以谋求获得解决问题的办法或启示。

现代消费者的消费需求越来越个性化、多样化和多层次化，不仅不同国家、不同民族、不同地区、不同性别、不同年龄的人，对商品的需求会大不一样，不同的文化背景、不同的身份、不同的性格好恶、不同的思想感情也都会带来对产品需求的巨大差异。在当今这样的科技和工业高度发达的商品经济社会，由于竞争日益激烈，人们日益深切地感到需要人情味，需要关怀和体贴。这样的感情需要，也必然会反映在人们对产品的需求上。这一点已成为科技工作人员和创造发明者开发、研究新产品越来越不可忽视的重要因素。要善于揣摸和体察人们在这方面的复杂多样的需求，就必须善于进行取代想象。

【案例6-14】 **盲人拉链**

在日常生活中，拉链广泛应用于手袋、皮包、鞋帽、衣服等物品，是一个适用范围很广的产品。一到秋冬季节，人们都很喜欢穿拉链衫，不仅使用方便，保暖效果也比较好，而一位叫梁铭的中学生发现，当盲人穿拉链衫时，却很难把拉链拉好，原因是盲人看不见，很难将接头准确地插入拉链头凹槽内。“要是有一种方便盲人使用的拉链该有多好啊！”出于这种想法，梁铭同学设计了盲人专用拉链，它巧妙地利用了磁铁间存在吸引力作用的原理，在拉链接头与拉链头中加入磁性材料，当接头靠近拉链头时，就会产生吸引力而引导盲人迅速而准确地拉好拉链。

（五）引导想象思维方法

引导想象思维方法是指通过在头脑中具体细致地想象和体验自己完成某一艰巨任务时的成功情景与喜悦心情，高度调动自身的潜能，促进这项任务的完成。引导想象的主要特点和作用就在于发挥心理状态的积极影响，从而以“情”育“思”，以“情”助“思”。同时，引导想象能有力地调动人的潜意识，使潜意识充分发挥作用，达到心理暗示的效果。引导想象在各个领域、各行各业中的运用十分广泛。许多成功人士，在自己奋斗的过程中，从历经艰辛到取得节节胜利，最终走向成功，绝大部分人都曾使用过引导想象。

在进行引导想象的具体做法上，人们的经验证明这些做法，都能收到积极的效果：第一，在从事某项重要工作的开始或进行过程中，具体细致地想象和体验获得成功时的情景与喜悦心情；第二，每天重温自己已实现目标所设计的蓝图；第三，回忆自己以往的成功事例；第四，自我欣赏和夸赞自身的优越条件。

（六）预示想象思维方法

预示想象是在已有的知识、经验、形象的基础上，在大脑中构成当前尚未存在，而未来可能产生的某种事物形象的过程。

预示想象是人们进行创新活动常用的一种创新思考方法。人们在改变客观现实的实践活动中，一般都需要通过预示想象展望自己各项活动的前景，设想它们会带来的后果，预见可能遇到的种种困难，然后采取相应的行动。对希望产生的事物，努力创造其产生的条件；对不希望产生的现象，则尽力避免其出现。预示想象对人的实践活动能起一种先导作用，或者促进和激励人们采取有益、正确的行动；或者抑制和防止人们采取有害、错误的行动。无论是科学研究，还是从事其他实际工作，借助于一定的预示想象，都是很重要的。因为预示想象，总和已有的知识经验密不可分。它能为人们节省大量的人力物力，使人们少走许多弯路，少受许多失败的痛苦。

【案例 6－15】

让国旗与国歌同步升起

星期一的早晨，中、小学校经常会举行全校师生一起参加的升国旗仪式。在升旗仪式进行中，随着高唱或高奏国歌。国旗手缓缓升旗，国旗升到旗杆的顶端时，国歌唱奏刚好结束，这是最理想的情况。可是这种情况出现的时候并不多，常常是要么国歌唱奏结束，旗还没到顶，要么是旗已到顶国歌还没唱奏结束。这个难题显然可以用设计专用的电动控制设备的办法来解决。但为此要费很多事，花很多钱，一般学校不会购买专用的电动控制设备。四川省成都市第 24 中学的一名 14 岁学生，在旗杆的绳子上动了一番脑筋，想出了一个既能解决问题，又省事省钱的好办法。他想：如果按照国歌的旋律和节奏，在旗绳上定出一些间隔，再在各个间隔上填入相应的歌词，升旗时一边拉绳，一边看旗绳上的歌词，这样便能使升旗与唱奏国歌同步。

这位同学运用了预示想象思维方法，想出的办法是比较简单的，但并不意味着只需脑筋一动，便能想得出来。他首先在头脑中反复进行了预示想象，设想如何才能使升旗的速度与节奏同唱奏国歌的速度与节奏相对应，使二者同步进行。然后他便找来一些塑料珠子，在每个塑料珠子上都写上一定的歌词，然后再依次按一定的间隔串在旗绳上。他经过若干次调整塑料珠子的间隔，反复进行试验，最终制成了“与国歌乐曲同步升旗绳”。

无论是从事科学研究，还是从事其他实际工作，既需要借助一定的预示想象，也需要防止过高估计它的作用。人们由于受主客观条件的限制，和受自身某种强烈的感情倾向的负面影响，有许多预示想象的思维成果，即使最终能够在现实生活中得到实现，也往往需要加以修正和补充。人们头脑中预示想象的成果，能够原封不动地完全成为现实事物的情况是很少的。要提高预示想象的合理性和实现率，除了必须具有知识和经验丰富、思维能力强等基本素质外，还要对所思考的问题有正确的了解，占有较充分的有关材料，有与之相关的较丰富的形象积累。

【小资料 6－1】水上漂浮公园

随着城市化进程的加快和污染问题的日益严重，野生动物的生存环境正逐渐恶化。在寸土寸金的都市里，为野生动物建设开阔的栖息家园几乎是一种奢望。英国《每日电报》近日报道说，荷兰著名“漂浮屋”设计师科恩最近推出了他的解决办法：设计一款水上漂浮公园，可以为多种野生生物提供良好的栖息环境。

科恩此次设计的水上漂浮公园分为水上和水下两个部分，两部分均被分割成了多个不同的层次。漂浮在水面以上的部分，呈上大下小的火炬状，可栽培各种绿色植被，并为鸟类、蜜蜂、蝙蝠、水禽等小型动物提供一个天然的栖息地；水下部分呈塔状，在当地气候允许的情况下可培育人工珊瑚礁，供小型水生生物栖息。

水上漂浮公园的建造将使用类似海上钻井台的建造技术，并由海底缆绳固定。公园的体积，可根据所在地水位的深浅来灵活调整。为了保护公园的生态环境，四周没有铺设可以登陆公园的道路，人们只能在海岸边观赏这道海上美景。

水上漂浮公园主要是针对拥有大型水体的城市而设计。设计师之所以设计这种方案，是因为现在已经很难在城市内陆地上拓展公园区域，他认为河流、海洋、湖泊和港口等开放区域可以有很好的利用价值。

【小资料 6－2】投篮实验

心理学家希尔将实验对象分为三组，每组 20 人，进行篮球投篮练习能力测验。然后，这三个组分别进行不同的投篮练习作业：第一组在 20 天里每天进行实地投篮练习 20 分钟；第二组是对照组，20 天里不做任何训练；第三组在 20 天里每天做 20 分钟的想象投篮练习。然后分别测试三个组第一天和最后一天的投篮成绩，比较他们实际投篮平均水平的变化。

实验结果很有意思：第二组基本没变化，第一组、第三组都有提高，并且第一组增加了 24%，第三组增加了 26%。这个实验说明想象具有一定的创造作用。

【思考练习 6－1】

（1）请尽可能多地列出与字母 Z 的形状相似的东西。

（2）在未来社会里，机器人的使用可能十分普遍，每个人都可以有个机器人助手，你想要什么样的机器人，帮你做什么事情？

（3）任选手机、电脑、照相机、汽车、眼镜等物体，设想一下未来它们都是什么样子？具备哪些功能？哪些会被逐渐弃用？

第二节　直　觉

【案例 6－16】

黄金十分钟

一些专职做股票、期货、黄金交易的朋友说，由于在这些交易中不仅行情变化快，而且变化幅度也剧烈，因此对直觉的判断力要求很高，很多人都是凭着直觉下单交易的。

下面让我们来看一个实战的例子。

一天晚上，中国银行伦敦分行从事股票和黄金交易的负责人正在住所的餐厅吃饭，接到美国纽约他的朋友布朗先生打来的电话，说："美国总统里根遇刺。"出于职业敏感，他的神经顿时高度紧张起来。挂断对方电话后，他一边准备把电话打到美国纽约黄金市场购买黄金，一边急于向路透社询问消息。路透社的情报器回复说："里根遇刺消息未被证实。"哦，虚惊一场，他庆幸自己没有盲动。但紧跟着餐厅的电话再次响起，布朗先生再次告诉他："消息证实了，里根遇刺了。"凭自己的直觉，他相信这消息是可靠的。他来不及吃完饭，转身奔向自己的房间，火速拿起电话，毫不犹豫地在纽约黄金市场购买了大量黄金。但放下电话后，不知为什么，他的心怦怦跳，脸色也变得煞白，他想，如果布朗先生的消息是假的，这次的损失是无法估计的。大约过了几分钟后，这是极其难熬的几分钟，他又接到路透社情报器传来的消息："里根遇刺一事已经证实，现在已被送往医院抢救！"他听后差点叫起来，又箭一般地冲回房间，拿起电话直打纽约黄金交易市场，又购进了一大笔黄金。

就在他刚刚购进第二笔黄金的时候，里根遇刺的消息就传遍了全世界，金价立刻像迅猛的洪水，以无法阻挡之势，冲破了他购买时每盎司 780 美元的大关。当金价跳到每盎司 800 美元时，直觉告诉他金价已到了顶峰，他果断地对自己说：该抛了！随即，他将几分钟里买进的大量黄金全部抛售了出去。此时，路透社的情报器又铃声大作，他飞也似的冲上去，一看：里根经抢救，已经脱离危险。完全在他的预测之中，金价开始下降……直到恢复到原来 780 美元的水平。前后不过 10 分钟，短短的 10 分钟，他为中国银行赢得了许多财富！

一、什么是直觉思维

直觉思维即不需经过大脑的分析、推理等，而直接给出答案的过程。它是大脑受到外界刺激后马上产生的一种反应，这种反应形成的预感是不假任何思索推理的结果。

那么，直觉思维为什么常常是正确的，甚至具有创造性呢？这是因为直觉的本质是在经验的前提下，大脑对思维过程进行简化、压缩或超越后，得出事物的规律或问题的答案的一种闪电式顿悟。

那直觉为什么带有创新的特点呢？这是由直觉思维的特点所决定的。直觉思维有以下几个典型特征：

(1) 结论的突发性。直觉的结论往往是在没有任何先兆的情况下，突然跳到眼前，以至于主体意识不到他的思维过程，或者说不出为什么得出这样的结论。这主要是由直觉思维的无意识性和不自觉性造成的，它是一瞬间对问题的理解和领悟。

(2) 结构的跳跃性。主要表现为直接思维的非逻辑性，它没有常规逻辑思维那样循序渐进的思维环节，可以一下子从起点跳到终点，从一个事物跳到另一个事物。

(3) 思维的或然性。主要表现为直觉思维的不成熟性，也就是说，直觉思维一般只是形成猜想或假说，形成一个大致判断，所以，通过直觉得出的结论，还要对它加以科学的论证和检验，方可确信。正如纽约大学心理学教授詹·布鲁斯指出的那样："直觉可以把你带入真理的殿堂，但如果你只是停留在直觉上，也可以使你陷入死角。"

【案例 6-17】

巴顿的直觉

据《巴顿将军》一书叙述：在卢森堡的一次战役中，有一天凌晨4点，巴顿将军急匆匆地把秘书叫到办公室，只见他衣冠不整，半制服半睡衣，秘书很奇怪巴顿将军为什么如此着急？

原来，巴顿将军夜半醒来时突然想到：德军在圣诞节时将会在某个地点发起进攻。他决定先发制人，于是急着向秘书口授作战命令。果然不出他所料，几乎就在美军发起攻击的同时，德军也发动了进攻。但由于美军的先发制人，终于把德军阻止在冰天雪地中。后来巴顿将军曾两次谈到，这次军事行动是当他半夜3点无缘无故醒来时猛然想到的。

乔治·巴顿（George S. Patton），美国四星上将，是一位充满传奇色彩的人物，被誉为"一位统率大军的天才和最具进攻精神的先锋官"和"20世纪的拿破仑"。下面两句话是巴顿将军的名言：

"战争是人类所能参加的最壮丽的竞赛。战争将会造就英雄豪杰，会荡涤一切污泥浊水。"

"与战争相比，人类的一切奋斗都相形见绌。"

【案例 6-18】

警察抓小偷

2004年11月6日中央电视台新闻频道《小崔说事》栏目说的是"反扒神警户丑只与6 000名小偷30年的智勇较量"。下面是户丑只的故事节选：

……而他们这边一闹，那边两个小偷立即发现了这边的动静，撒开两腿就跑。而这时，得到那个女保安电话通知的同事赶到了，一看大街上有两个人跑，就知道户丑只在里面动起手来了，于是，二话没说，拔腿就追了上去。等到户丑只再次把那个小偷交给保安赶出来时，同事也押着一个正在往这边走回来。

"还有一个呢？"户丑只问道。

"跑了。"

户丑只没再多说，立即又追了过去。

户丑只从一条街跑到另一条街，一连跑了两条街，却一直没有追上那人。问路边群众，群众均说没看见。"难道追错了方向？"户丑只问着自己。"不会呀，一般小偷在被追着逃跑时，遇到第一个转弯总是立即就转，不会直接继续向前跑的。"站在那里看了看前面，估计前面不会再有可能。于是，他转过身，顺着来路，往回走去。他刚返过拐角，路过一家布店时，突然直觉告诉他，小偷可能就藏在这家布店里。警察的直觉往往很准，比如，此时户丑只的直觉就是完全正确的。那个小偷一路跑到这里，往里一拐，就躲了进去。因为里面的布匹都是挂在店中，犹如一道道天然屏障，可以将他遮掩起来。

就在小偷鬼头鬼脑地向外张望时，不想，轻轻的一声"咔嚓"从背后响起，等他反应过来时，手已经被铐上了。

二、直觉的作用

爱因斯坦说："真正可贵的是直觉。"

丹麦物理学家玻尔说："实验物理的全部伟大发现都是来源于一些人的直觉。"

法国著名数学家彭加勒在谈到直觉对于数学研究的作用时说："没有直觉，几何学家便会毫无思想。"

既然这些伟大的人物都对直觉思维给予了如此高度的评价，那么直觉在创新活动中到底起着什么样的作用呢？

（一）在创新过程中起着动力和加速的作用

【案例 6－19】 **伦琴和 X 射线**

世界上第一个诺贝尔物理奖获得者是谁？他就是德国科学家威廉·伦琴（Rontgen W. K.，1845—1923 年）。

1895 年 11 月 8 日晚，伦琴在做实验时，发现无意中放在实验室的照相底片感光，直觉提醒他，一定有一种射线存在！由于对这种具有极强穿透力的射线不够了解，故把这种引起奇异现象的未知射线称作 X 射线。正是这一直觉促使他继续研究，终于发现了这种神秘射线的种种性质，从而为 X 射线应用于医疗等方面做出了巨大贡献，伦琴也因此获得了诺贝尔奖。

（二）帮助人们做出最佳的选择

任何一项创新都需要从许多的方案中做出选择，而直觉可以帮助你从许多可能方案中选出最佳方案。这是创新者广泛采用的一条原理。

【案例 6-20】

丁肇中的故事

大家都知道，丁肇中是著名的华裔实验物理学家。他因发现一种质量大、寿命长的奇怪粒子——J 粒子，而荣膺 1976 年诺贝尔物理学奖。

他是怎样发现这种粒子的呢？

原来，在从事基本粒子研究时，丁肇中凭直觉判断出重光子没有理由一定要比质子轻，很可能存在许多有光的特征而又比较重的粒子。当时理论上并没有预言这些粒子存在，正是直觉判断使得丁肇中选择了探查粒子存在的科研课题。经过几年的潜心研究，他终于发现了比质子重的光特征粒子——J 粒子。关于这个发现的难度，丁肇中说："这好比在一个下雨天，每秒钟在某个地方落下 100 亿颗雨滴，其中有一颗是带颜色的，我们要将它找出来。"

（三）有利于做出预见

创新者凭借卓越的直觉能力，能够从纷繁复杂的材料中，敏锐地察觉某一类现象和思想具有重大的意义，预见到将来在这方面会产生重大的发明创造。

【案例 6-21】

爱因斯坦怎样评价居里夫人

被爱因斯坦称为具有"大胆的直觉"的居里夫人发明放射性元素的过程也是凭借一种直觉。当 1896 年放射性现象被发现以后，居里夫人经过初步实验，发现放射性与化合情况以及温度、光线无关。于是她大胆猜测，这种放射性是原子的一种特性，这种放射性元素除了铀之外，还有别的元素。不久，她经过实验发现了放射性元素钍，后来又发现了另一种放射性强度更大的元素镭，从而为将这些元素运用于军事和其他领域奠定了基础。

尽管直觉在创新活动中起着非常重要的作用，但必须指出的是：直觉是以经验为基础的，越是熟悉的事物越容易产生直觉，而经验是有限的，这一有限性常导致创新者凭直觉得出的结论被限制在一定的范围内，并可能出现错误的论断。比如，在对病人做周密的观察之前，匆匆根据直觉判断，医生就有可能做出错误的诊断。

因此，在创造过程中，既要重视直觉思维的积极作用，又要注意克服它的缺陷，对于由直觉得出的猜测，应进一步用实践来检验它的正确性。

【思考练习 6-2】

（1）给你一个灯泡，请计算它的容积。

（2）给你一个铅笔盒，请计算它的容积。

第三节 灵 感

【案例 6-22】

王冠中掺了假

希洛王要做一顶金王冠奉献给永恒的神灵，并且如数给了金匠制作金王冠所需要的黄金。金匠做了一顶重量与黄金数量相等的王冠。有人怀疑金匠贪污了部分黄金，并且掺进了相同重量的白银，但苦于没有证据。国王要阿基米德动动脑筋，但阿基米德苦思冥想却找不到解决的办法。有一次他带着沉思走进了浴室，当他坐到澡盆里时，溢出的水突然激发了他的灵感，他顾不上洗澡，急忙去做实验。阿基米德把各种物体放入盛满水的容器中，测量证实溢出的水的体积与浸入水中的物体的体积一致。他运用这种方法断定王冠里掺入了比黄金轻的白银，并因此发现了浮力定律，即阿基米德第一定律。

一、灵感

爱迪生说："天才，那就是一分灵感，加上九十九分汗水。"灵感是一种在自己无法控制、创造力高度发挥的突发性心理状态下思维迸发出的火花。当灵感产生时，人们可突然找到过去长期思考而没有得到解决的问题的办法，发现一直没有发现的答案。

灵感思维又称顿悟，它是人类思维中的一种客观现象，是人人都具有的一种思维品质。人们在各种实践活动中，脑海中突然闪现某种新思想、新主意，突然找到了过去长期毫无所获的解决问题的新点子，突然从纷繁复杂的现象中领悟到事物的本质，这种"突然闪现""突然找到""突然领悟"新东西的思维现象，就是所谓的灵感。

二、灵感思维

（一）什么是灵感思维

灵感思维则是一个过程，也就是灵感的产生过程。即经过大量的、艰苦的思考之后，在转换环境时突然得到某种特别的创新性设想的思维方式。正可谓"踏破铁鞋无觅处，得来全不费工夫"。

（二）灵感思维的特征

灵感思维具有引发的随机性、出现的瞬时性、目标的专一性、内容的模糊性的特征。

灵感思维在何时何地出现，受什么启迪或触媒而发生，都是不可预期的，这取决于创造者对问题理解的深浅度，对外界触媒刺激的敏感度等因素，触媒的出现常常有意外性和不期而至性。有意召唤，它偏偏不来；无意寻觅，它却突现面前。这就是灵感引发的随机性。

灵感出现的瞬间性。思路贯通，突然顿悟，但它持续的时间非常短暂，一闪而去，转瞬即逝。苏东坡曾用一句诗表达对灵感思维的瞬时性感悟"作诗火急追亡逋，情景一失后难摹"。创造者稍不留意或稍一放纵，伴随灵感出现的创意火花就会熄灭、消失或模糊不清。因此，灵感出现具有瞬间性。

灵感思维的专一性。要获得灵感，头脑中一定有一个待解决的问题，并围绕这个问题，进行过深入思考；没深入想过的问题，不会出现关于那个问题的灵感。

灵感思维的模糊性。灵感带来的启示是从未出现过的念头、想法，是从未用过的方法举措，是模糊的，不是很清晰明了的，需要及时记下，分析判断，找到明确的思路。

【案例 6－23】

叠纸叠出利乐包

20 世纪 30 年代，世界性的经济危机导致各种包装物的紧张，瑞典利乐公司一直在寻找替代玻璃和金属薄膜的牛奶包装。在利乐公司的实验室里，一个年轻人陷入冥思，反复折叠着手中的纸张。他负责研发新型牛奶容器。突然，不经意间叠出的一个形状让他眼前一亮：那是将一张硬纸做成圆柱形，然后横向压扁封口，纵向压扁封底，变成一个四面体。这样既减少用料成本，也能增大包装物的容积！鲁宾·劳辛，利乐公司的总裁，当即决定将四面体纸质包装作为公司今后发展的核心方向，并向瑞典皇家专利注册办公室申请了专利。

这个小小四面体包装改写了世界包装史，因其制作简便、成本低廉、容积更大而风靡全球。这个随手叠出专利的年轻人，叫艾力克·沃伦伯格，他也因此获得了瑞典皇家工程学院颁发的金质奖章。

（三）灵感思维的规律

一般来说，灵感思维具有以下规律：

(1) 灵感产生于大量的、艰苦的创造活动后。灵感思维的基础在于创造性活动，如果没有创造性活动，也就不会有灵感。大量的、艰苦的创造活动使大脑的神经绷紧，思维能力达到了突破的边缘，故一旦有一个诱因，即自己需要的信息刚露头，就能立即引起大脑神经的强烈共鸣，灵感就此产生。

【案例 6－24】 **用“风”灭火**

1987 年 5 月 6 日，对中国人民来说是个难以忘怀的日子，更是许多亲历过的人心中无法磨灭的隐痛。因为从这一天开始，大兴安岭林区燃起了持续一个月的大火。这场特大的森林火灾共造成 400 多人死亡，50 000 多人无家可归，不仅房屋等遭到破坏，而且大量的森林资源付之一炬。

话说伊春林区一位师傅，他从小就在大兴安岭做护林员。大火过后，他走在到处黑乎乎的林区，望着满目的荒凉，心中充满了难以表达的悲怆。曾经，许多的林木是他亲手栽下，就像自己的孩子一样，他每天巡视时甚至会和这些树木说说话，但现在，一切都不复存在。这位师傅在难过之余，想到：其实林区每年都有小范围火灾发生，关键是当时的灭火是否及时。他感觉，现有的灭火器材都不够理想。于是，他开始思考：什么样的灭火器更好使呢？这位师傅每天苦思冥想，但不得要领，始终想不到更好的办法。他的学历很低，也就是小学文化，对那些机械、电器什么的，基本上不懂。但他没有放弃，每天一闲下来他就想灭火器的事儿。日子就这样一天天过去了，大约在他想了半年之后，有一天林区停电，到了晚上他就在小屋点起了蜡烛，继续想灭火的事情。但依然没有什么头绪，也理不出思路来。他叹了口气准备睡觉，于是吹灭蜡烛躺在了床上。但就是这个吹蜡烛的动作忽然提醒了他！黑暗中他看到了思想的火花在眼前一闪！——我在做什么？吹蜡烛。“吹”不就是在灭火吗？那么是用什么灭的火？吹蜡烛时要用力吹才行，不是风又是什么？难道风可以灭火吗？一直以来，在这位师傅的头脑中认为风助火势，林区着了火最怕伴随着刮风了，一刮风火就会越烧越旺。所以，他从没想过风还能灭火。想到了用风灭火，师傅激动得再也睡不着觉了，他终于想明白了：当局部的风小于局部的火时，风是助火的；当局部的风大于局部的火时，风就是灭火的。因此，完全可以制造“风力灭火器”！

我们说在创新活动中，最宝贵的就是思想。当这位师傅第二天把这个想法上报领导时，得到了大力支持。后来，由研究所的工程师们研制成功了风力灭火机，并以这位师傅的名义申报了专利。

(2) 灵感产生于大量的信息输入后。灵感的产生，如同电压加到一定的高度，突然闪光，电路接通，就能大放光芒。因此，在进行创造活动的过程中，不断地往头脑中输入大量的信息，也是产生灵感的前提之一。阅读相关资料、上网搜索、请教专家等，都是信息输入的过程。

（3）灵感产生于一定的诱因。大量的信息、大量的创造性活动使创造力处于饱和状态，此状态需要一定的诱因，才能产生质的飞跃。

【思考练习 6－3】

灵感思维能力因人而异，人们可以通过适当的测试检验自身的灵感思维能力，将你瞬间产生的感想或感觉记录下来。

（1）当你看到川流不息的汽车长龙或霓虹闪烁的美丽夜景时，你有何感想？

（2）当你野外春游，看到百花斗艳、林清木秀、彩蝶飞舞的景色时，你有何感想？

（3）当你参观古建筑，欣赏昔日诗词，遥想古时事件时，你有何感想？

【体验与训练】

体验与训练指导书

训练名称	设计一种新式鞋
训练目的	理解想象的概念，重点掌握并能运用想象思维的各种方法
训练所需器材	鞋以及其他道具
训练步骤与内容	1. 提出问题：请思考，如果让你设计一种新式鞋，你会怎样做呢？请结合想象方法和案例进行思考。 2. 在 2 分钟内，将想到的新式鞋（包括功能）写在本上，并继续完善，具体怎么做？ 3. 2 分钟后，给出已有的创意想象点子，启发学生思考。 4. 再次留给学生 10 分钟，将自己想到的好点子，给出具体做法和理由。 5. 15 分钟进行制作。 6. 教师点评
训练结果	
体现原理	
训练总结与反思	

【章节练习】

（1）请思考，如果让你设计一种新式鞋，你会怎样做呢？请闭上眼睛考虑一会儿，顺便休息一下。想出好主意了吗？让我们看看别人是怎么想的：

①鞋可以吃。

②鞋可以说话。

③鞋可以扫地。

④鞋可以指示方向。

⑤鞋一磨就破。

鞋怎么能吃呢？简直荒唐！但请记住，千万不要轻易否定任何创新的设想！

鞋可以吃。难道非用嘴吃吗？可以用脚“吃”呀，在鞋内加些药物，通过脚吸收，治疗高血压、关节炎、胃病等。按照此想法可设计多种医疗鞋。

鞋会说话。完全可以做到，设计一种穿鞋时能播放声音的鞋，小孩子一定喜欢它。

鞋可以扫地。设计一种带静电的鞋，走到哪儿就把哪儿的灰尘吸走。现在已经有了那种可以清洁地板的拖鞋。

鞋可以指示方向。在鞋上装上指南针，随意调到所选择的方向，方向一旦偏离，鞋就会自动发出警报。

鞋一磨就破。设计一次性鞋，价格便宜，穿一星期就可以扔，可经常更换鞋的式样和颜色。

你是不是明白了各种创意的作用了呢？

(2) 大城市车辆拥堵情况越来越严重，运用想象提出缓解的措施，并想象缓解后的情景。

(3) 太阳能的开发很有前景，你希望使用什么样的太阳能产品，想象出这些产品装置的外观、功能和效果。

(4) 直觉思维训练：

①有些男人，性格中有女人的特质；有些女人，性格中有男人的特质。测试一下，你是纯正的男人（女人）吗？凡是第一眼看到图 6－3 是鸭子的，就是男人特质多一点；凡是第一眼看到图 6－3 是兔子的，就是女人特质多一点。

图 6－3　鸭子还是兔子

②在图 6－4 中，你能看到多少张脸呢？1～3 张：不及常人；3～6 张：正常人；7～10 张：超常人；11～15 张：天才。

图 6－4　脸

③请问：在图 6－5 中，她正向哪个方向转动身体？

图 6－5　转

④第七届年度最佳幻觉比赛在美国佛罗里达评选出了冠军作品：爱的面具（图 6－6），它的谜题——面具中的人像，其实是一男一女在亲吻，你看出来了吗？

图 6－6　爱的面具

⑤如图 6－7 所示，一个成年人和一个小孩儿在独木桥上相向而行，独木桥非常窄仅能容下一个人通过。在两个人都不后退并且不借助外力的情况下，他们怎么才能过桥？

图 6－7　过独木桥

【拓展阅读】

推荐图书：《365 个科学创意》（图 6－8）。

A. 推荐指数：4 星。

B. 推荐理由：本书内容丰富，图案可爱，颜色亮丽，是孩子和成年人“玩”科学的必备“工具书”。通过书里各式各样的实验，你能学到很多科学知识，助你成长为科学小达人。

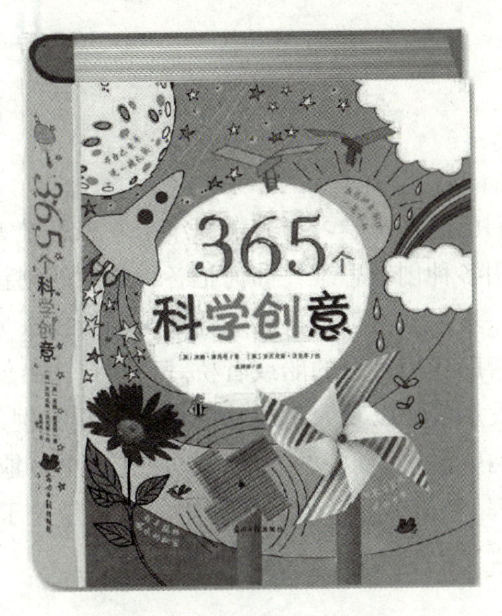

图 6－8　推荐图书的封面

【小结】（图 6－9）

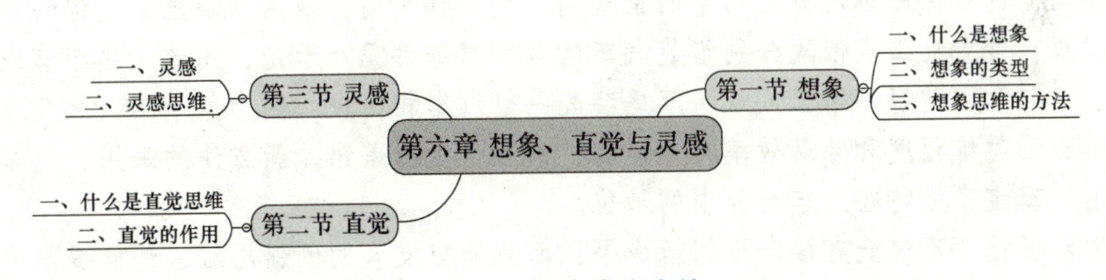

图 6－9　本章内容小结

第七章

几种创新技法

在之前的章节中，我们已经系统学习了聚散思维、联想思维等创新思维。当我们在进行创新活动时，如何灵活应用各种创新思维？如何把各种抽象的创新思维模式具体化于某些方法之中？这就需要我们进一步来学习创新技法。什么是创新技法呢？如果把创新活动比喻成过河，那么创新技法就是帮助我们过河的船或者桥。创新技法由创造技法衍生而来，是创造学家们根据创造性思维的发展规律以及大量成功的创造创新实例归纳出的一些技巧和方法。法国著名的生理学家贝尔纳曾说："良好的方法可以使我们更好地发挥天赋的才能，而笨拙的方法将会阻碍才能的发挥。"笛卡儿认为：最有用的知识是关于方法的知识。方法和技巧往往与内容和事实同等重要。

【案例 7－1】 **汽车与牛肉的故事**

一次，美国著名的汽车大王福特一世在街上散步，无意间观察到肉铺仓库里的几个工人在切割牛肉时的顺序是依次分别切牛的里脊肉、胸肉和头肉，他的脑海里立刻浮现出了类似相反的过程：能否让工人依次分别组装汽车的各种零部件呢？于是，用流水线组装汽车的方法诞生了，它和之前每一个工人从头至尾装配一辆汽车相比较，因为每个工人只负责一小部分操作，劳动熟练程度和劳动效率大大提高，而且很少出差错。新方法的采用，使福特公司脱颖而出，奠定了福特在汽车行业中的地位。

应用创新技法不仅能直接产生创新成果，而且能启发人的创新思维，还能提高人的创新能力和创新成果实现的可能性。

人们在创新活动实践中总结出的创新技法多达数百种，不同的创新技法在不同的创新领域的适用性各异，相同的技法可以解决同一问题的不同环节，相同的问题也可用不同的创新技法来解决。本章选择性地介绍"六顶思考帽法""头脑风暴法""和田十二法"这三种常用的创新技法。通过本章的学习，我们将掌握这三种创新技法的内涵及使用流程，并初步尝试在创新活动中进行应用。

第一节　六顶思考帽法

六顶思考帽法，是用六顶颜色分别为白色、红色、黑色、黄色、绿色和蓝色的思考帽，代表六种不同的思维角色分类，有效地支持和鼓励个人行为在团体讨论中充分发挥作用的方法。

“六顶思考帽法”是法国心理学家爱德华·德·博诺博士开发的一种“平行思维”的思维训练模式。它的目的在于寻求一条向前发展的路，而不是争论谁对谁错，因而避免了在互相争执上的时间浪费，使无意义的争论变成集体创造，使混乱的思考变得更清晰。在大多数团队中，团队成员受限于团队惯用的思维模式，个人与团队难以有效配合，问题的解决效率较低。六顶思考帽法采用不同颜色的帽子代表六种思维角色和思考要求，几乎涵盖了思维的整个过程。应用六顶思考帽法，团队成员不再局限于既定的思维模式，使个人的行为和团体讨论中的互相激发都变得更加有效。

一、六顶思考帽的含义及功能

白色思考帽：代表帮助提供思考的“信息与数据”。

戴上白色思考帽的人们开始充分搜集数据、信息和探索所有需要了解的情况。它确保我们的认识中立而客观全面地反映现实情况，在此基础上才做进一步的思考处理。

红色思考帽：代表思考的“直觉和感觉”。

戴上红色思考帽要提供更多的机会去让团队成员释放情绪和互相了解感受，并让个人意识到如何控制和调节自己的情绪。

黑色思考帽：识别事物的消极因素，表示“风险和困难”。

戴上黑色思考帽的人们只专注缺陷，找到问题所在，发现事物的消极因素、风险、困难。

黄色思考帽：识别事物的积极因素，表示思考问题的“价值和利益”。

戴上黄色思考帽，让我们把注意力集中到发现价值、好处和利益方面，尤其是在别人不容易寻找出价值的地方，让我们学会使用它寻找到机遇和积极的方面。

绿色思考帽：代表“创意和新想法”。

戴上绿色思考帽的人们只专注于寻找解决办法，把所有的解决办法列举出来但不进行评判，鼓励在已有想法的基础上形成新的想法，为创新提供培育的土壤。

蓝色思考帽：负责“管理调控思考的整个过程”。

戴上蓝色思考帽，负责对问题进行定义，确定整个思考的过程、目标和方向，再考虑从哪些方面进行思考及每个方面思考所花费的时间。蓝帽子就是主持人的角色，确保集体讨论的参与者按照预定流程进行思考。

六顶思考帽的含义及功能可总结为图 7－1 所示的思维导图。

二、六顶思考帽法的使用程序

六顶思考帽法使我们将思考的不同方面分开，使我们足够重视问题的不同侧面，给予每个侧面充分的考虑。这就好比彩色打印机的原理，它先将各种颜色分解成几种基色，然后将每种基色彩色打印在一张纸的相同部位上，便会显示彩色的打印结果。类似的原理，我们将思维分解成不同的方面，然后从同一事物的不同方面进行思考，最终会得到全面的“彩色”的思考。一个典型的六顶思考帽团队在实际中的应用步骤如图 7－2 所示。

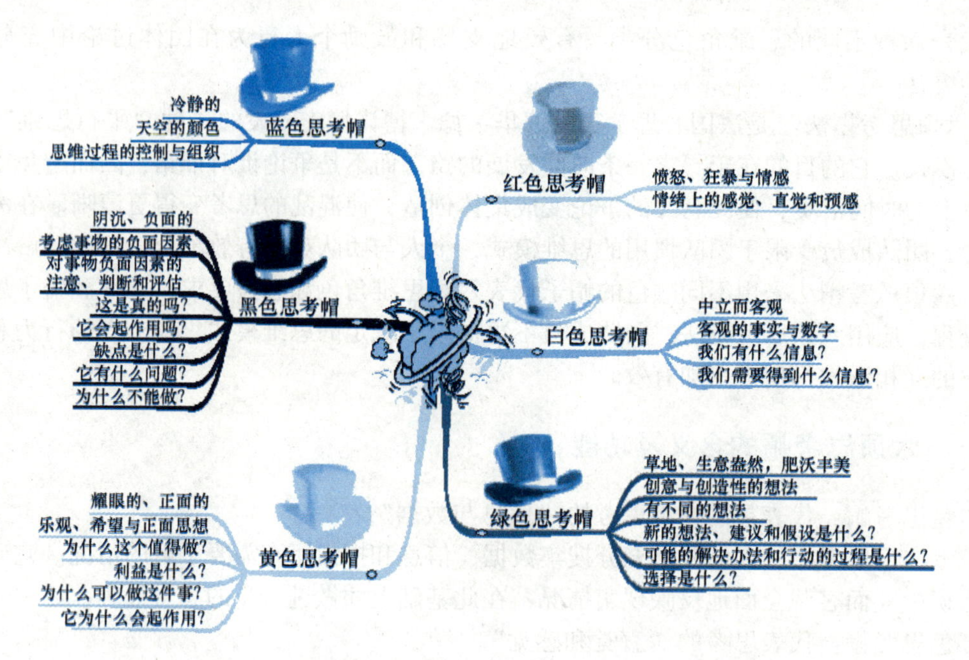

图 7-1　六顶思考帽思维导图

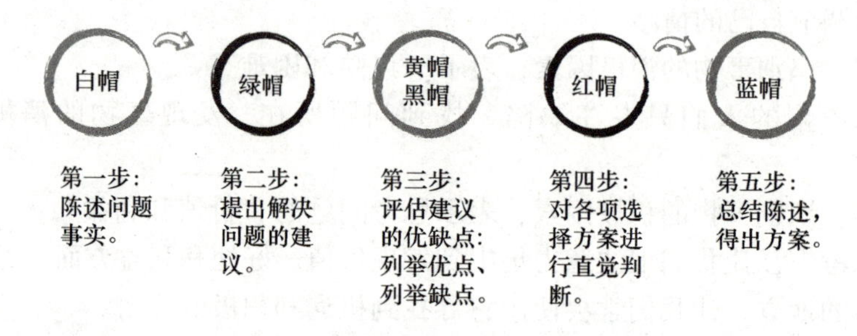

图 7-2　六顶思考帽法的应用步骤

【案例 7-2】 **某医院对六顶思考帽法的应用**

某医院为了提高医护服务水平，通过开展科室座谈会，运用“六顶思考帽”的理论及方法培养护士的创新意识，应用创新思维提升护理服务质量，为患者提供优质、安全的护理服务。

第一步（白色思考帽）：数据库提供的 2008 年 1—4 月的数据显示：有 13.08% 的患者认为病区环境布置单一、不够人性化；13.85% 的患者认为护士注射技术有待继续提高；10.77%、14.62% 的患者认为健康宣传教育中药物指导、疾病宣传教育不够理想。根据医院规定，住院患者综合满意度（综合满意度 =4 项指标平均值≥4 分的病人数÷调查人数×100 %）得分要在 95 分以上，单项满意度（单项满意度 – 单项满意度指标的平均值≥4 分的患者人数÷调查人数×100 %）得分要在 90 分以上，显然还存在着一定差距。

第二步（绿色思考帽）：大家一致认为，对得分小于 90 分的单项满意度进行护理工作上的改进，并巩固保持原有的成绩，于是集思广益，提出解决问题的建议共 28 条。

第三步（黄色思考帽、黑色思考帽）：根据建议评估存在的优点、缺点，最终选择方案。

第四步（红色思考帽）：再对方案进行直观判断。

第五步（蓝色思考帽）：最后得出结论，落实具体实施措施。

三、六顶思考帽法的注意事项

（一）控制与应用

掌握独立和系统地使用帽子工具以及帽子的序列与组织方法。

（二）使用的时机

理解何时使用帽子，从个人使用开始，分别在会议、报告、备忘录、谈话与演讲发言中有效地应用六顶思考帽法。

（三）时间的管理

掌握在规定的时间内高效地运用六顶思考帽法的思维方法，从而整合一个团队所有参与者的潜能。

【思考练习 7－1】

请根据甲、乙两人的对话分别判断二者所使用的思考帽。

甲：最近班里的学生学习氛围不强，平均分下降 10 分。

乙：可能是对学习失去兴趣了。

甲：我也是这么想。所以我想请学生自己出考题考试，提高他们学习的主动性。

乙：让他们自己出题？那如何阻止有人出题过于简单呢？

甲：我会请他们出 100 道题，而且我会根据他们题目的全面性和挑战性来打分。

乙：对你来说，打分可能很困难。

甲：可能是。但我认为比起只做我出的题目来说，这种方法能更好地检测他们的学习情况。

乙：有的家长可能不同意。他们担心小孩知道答案，会影响学习。

甲：这点我会和家长沟通，听听他们的意见。

乙：好，这将是有趣的实验。但凭我的经验，我觉得有可能会失败。

第二节　头脑风暴法

“头脑风暴法”又称脑力激荡法、智力激励法、BS 法，是快速、大量寻求解决问题构想的集体思考方法，目的是通过找到新的和异想天开的解决问题的方法来解决问题。

“头脑风暴法”由美国创造学家 A·F·奥斯本于 1939 年首次提出，于 1953 年在《应用想象》一书中正式发表了这种激发性思维的集体思考方法。世人历来重视集体思考的力量。英国作家萧伯纳说：“如果你有一个苹果，我有一个苹果，彼此交换，我们每个人仍只有一个苹果；如果你有一种思想，我有一种思想，彼此交换，我们每个人就有了两种思想。”中国有句古话：“三个臭皮匠，顶个诸葛亮。”

头脑风暴法恰恰是目前最负盛名的集体思考方法，同时也是最实用的集体创造性地解决问题的方法。

头脑风暴法通常以讨论会议的形式实施。在传统讨论会议中存在着多种弊端，如少数服从多数的倾向、决策者的权威对结果的影响、部分与会者不够积极、对不同观点的随意批判等，拘束和限制比较多。头脑风暴法的与会者可以在没有任何约束的情况下发表个人的想法，具有自由愉快、畅所欲言的气氛，有参加者自由地提出自己的创意，甚至是异想天开的想法，以此相互启发、相互激励，引起联想并产生共振和连锁反应，从而可以诱发更多的创意及灵感。

一、头脑风暴法的操作程序

头脑风暴法可分为会前准备、会议实施和会后归纳整理三个阶段。

（一）会前准备

1. 确定讨论主题

一个好的头脑风暴法从对问题的准确阐明开始。因此，必须在会前确定一个目标，使与会者明确通过这次会议需要解决什么问题。讨论主题应尽可能具体，一般而言，比较具体的议题能使与会者较快产生设想，主持人也较容易掌握。因此，议题最好是实际中存在的迫切需要解决的问题，便于联想和激发创意有的放矢。

2. 确定参加会议人选

一般以 8 ~ 12 人为宜，也可适当增减（5 ~ 15 人）。与会者人数太少不利于交流信息和激发思维；人数太多则不容易掌握，并且每个人发言的机会相对减少，也会影响会场气氛。与此同时，在召开头脑风暴会议之前收集一些资料预先给与会者参考，以便与会者对议题有关的背景材料和外界动态有一定的了解。

3. 提前调查

提前对议题进行调查，尽量了解解决议题的制约与障碍等，并要明确最终目标。此外，可适当布置会场，将座位圆形排列往往比教室式的会场更有利。

4. 明确分工

要确定一名主持人和 1 ~ 2 名记录员。主持人要在会议开始时再次强调议题及会议的规则，在会议过程中要负责启发引导，调控会议的节奏和进程，做到及时通报会议进展情况，对与会者的发言内容进行归纳总结，提出自己的设想，调节会议气氛，使会议轻松而活跃。如果讨论陷入僵局或进入误区，主持人还要提醒与会者认真思考再组织下一轮发言等。记录员要将与会者提出的全部设想及时编号并做简要记录，写在展板或是大白纸上使之清晰可见。记录员也应参与到讨论的过程中来，随时提出自己的设想。

5. 明确纪律

在讨论开始前，要明确全体与会者需要共同遵守的纪律，包括要求参与者积极参与讨论并保持注意力集中；不私下议论，不影响其他人思考；发言直奔主题，不做过多的解释；尊重其他人的观点，不妄自评论等。

（二）会议实施

1. 问题及要求介绍

主持人简明扼要地介绍需解决的问题，切勿过于全面，否则，过多的信息会限制与会者的思维，影响灵感火花的产生。之后，主持人规定讨论时间，要求小组人员进行深入讨论。

2. 创意的提出

与会者按举手的先后顺序或是轮流发言的方式发表与该问题有关的创意或思路。发言时，一次发言只谈一种见解，发言尽量做到简单明了，甚至是一句话的设想，并要先提出自己的设想，再提出受其他人启发而形成的创意，其他与会者不可做出任何评价。

3. 创意的激发

头脑风暴会若到了人人才穷计短的地步，主持人必须采取一些措施，如休息几分钟、散步、唱歌、喝水等，使讨论发言再继续一段时间，引导大家进行一次又一次脑力激荡，务必使每人竭尽全力形成创意，因为奇思妙想往往在挖空心思的压力下产生。主持人还需要控制好讨论时间，创意的数量尽管与时间的长短有直接关系，但时间太长与会者容易疲劳，反而会影响创意的质量。大多数可实施的好创意通常在会议即将结束时产生，因此，到了预定结束时间时会议可再延长5分钟，因为在这段时间里人们容易提出最好的创意。此后，如果在一分钟时间内再不产生新创意、新观点，头脑风暴会议可宣布结束或告一段落。

4. 创意的收集与记录

在头脑风暴会上，还应注意创意的收集与记录。创意收集与记录应该与创意激发和生成同时进行。记录任务可由小组或其他组织成员完成。根据提出创意的速度，可适当增减记录人员的数量。记录时，每一个创意必须标清序号并放在全体参加者都能看到的地方，以便于查找和进行综合改善。

（三）会后归纳整理

对创意的评价最好不要在会议的当天进行。比较科学的做法是在会后一到两天内，主持人再收集与会者会后形成的新想法和新思路作为会议的补充。然后将所有创意整理成若干方案，再根据创意的评价和选取的标准，诸如创新性、经济性、可实施性等标准对创意进行筛选。经过反复对创意进行评价和选择，最终确定1~3个最佳方案。最佳的方案通常是多种创意的优势组合，是群体智慧综合作用的结晶。

二、头脑风暴法的使用原则

应用头脑风暴法时，只有让与会者在轻松、融洽的气氛中敞开想象、自由联想、各抒己见，与会者间才能互相激励、引起思维的连锁反应，形成更多具有创造性的解决方案，提高群体的创造力。为此，必须遵守以下四项原则。

（一）自由畅想原则

要求与会者在轻松的氛围下尽可能地解放思想，无拘无束地思考问题并各抒己见、畅所欲言，切勿人云亦云、随波逐流，不必顾虑自己的想法是异想天开的、荒唐的。鼓励自由奔放、异想天开的见解，观念越是奇特越好，这样才能形成新的思维方式，产生更好的解决方案。例如，H·塞西尔·布鲁斯用嘴吹椅背上的灰尘呛到，受到启发并反转了此过程，将吹尘改为吸尘，发明了吸尘器；美国发明家伊莱沙·格雷夫斯·奥的斯（Elisha Graves Otis）不受人们在上楼梯时人移动而楼梯不动这一定式的影响，逆转了这一过程，最终发明了电梯。

（二）延迟批评原则

在头脑风暴会议上，禁止与会者在会上对他人的各种意见、方案的正确与否评头论足，更不能提出批评或指责，否则既占用会议时间又会使与会者变得保守谨慎，遏制新创意的诞生。因此，会上禁止使用以下批判性的语句，如成本会增加；不合道理；太新奇了，不实际；没有意义；无法成功；不符合目的；想法陈旧等。对创意的评判一定要留在会后进行，因为任何设想都可能成为最佳解决方案，或对其他方案的产生具有一定的启发性。“延迟批评”的原则促进了与会者在轻松的氛围下提出更多的创意。

（三）以量求质原则

应该尽可能地鼓励与会者多提出创意，以创意的数量来带动质量的提升，创意多多益善，不必担心创意的优劣。因为量变可以引发质变，再笨拙的射手打出的子弹多了也会击中目标。如果专注于方案的质量，大量的时间和精力容易花费在对方案的补充和完善上，则无暇顾及更多新方案的提出及拓展。头脑风暴会应犹如一场迅猛的风暴，产生相当数量的创意，最好的解决方案有可能隐藏于其中等待我们发现，或等待我们发现之后对其进一步改进。

（四）综合改进原则

鼓励借鉴他人的创意，对他人的创意进行组合、改进和取长补短，根据别人的创意构思另一个创意，即利用一个灵感引发另外一个灵感，从而提出更好的创意，头脑风暴法的集体智慧的优势也将更好地体现。例如，电脑显示器的屏幕保护或幻灯片播放功能，激发了“电子相框”的发明。根据飞机尾翼的设计概念，工程师们设计出了跑车的尾翼。在砸地锤原理的启发下，人们发明了可以调节速度与力度的按摩器。现代创新发明所涉及的技术领域越来越广泛，因而紧靠个别发明家冥思苦想来解决问题将变得越来越困难，甚至收效甚微。相比之下，头脑风暴法等群体思维策略会显得效果更好。

【案例7-3】

清除电线积雪的故事

有一年，美国北方格外严寒，大雪纷飞，电线上积满冰雪，大跨度的电线常被积雪压断，严重影响通信。过去，许多人试图解决这一问题，提出用扫帚扫、用刀刮、砸和用锹铲等解决方案，但都未能如愿以偿。电信公司经理决定应用奥斯本发明的头脑风暴法尝试解决这一难题。他召开了一种能让头脑卷起风暴的座谈会，参加会议的是不同专业的技术人员，要求他们必须遵守以下原则，如禁止批评别人的意见；提倡自由思考，天马行空、异想天开，越新奇越好；观点意见越多越好；引发联想，补充完善。按照这种会议规则，大家七嘴八舌地议论开来，各种新奇的方案层出不穷，如乘坐直升机去扫电线上的雪；用电热来化解冰雪；设计一种专用的电线清雪机；用振荡技术来清雪等。对于“坐飞机扫雪”的设想，大家心里尽管觉得滑稽可笑，但在会上也无人提出批评。

相反，有一位工程师在百思不得其解时，听到用飞机扫雪的想法后，大脑突然受到冲击，一种简单可行且高效率的清雪方法冒了出来。他想，每当大雪过后，出动直升机沿积雪严重的电线飞行，依靠高速旋转的螺旋桨即可将电线上的积雪迅速扇落。他马上提出“用直升机扇雪”的新设想，顿时又引起其他与会者的联想，有关用飞机除雪的主意一下子又多了七八条。不到一小时，与会的10名技术人员共提出90多条新设想。会后，公司组织专家对设想进行论证。专家们认为设计专用清雪机、采用电热或电磁振荡等方法清除电线上的积雪，在技术上虽然可行，但研制费用大、周期长、一时难以见效。那种因“坐飞机扫雪”激发出来的几种设想，倒是一种大胆的新方案，如果可行，将是一种既简单又高效的好办法。经过现场试验，发现用直升机扇雪真能奏效，一个久悬未决的难题，终于在头脑风暴会中得到了巧妙的解决。

三、头脑风暴法的注意事项

经过多年的研究和实践，人们总结出了大量有效的经验，下面简单介绍一些经验及注意事项，以便在实际操作中产生更好的实施效果。

讨论的问题要明确、具体，不要过大或过小，也不能限制性太强，例如不要讨论“A 与 B 方案该选择哪个”之类的问题；不要将多个问题同时拿出来讨论。此外，主持人要对那些首次参会的与会者给予充分的关注，让新与会者尽快熟悉头脑风暴会议的特点并遵守其基本原则。

“走走停停”是头脑风暴法的常用方式，先用 3 分钟提出创意，然后用 5 分钟进行思考，接着再用 3 分钟提出创意……这样 3 分钟与 5 分钟过程交替进行，形成有行有停的节奏。

头脑风暴法的常用技巧是“接龙”，即按照与会者的座位顺序一人接一人地提出想法，轮到的人如没有新构想则越过此人，直接跳至下一人。这样循环，一直到会议结束。

与会者应在不同部门、不同领域的人群中挑选，并且要定期更换，这样才能有效防止群体形成思维定式。

适当调整与会者的男女搭配比例，适当的比例会有效地提高产生创意的数量。

【思考练习 7－2】

尽可能多地列举出缝衣针的用途。

提示：请按照头脑风暴法进行该项训练。

第三节　和田十二法

许多发明创造并不一定是人们苦思冥想和不断尝试的结果，其可能只是诞生于某个巧合，也可能只是应用了某些简单的创新技巧和方法。例如，一个欧洲的磨镜片工人，在一次偶然间把一块凸透镜片与一块凹透镜片加在一起，当他透过这两片镜片向远处看时，惊讶地发现远处的物体可以移到眼前来。后来，科学家伽利略得知了这个发现，他对这个意外“加一加”而形成的事物进行研究，发明了望远镜。

在前人创新工作的基础上，我国创造学学者结合我国的实际情况，根据上海市和田路小学开展创造发明活动所采用的各种技法，提炼了包含上述“加一加”在内的“和田十二法”，又称“思路提示法”。该技法已在世界各国广泛传播使用。

一、和田十二法的基本思路

和田十二法中的“十二”即“十二个一”，分别指：“加一加”“减一减”“扩一扩”“缩一缩”“变一变”“改一改”“联一联”“代一代”“搬一搬”“反一反”“定一定”“学一学”。下面详细叙述这“十二个一”的基本思路。

（一）加一加

当我们在进行某种创新活动时，可以考虑在这件事物上还能添加什么，把这件物品加高、加厚、加宽、加长一点行不行，或者能否在形状上、尺寸上、功能上使原物品有所“异样”或“更新”，以求实现创新。

（二）减一减

原来的事物可否减去点什么？如将原来的物品缩短、降低、减少、减轻、变窄、减薄一点等，这个事物会变成什么新事物？它的功能、用途会发生什么变化？在工作过程中，减少时间、次数可以吗？这样会有什么效果？

（三）扩一扩

现有物品的功能、结构等方面还能扩展吗？扩大一点，放大一点，会使物品发生哪些变化？这件物品除了主要用途外，还能扩展出其他用途吗？

（四）缩一缩

如果将原来物品的体积缩小一点，长度缩短一点，是不是能开发出新的物品？

（五）变一变

如果改变原有物品的形状、尺寸、滋味、音响、颜色等，能不能形成新的物品？此外，还能从物品的内部结构上，如部件、材料、成分、排列顺序、高度、长度、密度和浓度等方面去变化；也可以从使用对象、用途、场合、方式、时间、方便性和广泛性等方面变化；或者从制造工艺、质量和数量，对事物的习惯性看法、处理办法及思维方式等方面去变化。

（六）改一改

从事物的缺点和不足入手，像不安全、不方便、不美观等方面，然后提出有效的改进措施，促进发明和创新。

（七）联一联

某一事物和哪些其他事物有联系？或和哪些因素有联系？利用这种联系，可否通过联一联形成新功能？开发出新产品？

（八）代一代

能否利用其他的事物或方法来代替现有的事物或方法，从而产生新的产品呢？尽管有些事物或方法应用的领域不同，但其本质是完成相同的功能。因此，可以试着替代，既可以直接寻找现有事物的代替品，也可以从材料、零部件、方法、颜色、形状和声音等方面进行局部替代。看替代以后会产生哪些变化，会有什么好的结果，能解决哪些实际问题。

（九）搬一搬

“搬一搬”是将原事物或原设想、技术移至别处，使之产生新的事物、新的设想和新的技术。即把一件事物移到别处，还能有什么用途？某个想法、原理、技术搬到别的场合或地方，能派上别的用处吗？

（十）反一反

它是指将某一事物的性质、形态、功能及其里外、横竖、正反、上下、左右、前后等加以颠倒，从而产生新的事物。“反一反”应用的就是我们前面所学习过的逆向思维，即从相反方向思考问题。

（十一）定一定

“定一定”是指对某些发明或产品定出新的标准、顺序、型号，或者为改进某种东西，为提高学习和工作效率及防止可能发生的不良后果做出的一些新规定，从而进行创新的一种思路。

（十二）学一学

“学一学”是学习或者模仿其他物品的形状、结构、原理、颜色、规格、性能、方法、动作等，以求创新。

和田十二法的基本思路可归纳为“和田技法检核表”：

和田技法检核表

序号	检核内容
1	加一加：加高、加厚、加多、组合等
2	减一减：减轻、减少、省略等
3	扩一扩：放大、扩大、提高功效等
4	缩一缩：压缩、缩小、微型化
5	变一变：变形状、颜色、气味、音响、次序等
6	改一改：改缺点、改不便、不足之处
7	联一联：原因和结果有何联系，把某些东西联系起来
8	代一代：用别的材料代替，用别的方法代替
9	搬一搬：移作他用
10	反一反：能否颠倒一下
11	定一定：定个界限、标准，能提高工作效率
12	学一学：模仿形状、结构、方法，学习先进

如果按照和田技法检核表中所提示的“十二个一”的思路进行核对与思考，就能从中得到启发，激发使用者的创造性设想。因此，和田十二法是启发人们的创造性思维的思路提示法。

二、和田十二法的应用案例

（一）“加一加”的应用案例

一家名为普拉斯的文具公司应用“加一加”原理对文具组进行改进，在文具盒上安装了电子表、温度计，甚至使文具盒可以成为一个变形金刚等，花样繁多。尽管内部文具的种类不多，但因文具盒样式丰富，迎合了少年儿童的心理和兴趣，促使销量大增，很快成为风行全球的商品，普拉斯也成了知名品牌。再如，在 MP3 上加上收音机的功能，MP3 的价格就提高了；冰箱厂商海尔将其一款冰箱加上了电脑桌的功能，在美国备受消费者喜爱。

（二）“减一减”的应用案例

大家熟悉的隐形眼镜就是将镜片减薄、减小，并减去了镜架而发明的。再如，移动硬盘的体积越小携带越方便，销量就越高；我们购买的米、面等食品改成小包装后反倒卖得更快；市场上有很多昂贵的多功能数码相机，但其 90% 的功能消费者根本不会使用。如果减掉相机的很多功能，不仅降低了生产成本，更能满足一部分经济型消费者的需求，销量不降反增。

（三）“扩一扩”的应用案例

大家知道吹风机是吹头发的。但日本人想利用吹风机去烘干潮湿的被褥，扩展它的用途，在吹风机的基础上发明了被褥烘干机。再如，把一般望远镜扩成又长又大的天文望远镜。它的能见度是人眼的4万倍，放大率可达3 000倍。用这种望远镜观测星空，看远在38万公里外的月亮，就好像在128公里的近处观察一样。

（四）“缩一缩”的应用案例

我国的微雕艺术是世界领先的，其实质也是“缩一缩”。它缩小的程度是惊人的，能在头发丝上刻出伟人的头像、名人诗句等，成为一件件昂贵的珍品。生活中的袖珍词典、微型录音机、照相机、浓缩味精、浓缩洗衣剂（粉）等都是“缩一缩”的结果。

（五）“变一变”的应用案例

任何企业的创新都离不开“变一变”，如果食品生产厂家不注重产品的花样翻新，就无法开发出形状、颜色、味道各不相同的新产品，也就无法使企业发展壮大。如果企业不拘现状而不断开发新产品，那么企业就会充满生机和活力。又如，Swatch手表款式非常多，注入了心情、季节、时尚等元素，受到全世界消费者的青睐。

（六）“改一改”的应用案例

“改一改”技巧的应用范围很广，如拨盘式电话机改为琴键式电话机，手动抽水马桶改为自动感应式抽水马桶等。再如，一般的水壶在倒水时，由于壶身倾斜，壶盖易掉，而使蒸气溢出烫伤手，成都市的中学生田波想了个办法克服水壶的这个缺点。他将一块铝片铆在水壶柄后端，但又不太紧，使铝片另一端可前后摆动。灌水时，壶身前倾，壶柄后端的铝片也随着向前摆，而顶住了壶盖，使它不能掀开。水灌完后，水壶平放，铝片随着后摆，壶盖又能方便地打开了。

（七）“联一联”的应用案例

把两个原本没有联系的事物联系起来，如将计算机与机床联系起来产生的数控机床。再如，澳大利亚曾发生过这样一件事，在收获季节里，有人发现一片甘蔗田里的甘蔗产量提高了50%。这是由于甘蔗栽种前一个月，有一些水泥洒落在这块田地里。科学家们分析后认为，是水泥中的硅酸钙改良了土壤的酸性，而导致甘蔗的增产。这种将结果与原因联系起来的分析方法经常能使我们发现一些新的现象与原理，从而引出发明。由于硅酸钙可以改良土壤的酸性，于是人们研制出了改良酸性土壤的“水泥肥料”。

（八）“代一代”的应用案例

曹冲称象、乌鸦喝水等故事都可以说是“代一代”的典型事例。又如，用各种快餐盒代替传统的饭盒，用复合材料代替木材、钢铁等。山西省阳泉市小学生张大东发明的按扣开关正是用代一代的方法发明的。张大东发现家中有许多用电池作为电源的电器没有开关，使用时很不方便。他想出一个“用按扣代替开关”的办法，他找来旧衣服和鞋上面无用的按扣，将两片分别焊上两根电线头。按上按扣，电源就接通了；掰开按扣，电源又切断了。

（九）“搬一搬”的应用案例

“搬一搬”也是在创新活动中应用十分广泛的技法。例如，利用激光的特点来进行激光切割、激光打孔、激光磁盘、激光唱片、激光测量和激光治疗近视眼等。再如，将普通照明电灯通过改变光线的波长，可以制成紫外线灭菌灯、红外线加热灯等，改变灯泡的颜色，又可以变成装饰彩灯；灯泡被放在路口，便成了交通信号灯。

（十）“反一反”的应用案例

世人皆知的司马光砸缸的故事就是“反一反”的典型事例。一个小朋友不慎掉进了水缸里，司马光打破了要救人就必须“人离开水”的常规想法，而是把缸砸破，使水离开人，同样拯救了小朋友的生命。再如，一般的动物园都是将动物关在笼子里，游客在笼子外面观看，而野生动物园是让游客进入铁笼子车里，把猛兽放到笼子外面，颠倒了之后满足了游客寻求刺激的心理，票价也更高。

（十一）“定一定”的应用案例

有人用“定一定”原理发明了一种“定位防近视警报器”。它的原理是用微型水银密封开关，并将此开关与电子元件、发音器共同安装于头戴式耳机上，经调节后规定了头部到桌面的距离，当使用者的头部与桌面的距离低于此规定值时，微型水银开关就会接通电源、发出警告声，提醒使用者端正坐姿。再如，营销从某种意义来说就是定位，宝洁公司对其旗下产品进行明确定位，海飞丝的定位是去头屑，飘柔的定位是柔顺，潘婷被定位为护发，沙宣被定位为专业美发。

（十二）“学一学”的应用案例

“学一学”更是创新活动惯用的思路。科学家研究了鱼在水中的行动方式，发明了潜水艇；学习了蝙蝠飞行原理，发明了雷达；学习了鲸在海洋中游动的形态，把船体改进成了流线型，使轮船航行的速度大大提高。又如，英国人邓禄普看到儿子骑着硬轮自行车在卵石道上颠簸行驶，非常危险。他便产生了发明一种可以减小震动的轮胎的想法。他在浇水的橡皮管具有弹性的启发下，应用橡胶的弹性，最终成功地发明了充气轮胎。

【思考练习 7－3】

改进课桌、椅结构。

提示：按照和田十二法进行此项训练并填写下表。

序号	检核内容	方案
1	加一加	
2	减一减	
3	扩一扩	
4	缩一缩	
5	变一变	
6	改一改	
7	联一联	
8	代一代	
9	搬一搬	
10	反一反	
11	定一定	
12	学一学	

【体验与训练】

小鸡如何过马路？

如图7-3所示，马路对面的草丛里有很多美味的虫子，但是现在马路被晒得很烫，还有很多汽车来来往往。可是虫子真好吃呀，假如你是聪明的小鸡，你有什么好办法能过马路吃到美味的虫子呢？

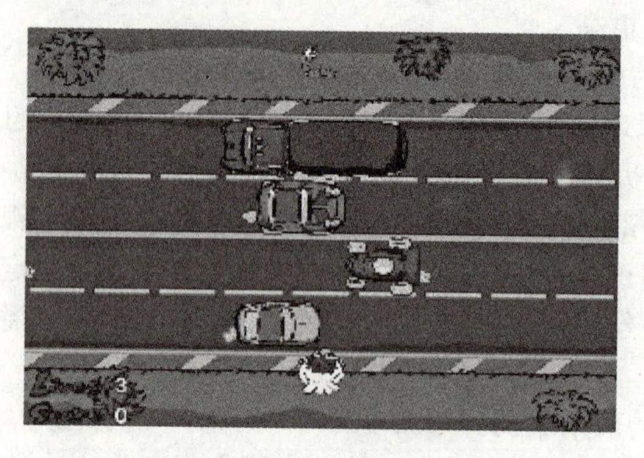

图7-3　小鸡过马路

体验与训练指导书

训练名称	小鸡过马路
训练目的	体验与训练头脑风暴法
训练所需器材	白板、白板笔、大白纸、记号笔、便利贴
训练要求	在20分钟之内，以小组为单位，按头脑风暴法完成此训练，为过马路的小鸡想出尽可能多的办法，鼓励新奇的创意
训练步骤 （小组商讨后，拟定训练步骤）	
训练结果	完成训练的用时：____，训练结果为：______
体现原理	
训练总结与反思	

【拓展阅读】（图7-4）

（1）推荐图书1：《创新能力训练和测验》。

A. 推荐指数：4星。

B. 推荐理由：应用生动、设计精巧的练习题启发读者的灵感；涵盖面广，涉及创新能力的方方面面，可以使读者均衡地提高创新的各种素质；形式多样，题目本身即可唤起读者创新的兴趣，以帮助读者有效地提高自己的创新能力。

（2）推荐图书2：《学会创新：创新思维的方法和技巧》。

A. 推荐指数：4星。

图 7－4　推荐图书的封面

B. 推荐理由：作者研究了世界上许多创造力大师的思考方法，撰写出《学会创新》，帮助我们读者掌握创新思维的方法和技巧。

【小结】（图 7－5）

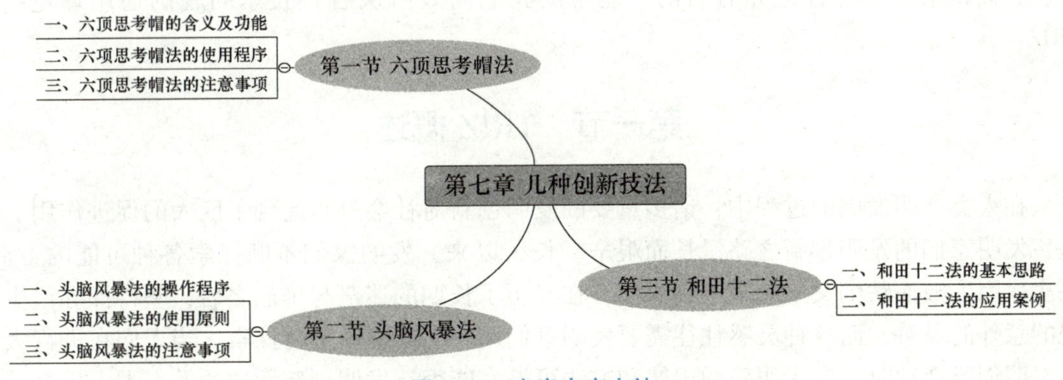

图 7－5　本章内容小结

第八章

TRIZ 创新方法概述

在实际工作、生活中，我们经常会遇到各种各样的技术问题。但是由于每个人的知识、经验、阅历的不同，即便是同样的问题，有些人解决起来相对容易，而另一些人不能解决或费很大的精力才能解决。科学研究发现，人们的创造能力、创新意识的高低强弱，并不是天生的或依靠灵感产生的，而是完全可以借助于某些理论或方法在后天培养和锻炼出来的。本章，我们就来学习一种世界著名的、能帮助我们高效解决各种技术问题的通用理论——TRIZ。

第一节 TRIZ 概述

在人类文明发展的过程中，诸多重要的发明创新对社会进步起到了巨大的促进作用。但是，发明家们的发明创新之路漫长而艰辛。长久以来，发明家们不断探索各种可能的方向，一次次因失败而跌倒又站起来继续拼搏，在经历了长期的迷茫与徘徊之后，坚持探寻很少出现的意外的灵感，而这种灵感往往需要发明家们用一生的时间进行探索。当人们在进行大量的发明创新活动时，有无明确的规律和方法可循？能否让发明创新活动的效率大大提高，让更多的普通人有可能从事发明创新？答案是肯定的。

【案例 8－1】 **俄罗斯套娃和乐扣饭盒**

风靡世界的发明俄罗斯套娃和乐扣饭盒，虽然在功能、形状、材料等方面大不相同，但如果我们从原理的角度进行分析，就会发现它们应用了相同的原理，即把一个物体嵌入另外一个物体，然后将这两个物体再嵌入第三个物体，以此类推。

如果能有人能进行类似系统化的研究，将众多的最佳解决方法进行系统化的总结，再将其转化成若干明确的“规则”，进而发展成具有完整“模型”的方法学作为指导实践的理论，岂不会使发明创造变得事半功倍？终于有人完成了这一创举，这个人就是苏联伟大的创造学家、发明家根里奇·阿奇舒勒（Genrich S. Altshuller）。在 20 世纪中叶，阿奇舒勒和他的同事们在研究了来自世界各国的上百万个专利（其中包含二十多万个高水平发明专利）的基础上，提出了的一套体系相对完整的“发明问题解决理论”——TRIZ，为学习如何发明、创造及实践应用提出了新的可能性。

【思考练习 8－1】

(1) 什么是“TRIZ”?
(2)“TRIZ”的创始人是谁?

第二节　TRIZ 的起源

一、TRIZ 的发展历程

1946 年，年仅 20 岁的阿奇舒勒因出色的发明才能而成为苏联里海舰队专利部的一名专利审查员。从此开始，他有机会接触并对大量的专利进行分析研究，开始了对 TRIZ 长达五十多年的研究。

阿奇舒勒通过研究发现，发明是有一定规律的，即发明过程中应用的科学原理和法则是客观存在的，大量发明面临着相同的基本问题和矛盾。人们在不同的技术领域不断重复使用相同的技术发明原理和相应的问题解决方案。因此，如果能对已有的知识进行提炼、重组，并形成系统化的理论，就可以用来指导后来者的发明创造、创新和产品开发。在此思想的指导下，阿奇舒勒带领苏联的专家们一起经过半个多世纪的探索，对数以百万计的专利文献和自然科学知识加以搜集、整理、研究、提炼，终于建立起了一整套体系化的、实用的解决发明问题的理论和方法体系，这就是 TRIZ。在当时，由于处于冷战时期，该理论未被西方国家所掌握。直至大批 TRIZ 的研究人员在苏联解体后移居到欧美，TRIZ 才被系统地传入西方国家，在短时间内引起了学术界和企业界的广泛关注。特别是当 TRIZ 传入美国后，学者们在密歇根州等地建立了 TRIZ 研究咨询机构，继续进行深入研究，使 TRIZ 得到了更加深入的应用和发展。

二、TRIZ 在中国的发展

20 世纪 80 年代中期，我国的部分科技工作者和学者们开始学习和应用 TRIZ，并做了相关资料的翻译和技术跟踪工作。20 世纪 90 年代中后期，我国部分高校开始跟踪、研究 TRIZ，在本科生和研究生课程中逐渐引入 TRIZ，并对其进行了持续的研究和应用。从 21 世纪开始，TRIZ 的应用范围扩展至企业界。近年来，TRIZ 作为一种实用的创新方法学，其越来越受到企业界和科技界的青睐。2004 年，国际 TRIZ 认证进入中国，中国的 TRIZ 研究工作开始同国际接轨。2007 年，国家科学技术部从建设创新型国家的战略高度出发，提出大力开展技术创新方法工作，并和部分地方政府的科技厅展开了大范围的 TRIZ 推广与普及活动，是中国为 TRIZ 的发展做出新的重要贡献的标志。2008 年，国家科学技术部、教育部、发展和改革委员会、中国科学技术协会等部委、协会联合发布了《关于加强创新方法工作的若干意见》，明确了创新方法工作的指导思想、工作思路、重点任务及其保障措施等。到 2013 年，全国的 6 批共 28 个省（区、市）开展了以 TRIZ 理论体系为主的创新方法的推广应用工作。

三、经典 TRIZ 的内涵体系

TRIZ 包含着许多系统、科学而又富有可操作性的创造性思维方法和发明问题的分析方法与解决工具。经过半个多世纪的发展，TRIZ 形成了九大经典理论体系。

（一）技术系统进化法则

技术系统进化法则揭示了系统发展变化的规律与模式，是 TRIZ 的理论基础；可以直接用来帮助解决新产品研发中的问题，预测技术和产品的未来发展，并对产品的技术成熟度进行评价；是企业进行专利布局和实施专利战略的有效工具。

（二）最终理想解（IFR）

TRIZ 理论在解决问题之初，首先抛开各种客观限制条件，通过理想化来定义问题的最终理想解（Ideal Final Result，IFR），以明确理想解所在的方向和位置，保证在问题解决过程中沿着此目标前进并获得最终理想解，从而避免了传统创新设计方法中缺乏目标的弊端，提升了创新设计的效率。它是跨领域解决问题和进行原始创新的有效工具。

（三）40 个发明原理

TRIZ 在研究了 250 万份世界高水平专利后总结出的发明背后所隐藏的共性发明原则。每一个发明原理都可以直接用于解决各类技术与管理中的冲突问题。

（四）39 个工程参数和阿奇舒勒冲突矩阵

在对专利的研究中，阿奇舒勒发现，仅用 39 个工程参数即可表述各领域存在的形形色色的技术冲突，而这些专利都是在不同的领域解决这些工程参数的冲突与矛盾。这些冲突彼此相对改善和恶化，它们不断地出现，又不断地被解决。他在总结出解决这些冲突的 40 个发明原理之后，将这些冲突与发明原理组成了著名的阿奇舒勒冲突矩阵。阿奇舒勒冲突矩阵为问题解决者提供了一个可以根据系统中产生冲突的两个工程参数，从矩阵表中直接查找化解该冲突的发明原理的途径与方法，这里阿奇舒勒总结了 1 263 对典型冲突。

（五）物理冲突和分离原理

当技术系统的某一个工程参数具有不同属性的需求时，就出现了物理冲突，分离原理是针对物理冲突的解决而提出的。

（六）物场分析模型

阿奇舒勒认为，每一个技术系统都可由许多功能不同的子系统组成，所有的功能都可以由两种物质和一种场，即物场模型来表示。产品是功能的一种实现，物场模型的存在具有普遍性，因而通过物场分析解决问题是 TRIZ 中的一种有效的分析工具。

（七）发明问题的标准解法

阿奇舒勒将发明问题分为标准问题与非标准问题，针对标准问题总结了 76 个标准解法，分成 5 级，各级中解法的先后顺序也反映了技术系统必然的进化过程和进化方向。利用标准解法可以将标准问题在一两步中快速解决，标准解法是阿奇舒勒后期进行 TRIZ 理论研究的最重要的课题，同时也是 TRIZ 高级理论的精华。

（八）发明问题解决算法（ARIZ）

ARIZ 是发明问题解决过程中应遵循的理论方法和步骤，ARIZ 是基于技术系统进化法则的一套完整问题解决的程序，是针对非标准问题而提出的一套解决算法。应用 ARIZ 成功的关键在于，在理解问题的本质前，要不断地对问题进行细化，一直到确定了物理冲突。该过程及物理冲突的求解已有软件支持。

（九）科学效应和现象知识库

解决发明问题时会经常遇到需要实现的 30 种功能，这些功能的实现经常要用到 100 个科学效应和现象。阿奇舒勒对此进行了系统的总结，实现了功能与效应的科学对接。科学效应和现象的应用，对发明问题的解决具有超乎想象的、强有力的帮助。效应知识库是 TRIZ 中最容易使用的一种工具。

经典 TRIZ 所包含内容的经典描述如图 8－1 所示。

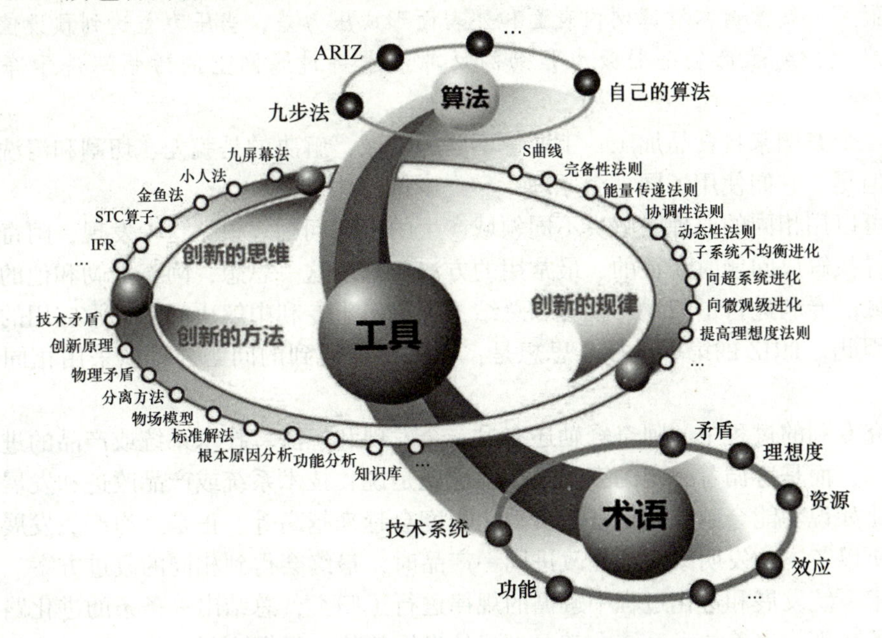

图 8－1　经典 TRIZ 所包含内容的经典描述

【思考练习 8－2】

经典 TRIZ 包含哪些理论体系？

第三节　TRIZ 的核心思想

TRIZ 的体系内容繁杂，涉及面比较广泛，那么有没有一种核心思想贯穿整个理论呢？

【案例 8－2】

干果去皮方法

在脱除干果的果皮时，是将待去皮的干果置于高压环境中，使干果内部的压力升高，当干果内、外压力平衡后迅速去除干果外部的压力，使之达到常压，干果即由于内、外压力差而使果皮爆裂，达到去皮的目的。

【案例 8－3】

钻石的切割方法

钻石其实就是经过打磨的金刚石，其非常坚硬，常用于切割其他物品，那么金刚石自身该如何被切割呢？可以利用金刚石内部的细微裂纹，通过压力的突然改变，使金刚石按内部的裂纹裂开，便轻松完成了切割。

【案例8-4】 **管道内部过滤网的清洗方法**

管道过滤网的作用是过滤管内的杂质，保护阀门、水泵等设备的正常运转。但长期使用后，污物将牢固地聚集在过滤网的表面或网孔内，会严重影响过滤效果。过滤网的清洗十分困难，我们可以使管道内过滤网内表面和外表面形成压力差，当压力差达到预设值时，自清洗循环便启动，突然产生一股吸力强劲的反冲洗水将过滤网上的污物清洗干净，并直接排出。

以上三个案例来自食品加工、工业等不同的领域，解决的是脱壳、切割和清洗三个不同的问题，但是，它们使用了同一个原理——“瞬间压力差”。

我们可以用相同的原理去解决不同领域产生的不同问题。根据这一发现，阿奇舒勒决定从专利中寻找解决问题时潜在的、最常用的方法。基于这一思想，阿奇舒勒和他的团队对不同工程领域的专利进行了归纳、整理和总结，凝练出了专利中解决问题最常应用的一些方法和原理。因此，TRIZ 的第一个核心思想是：不同行业遇到的问题，可以采用相同的原理予以解决。

在研究专利的过程中，阿奇舒勒还有另一个发现和想法：技术系统或产品的进化和发展不是随机的，而是遵循着一定的客观规律。也就是说，技术系统或产品改进和发展的过程是类似的，比如说功能会越来越丰富，自动化程度会越来越高等。正是因为产品发展的规律性的存在，所以各国的发明家往往在改进同一产品时，最终会得到相同的改进方案。于是阿奇舒勒将技术系统发展和进化过程中遵循的规律进行了归类，总结出一条条的进化路线和进化法则，每条法则代表着技术系统在某一方面的发展趋势。根据这些进化法则，我们在设计产品时就可以预测产品今后的发展方向，并依据进化路线的提示去设计和改进产品。这里所提到的法则，在 TRIZ 中被称为技术系统的进化法则。比如：结构动态性进化法则。结构动态性进化法则描述的规律是：产品在进化发展的过程中，结构上的柔性和动态性将会增强，沿着以下顺序向前发展：刚性体→单铰链→多铰链→弹性体→粉末→液体/气体→场。例如：键盘的演变过程。最早发明的键盘是一体化键盘，即刚性键盘，后来有了折叠键盘。随后有人发明了完全柔性的硅胶键盘，它能卷起来储放。之后是触摸式的液晶输入屏，由介于固体与液体之间的液晶分子组成。再之后就是场键盘，场键盘是用红外投影投射到桌面上，操作者直接在虚拟键盘上完成输入。由此可见，键盘结构形态的发展就是在按照上述进化法则演化的。进化法则是一种揭示产品发展方向的有效工具。因此，TRIZ 的第二个核心思想是：产品或技术系统的发展不是随机的，而是按照一定的规律在发展和进化。

发明原理和技术系统进化法则是 TRIZ 体系中最早产生的两项内容，二者体现了 TRIZ 的两个核心思想，同时是 TRIZ 体系中所有工具的精髓所在。

【思考练习8-3】

TRIZ 有哪些核心思想？

第四节 发明的级别

发明的独特之处就在于解决矛盾，解决现有技术系统中存在的问题。但即便是获得了专利证书的专利中，有些只是对已有的技术系统做了很微小的改进，甚至存在大量简单的、毫无意义的、类似于常规设计的专利；而有些专利却是划时代的、突破性的改进。可见，发明是有级别区分的。如何从多如牛毛的专利中将那些具有分析价值的专利找出来呢？阿奇舒勒认为有必要对发明进行不同级别的划分，他把发明的级别划分为 5 个级别。

一、发明 5 个级别的划分

发明 5 个级别的划分如表 8－1 所示。

表 8－1　发明 5 个级别的划分

发明级别	创新程度	知识来源	试错法尝试/次	比例/%
第 1 级	对系统中的个别零件进行简单改进的常规设计	利用本专业的知识	<10	32
第 2 级	对系统的局部进行改进的小发明	利用本行业中不同专业的知识	10～100	45
第 3 级	对系统进行本质性的改进，极大地提升了系统性能的中级发明	利用其他行业中本专业的知识	100～1 000	18
第 4 级	系统被完全改变，全面升级了现有技术系统的大发明	利用其他科学领域中的知识	1 000～10 000	4
第 5 级	催生了全新的技术系统，推动了全球科技进步的重大发明	所用知识不在已知的科学范围内，是通过发现新的科学现象或新物质来建立全新的技术系统的	>10 000	<1

（一）第 1 级发明

第 1 级发明是最小型发明。它是指在本领域范围内的正常设计，对产品的单独组件做简单的改进，但这些改进并不会影响产品系统的整体结构的发明。该类发明并不需要任何相邻领域的专门技术或知识。特定专业领域的任何专家，依靠自身掌握的常识和一般经验即可完成，是级别最低的发明，例如增加隔热材料厚度以减少建筑物的热量损失；用大型拖车代替普通卡车改善运输成本效率等。如果利用试错法解决这样的问题，通常只需要进行 10 次以下的尝试便可解决。据统计，第 1 类发明大约占人类发明总数的 32%。

（二）第 2 级发明

第 2 级发明是小型发明。它是指对现有系统某一个组件进行改进或使其发生变化，并解决了技术矛盾的发明。此类发明主要采用本行业的理论、知识和经验，通过与同类系统的类比即可找到创新方案，如在气焊枪上增加防回火装置；可折叠车把的自行车等。这类发明能小幅提高现有技术系统的性能，属于小型的发明。如果利用试错法去解决此类问题，通常要做 10～100 次的尝试，约 45% 的发明属于第 2 级发明。

（三）第 3 级发明

第 3 级发明是中型发明。该级别的发明中原系统的若干组件可能已完全变化，而其他组件只发生部分改变。解决此类问题需要借鉴本行业内的知识方能解决，但不需要借鉴其他学科的知识。此类的发明如汽车自动挡系统替代手动机械换挡系统；计算机鼠标等。利用试错法去解决此类问题需要做100～1 000次的尝试，通常第3级发明占发明总数的18%。

（四）第4级发明

第4级发明是大型发明。此类发明必须采用全新的原理，创造现有系统新的基本功能，它一般需要通过其他学科知识才能找到解决方案，需要跨行业的知识支持才能解决此类问题。如内燃机代替蒸汽机、个人电脑、集成电路的发明等。如果利用试错法去解决此类问题，通常要做1 000～10 000次的尝试，约有4%的发明属于第4级发明。

（五）第5级发明

第5级发明是特大型发明。这类发明产生了全新的技术系统，推动了全球的科技进步，属于重大发明。一般是先有新的发现，建立新的知识，然后才有广泛的运用。第5级发明如飞机、激光等，照相机、收音机、核反应堆也属于第5级发明。利用试错法解决这样的问题通常需要进行10万次以上的尝试。不到1%的发明专利属于第5级发明。

绝大多数发明属于第1级、第2级和第3级，而真正推动技术文明进步的发明是第5级发明。但第5级发明的数量相当稀少，属于能够改变世界的发明。

二、发明级别划分的重要性

在上述5个级别的发明中，第1级发明实质上并不是创新，它只是对现有系统的改善，并没有解决技术系统中的任何矛盾；第2级和第3级发明解决了矛盾，可以看作创新；第4级发明也改善了一个技术系统，但并不是解决现有的技术问题，而是用某种新技术代替原有的技术来解决问题；第5级发明是利用科学领域发现的新原理、新现象推动现有技术系统达到一个更高的水平。

阿奇舒勒认为，第1级发明过于简单，第5级发明又过于困难，此两个级别的发明都不具有参考价值。于是，他从海量专利中将属于第2级、第3级和第4级的专利挑出来，主要对这三个级别的专利进行整理、研究、分析、归纳、提炼，最终发现了蕴藏在这些专利背后的规律。从来源上分析，TRIZ是在总结第2级、第3级和第4级发明专利的基础上形成的。因此，利用TRIZ只能帮助工程技术人员解决第1级到第4级的发明问题。而对第5级的发明问题来说，是无法利用TRIZ来解决的。阿奇舒勒曾明确表示：应用TRIZ可以帮助发明家将其发明的级别提高到第3级和第4级水平。

阿奇舒勒认为：如果问题中没有包含技术矛盾，那么这个问题就不是发明问题，或者说不是TRIZ问题。这就是判定一个问题是不是发明问题的标准。需要注意的是，第4级发明是利用以前在本领域中没有使用过的原理来实现原有技术系统的主要功能，属于突破性的解决方法。所以，严格来说，第2级发明、第3级发明、第4级发明和第5级发明所解决的问题都是发明问题。

“发明级别”对发明的水平、获得发明所需要的知识以及发明创造的难易程度等有了一个量化的概念。总体上，对“发明级别”有以下几方面的认识。

发明的级别越高，完成该发明时所需的知识和资源就越多，这些知识和资源所涉及的领域就越宽，搜索所用知识和资源的时间就越多，因此就要投入更多、更大的研发力量。

随着社会的发展、人类的进步、科技水平的提高，已有“发明级别”也会随时间的变化而不断降低。因此，原来级别较高的发明，逐渐变成人们熟悉和容易掌握的东西。而新的社会需求又不断促使人们去做更多的发明，生成更多的专利。

对于某种核心技术，人们按照一定的方法论对该核心技术的所有专利按照年份、发明级别和数量做出分析以后，可以描绘出该核心技术的“S 曲线”。S 曲线对于产品研发和技术的预测有着重要的指导意义。

统计表明，第 1 级、第 2 级、第 3 级发明占了人类发明总量的95%，这些发明仅仅是利用了人类已有的、跨专业的知识体系。由此，也可以得出一个推论，即人们所面临的 95% 的问题，都可以利用已有的某学科内的知识体系来解决。

第 4 级、第 5 级发明只占人类发明总量的约 5%，却利用了整个社会的、跨学科领域的新知识。因此，跨学科领域知识的获取是非常有意义的工作。当人们遇到技术难题时，不仅要在本专业内寻找答案，也应当向专业外拓展，寻找其他行业和学科领域已有的、更为理想的解决方案，以求获得事半功倍的效果。人们从事创新，尤其是进行重大的发明时，就要充分挖掘和利用专业外的资源，正所谓“创新设计所依据的科学原理往往属于其他领域”。

TRIZ 源于专利，服务于生成专利（应用 TRIZ 产生的发明结果多数可以申请专利），TRIZ 与专利有着密不可分的渊源。充分领会和认识专利的发明级别，可以让人们更好地学习和领悟 TRIZ 的知识体系。

【思考练习 8－4】

判断某些实物的发明级别，例如水杯、书、计算机等。

【体验与训练】

体验与训练指导书

训练名称	TRIZ 的魅力
训练目的	体验与训练 TRIZ 的核心思想
训练所需器材	白板、白板笔、大白纸、记号笔、便利贴
训练要求	组合家具、百叶窗、火车虽然属于不同的发明，但三者应用了相似的原理。在 10 分钟之内，找出三者应用的相似原理，并以此阐述 TRIZ 的第一个核心思想；再用一具体示例阐述 TRIZ 的第二个核心思想
训练步骤 （小组商讨后，拟定训练步骤）	
训练结果	完成训练的用时：____，训练结果为：________
体现原理	
训练总结与反思	

【拓展阅读】

推荐图书：《TRIZ 入门及实践》(图 8－2)。

图 8－2　推荐图书的封面

A. 推荐指数：3 星。

B. 推荐理由：本书比较系统地介绍了基于 TRIZ 理论的创新方法，内容通俗易懂、图文并茂、言简意赅、案例丰富。

【小结】(图 8－3)

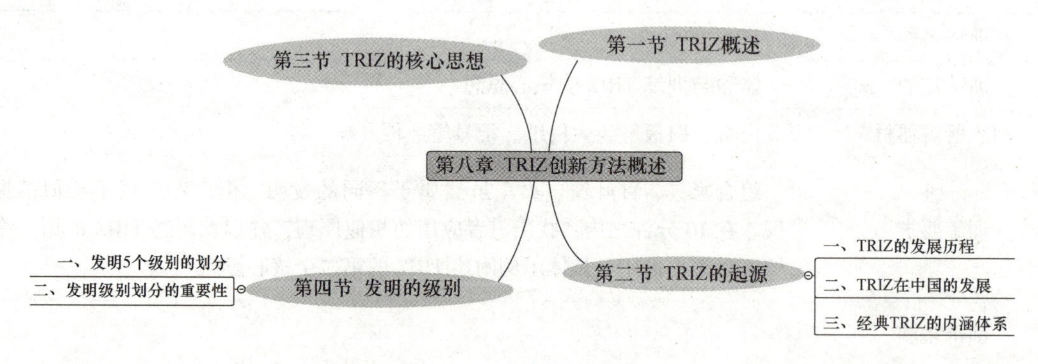

图 8－3　本章内容小结

第九章

TRIZ 的基本概念

如果让你把一颗钉子钉在木板上，你会想到用什么工具来做？

很显然，你会想到用锤子，或者大一点儿的榔头，或者用射钉枪。当没有这些工具的时候，你可能会“就地取材”找一块砖头或石头；或者临时用书脊来磕钉子；若是你有“铁砂掌”的功夫，你可以用手掌来“拍”钉子。如果在一个封闭的空间里，只给你一块木板和一枚钉子，要求你把钉子钉到木板上，你又会怎么做呢？

这个简单的例子给我们两点启示：

(1) 如果没有“工具”可以用，像“钉钉子”这样简单的活儿都很难完成。

(2) 选择不同的工具，用不同的方法，完成同一个活动的时间、成本与代价、效率、效果都会存在明显的差别。

而“创新”是一种高级别的、复杂的实践活动，如果没有“工具”可以选用，“创新”活动是难以完成的；选用不同的工具，采用不同的方法，完成同一“创新”实践的时间、成本、效果、效率常常会存在较大的差别。

《论语·卫灵公》有云：“工欲善其事，必先利其器。”TRIZ 就是创新的方法和工具。

第一节　TRIZ 解决问题的模式

一、TRIZ 解决问题的模式

(一) TRIZ 理论的基本思想

TRIZ 是一种方法学，为创新发明提供了一套系统的解决方法，TRIZ 理论的基本思想是将一个待解决的具体问题转化成 TRIZ 标准问题模型（步骤①），然后根据问题的属性，有针对性地应用不同的 TRIZ 工具，并采用规定的流程，得到相同类型的解决方案模型（步骤②），此在 TRIZ 中称为标准解决方案或典型解决方案，最后结合实际情况得到具体解决方案（步骤③），如图 9－1 所示。

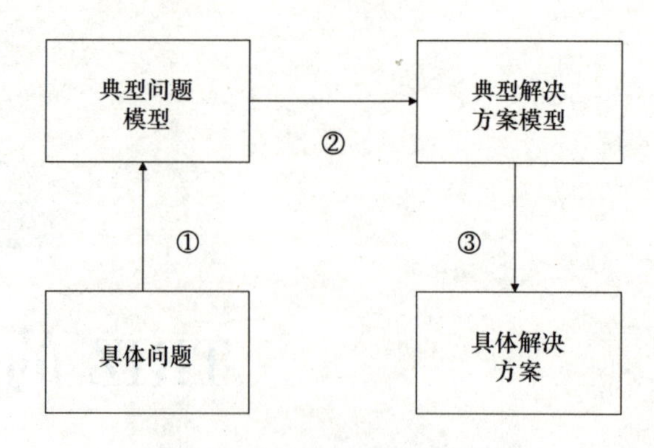

图 9－1 TRIZ 理论的基本思想

【案例 9－1】 **类似数学解题过程**

举例来说，TRIZ 发明问题的解决思路类似于我们解一元一次方程的过程，例如：对于一般形式的方程（具体问题），如 $3x+3=0$。首先将其转化为标准公式（标准问题模型）$ax+b=0$（$a\neq0$）。解一元一次方程的典型解决方案为应用公式，推导过程如下：$ax+b=0$，解：移项，得：$ax=-b$，系数化为 1，得：$x=-\frac{b}{a}$，结合具体情况，将 a、b 实际值代入公式，得：$x=-3/3$，$x=-1$，如图 9－2 所示。

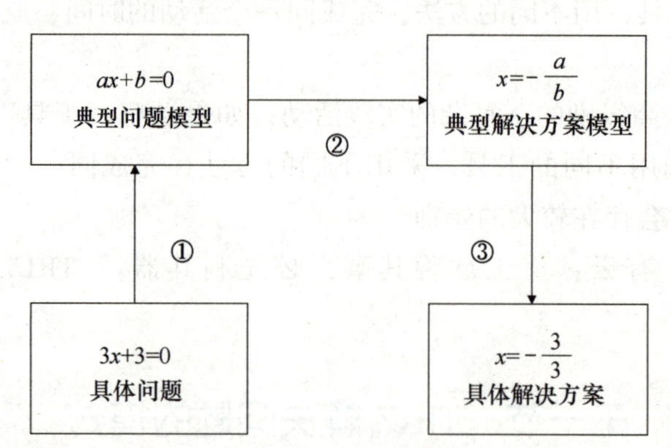

图 9－2 TRIZ 类似数学解题过程

因此，TRIZ 方法的妙处就在于把解决复杂的创新问题，从漫无目的地乱猜、乱碰、试错变成像解方程一样。而根据问题属性的不同，TRIZ 理论也提供了相应的工具进行处理，如图 9－3 所示。

（二）TRIZ 解决问题的模式

应用 TRIZ 解决发明问题时，首先要将待解决的具体问题转化成 TRIZ 标准问题模型，这就要用到一系列的 TRIZ 分析问题的工具，比如：组件分析法、剪裁法、资源分析法、克服思维定式的方法以及理想化方法等。应用分析工具对问题进行详细的分析，然后改变描述方法、转换表达方式，把待解决的具体问题转换为 TRIZ 的标准问题模型，利用 TRIZ 一个工具甚至多个工具，选择确定具体的转换方式，得到解决问题的一般化的 TRIZ 的标准方

技术系统问题属性	问题根源	表现形式	问题模型	解决问题工具	解决方案模型
参数属性	技术系统中两个参数之间存在着相互制约	A B	A B 技术矛盾	39 B 39 A P 矛盾矩阵表	P40 创新原理
	一个参数无法满足系统内相互排斥的需求	A 非A	A A 物理矛盾	A A 分离原理	P40 创新原理
结构属性	实现技术系统功能的某结构要素出现问题	F S_1 S_2	F S_1 S_2 物场	76 标准解系统	1/76 标准解
资源属性	寻找实现技术系统功能的方法与科学原理	? S_2 S V O	? → VO 知识使能(How to)	KB 知识库与效应库	$S_1 \cdots S_n$ KB 解决方案与效应

图 9-3　TRIZ 不同的解题工具

案。最后，结合具体问题领域的知识与经验，得到具体的发明问题解决方案。TRIZ 这种解决问题的模式可以更形象地用图 9-4 来表示，人们形象的比喻 TRIZ 解题模式采用了“迂回策略”。

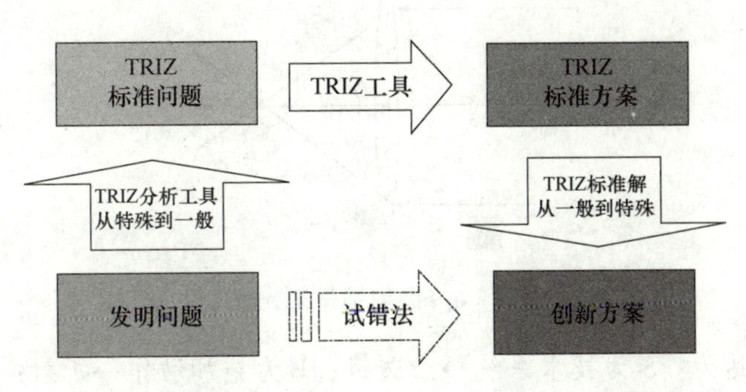

图 9-4　TRIZ 解决问题的模式

二、TRIZ 解决问题的结构

TRIZ 方法论解决问题的结构包括四个部分：问题描述、问题分析、问题解决和方案汇总，如图 9-5 所示。

（一）问题描述

问题描述是对待解决问题的背景进行描述，描述技术系统要执行的具体功能及原理，然后进一步对问题出现的状况、条件和时间进行规范化表述。在 TRIZ 方法论中，对技术系统本身要实现的正常基本功能表达如下：

$$技术系统(S)+施加动作(V)+作用对象(O)+作用对象的参数(P)$$

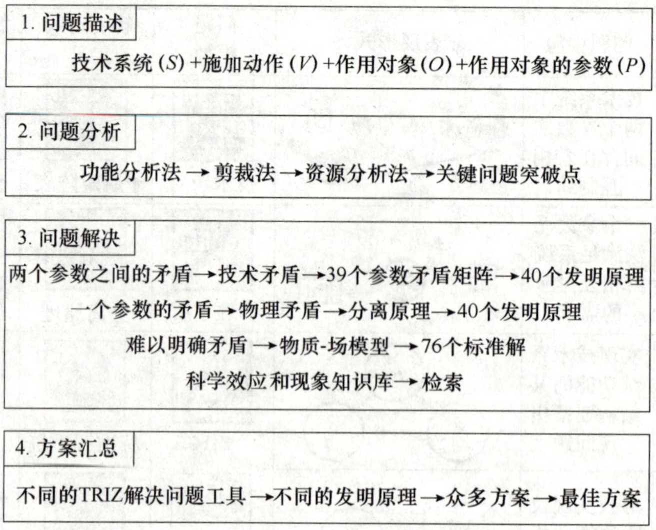

1. 问题描述

技术系统（S）+施加动作（V）+作用对象（O）+作用对象的参数（P）

2. 问题分析

功能分析法→剪裁法→资源分析法→关键问题突破点

3. 问题解决

两个参数之间的矛盾→技术矛盾→39个参数矛盾矩阵→40个发明原理

一个参数的矛盾→物理矛盾→分离原理→40个发明原理

难以明确矛盾→物质-场模型→76个标准解

科学效应和现象知识库→检索

4. 方案汇总

不同的TRIZ解决问题工具→不同的发明原理→众多方案→最佳方案

图 9－5 TRIZ 体系解决问题的结构

【案例 9－2】

凸透镜聚焦光线的规范化描述

凸透镜改变了平行光线的折射角度，使光线聚集在一个点上，如图 9－6 所示。

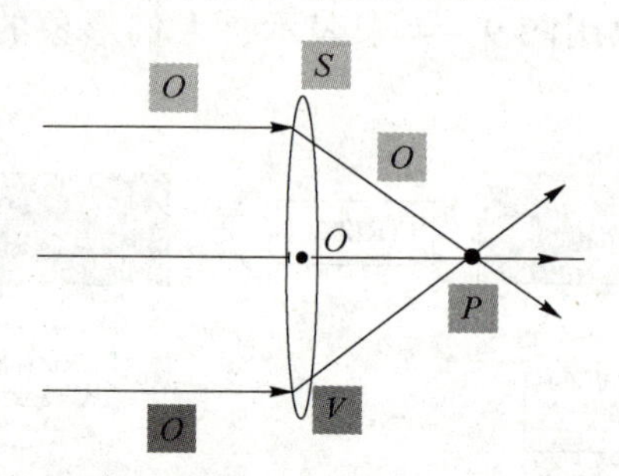

图 9－6 凸透镜折射光线

用 TRIZ 方法表达为：*S* 为技术系统→凸透镜；*V* 为施加动作→折射；*O* 为作用对象→光线；*P* 为作用对象的参数→（改变了光线的）方向。

凸透镜技术系统的基本功能表达如下：

凸透镜（*S*）＋折射（*V*）＋光线（*O*）＋（改变了光线的）方向（*P*）

（二）问题分析

经过前面的问题描述以后，利用 TRIZ 分析工具中的功能分析法找出影响正常功能发挥的负面功能；利用剪裁法分析造成负面功能的原因，确定待解决问题可转换的方向；最后利用资源分析法识别可以解决负面功能的一些当下可用的资源和条件。问题分析的具体方法将在后面的章节中讲解。

（三）问题解决

待解决问题的原因确定以后，如果问题的属性是两个参数之间的矛盾，即改善技术系统中的某一个参数，导致了另一个参数的恶化，那就属于矛盾解决理论中的技术矛盾，对照

39 个参数的矛盾矩阵和 40 个发明原理就可以找到一般性的解决方案；如果问题的属性是针对技术系统中的某一个参数，提出来两种不同或相反的要求，那就属于矛盾解决理论中的物理矛盾，对照分离原理在不同条件下的使用方法，运用相应的发明原理，就可以找到一般性的解决方案。

当难以明确地描述技术系统中存在的矛盾，但是某种有害功能确实存在或有益功能难以完全实现，以及希望在系统内实现测量和检测功能时，就采用物－场模型，利用其中的 76 个标准解所给出的建议，找到具体问题的解决方案。

知识库是科学效应和现象知识库，是将前人积累的大量的、能够被应用在发明创造中的科学效应和专利技术整合，按照功能/知识的逻辑进行编排，形成完整的知识库。使用者依照自己的需求，输入特定的问题，通过标签和索引来寻找相关的知识和方法，去对照问题寻找解决方案。类似于百度搜索，只要把关键词输进去，进行检索，就会出现很多相关的词条和内容。

科学效应和现象知识库是 TRIZ 体系中最容易应用的工具。知识库集中了包括物理、化学、生物以及几何等方面的专利和技术成果，在明确了创新问题需要解决的功能后，根据相应功能很容易选择所需要的效应。在软件的帮助下，TRIZ 中的知识库内容得到了极大的丰富，搜索使用也更加便捷，缩短了搜索所需要的时间，提升了效应库的使用效率。

（四）方案汇总

一个待解决的问题采用不同的 TRIZ 解决问题工具往往会收获几个不同的解决方案。同时，一个待解决的问题采用一种 TRIZ 解决问题工具，运用不同的发明原理也会收获几个不同的解决方案。将这些求得的方案汇集起来，然后逐个评估可行性和操作的难易程度及成本，选择一个最佳解决方案作为最终解决办法，结合实际情况和相关知识就可以制定出具体的解决措施。

三、TRIZ 理论体系工具包

TRIZ 理论博大精深，为了便于了解，把 TRIZ 理论总结归纳为“TRIZ 七类工具包”，以利于在以后的扩展学习中有针对性地应用。具体内容表述如下：

一个法则：技术系统进化理论。

一种思想：最终理想解。

四类模型：

（1）技术矛盾与发明原理。

（2）物理矛盾与分离方法。

（3）物场分析与标准解。

（4）How to 模型与知识库。

一种算法：发明问题解决算法（ARIZ）。

在以后的章节中我们将主要围绕着“TRIZ 七类工具包”中的技术矛盾、物理矛盾与发明原理展开学习和探讨，TRIZ 解决发明问题的工具欢迎大家在以后更高阶的学习中予以探究。

【思考练习 9－1】

（1）TRIZ 理论的基本思想是什么？

（2）TRIZ 解题模式是怎样的？

（3）TRIZ 方法论解决问题的结构包括哪几个部分？

（4）在 TRIZ 方法论中对问题的描述方法是怎样的？

（5）TRIZ 理论体系的工具包包含哪些工具？

第二节　技术系统

一、技术系统的定义

（一）技术系统

技术系统在 TRIZ 中也经常被叫作工程系统，是指为了实现某种功能而设计、制造出来的一种人造系统。此定义阐述了技术系统的两点本质：第一，技术系统是一种人造系统，是我们为了实现某种目的创造出来的，这也是与自然系统的最大差别；第二，技术系统能够执行一定的功能，实现人类期望的某种目的。因此，技术系统具有明显的“功能”特征，在对技术系统进行分析的时候，必须牢牢地把握住“功能”这个概念。

在 TRIZ 中，我们把一个技术系统作为整体的研究对象。比如，我们研究的对象是一辆三轮车，三轮车的功能是移动人或者移动物，则它就是一个技术系统。而如果研究对象只是三轮车的一个车轮，车轮能够执行的功能是支撑车架和移动车架等功能，则车轮就是一个技术系统。技术系统的级别是相对的，需要根据我们的研究目的来确定技术系统的范围。

（二）技术系统、子系统和超系统

一个技术系统往往是由多个组件按照一定的匹配关系组合在一起的。在较为复杂的技术系统中，这些组件又是一个个能执行一定功能的更小的技术系统，我们把这些更小的技术系统称为子系统。一个能够完成一定功能的技术系统经常是由多个子系统构成的，这些子系统均在更高一层的技术系统中相互连接，而且子系统的改变将会影响到更高一层技术系统的变化。

超系统是包含当下技术系统之外的高层次系统，例如以一辆摩托车为当前技术系统进行研究，这辆车的子系统为“转向系统”“驱动系统”“刹车系统”等，其超系统为“公路网络”“驾驶员”等。子系统与当前技术系统和超系统是一组层次不断提升的关系。子系统是当前技术系统的一部分，而当前的技术系统又是超系统的一部分。在解决技术问题时，常常需要考虑技术系统、子系统和超系统之间的相互作用，如图 9－7 所示。

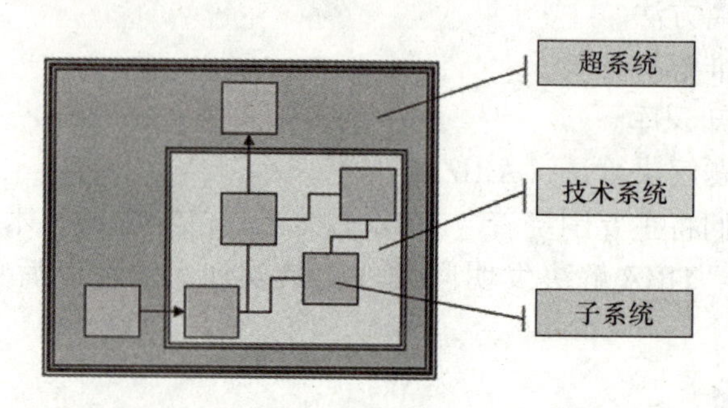

图 9－7　子系统、技术系统与超系统的关系

二、技术系统层级的划分

【案例 9－3】

技术系统的划分

我们以摩托车为例学习技术系统、子系统和超系统的划分方法，如图 9－8 所示。

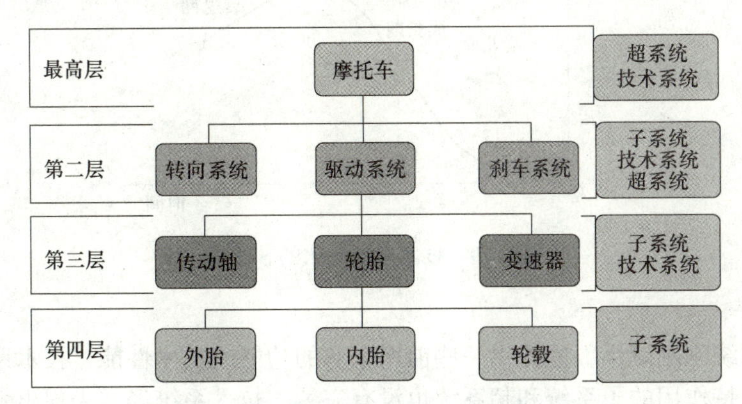

图 9－8　子系统、技术系统与超系统的关系

(1) 以摩托车为研究对象时，摩托车就是技术系统，转向系统、驱动系统和刹车系统就是摩托车的子系统。

(2) 以驱动系统为研究对象时，驱动系统就是技术系统，传动轴、轮胎和变速器就是子系统，而摩托车就是超系统。

(3) 以轮胎为研究对象时，轮胎就是技术系统，外胎、内胎和轮毂就是子系统，而驱动系统就是超系统。

技术系统和超系统的划分没有严格的界限，完全取决于你所要分析的项目的需要，一般来说，被研究对象之外的组件、超出项目研究范围的组件，或者说在项目的范围内某个组件所承担的功能与整个技术系统的主要功能没有直接关系的组件，都可以作为超系统组件看待。

三、S 曲线

阿奇舒勒在分析大量专利的过程中发现技术系统是在不断发展变化的，产品及其技术的发展总是遵循着一定的客观规律，而且同一条规律往往在不同的产品或技术领域被反复应用。即任何领域的产品改进、技术的变革过程，都是有规律可循的。这也是为什么不同国家的不同发明家，在他们各自独立研究某一系统的技术进化问题时，能得出相同结论的原因。

所谓技术系统的进化，就是指实现技术系统功能的各项内容，从低级向高级变化的过程。对一个具体的技术系统来说，人们对其子系统或组件不断地进行改进，以提高整个系统的性能，这个不断改进的过程就是技术系统的进化。

(一) 什么是 S 曲线

每个技术系统的进化都会经历相同的几个阶段，在以时间为横坐标、性能参数为纵坐标的图形上呈现出“S”形的曲线，S 曲线完整地描述了一个技术系统从婴儿期、成长期、成熟期到衰退期的生命周期。我们把 S 曲线定义为完整地描述一个技术系统从孕育、成长、成熟到衰退的变化规律曲线。

如图 9－9 所示，技术系统进化的 S 曲线描述的是一个技术系统诸项性能参数随时间变化的四个阶段。

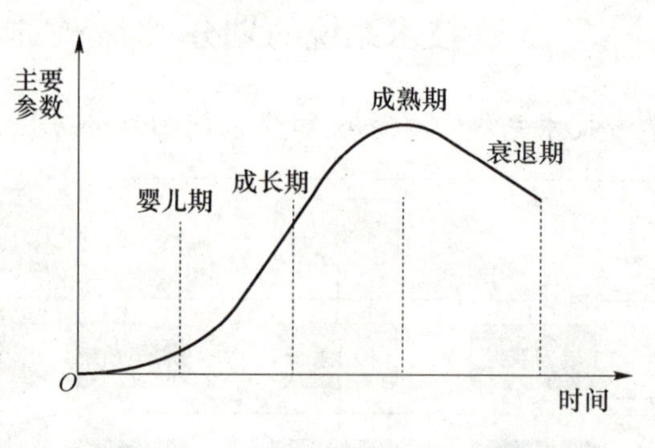

图 9－9　技术系统进化的 S 曲线

1. 婴儿期

新的技术系统刚刚诞生，能提供一些前所未有的功能或技术性能，技术系统本身结构还不成熟，承担支持作用的子系统和超系统也没有完善，技术系统经常表现出效率低、可靠性差等问题，这在性能指标上得到了明显体现。为解决新技术系统中存在的主要技术问题，需要投入大量人力、物力、财力等资源，经济效益普遍为负值。

2. 成长期

新技术系统的价值和市场潜力已被认可，争相为新技术系统的发展投入大量的人力、物力和财力，一些相对高水平的发明出现，技术系统的性能得以迅速提升，经济收益大幅增加。同时，技术系统的改进多为小修小补，发明级别和数量逐步下降。

3. 成熟期

大量技术和资源的投入使得技术系统日趋完善，性能水平达到最高，相应的技术标准体系已经建立，所获经济效益达到最大并有下降的趋势。技术系统的发展潜力已经得到充分开发，本阶段则依靠较低水平的系统优化和性能改进，但对性能的提升作用不明显。

4. 衰退期

各项技术已经发展到极限，技术系统所能提供的功能也相对陈旧，技术系统性能也逐步下滑，对其改进也基本停滞，专利数量和级别下降，很难得到进一步的突破，因而经济效益下滑，即将被新技术系统所取代。

（二）S 曲线阶段特征

TRIZ 研究者选取性能、发明数量、发明级别和经济效益四个指标，分析研究 S 曲线每个阶段的不同特征。如图 9－10 所示，不同阶段指标的变化情况，反映出技术系统随时间进化的内在规律。

（三）S 曲线族

当一个技术系统步入衰退期，不代表其提供的功能也随之消失，新技术系统在继承原有技术系统核心功能的情况下，比原技术系统有了质的飞跃，开始新一轮 S 曲线式的发展。新技术替代了现有技术，新技术被更新的技术替代，形成技术上的新旧交替，每个新技术系统的 S 曲线也将会被一条更新技术的 S 曲线替代，新旧系统更迭呈现出的多条首尾相接的 S 曲线，被称为技术系统的 S 曲线族，如图 9－11 所示。

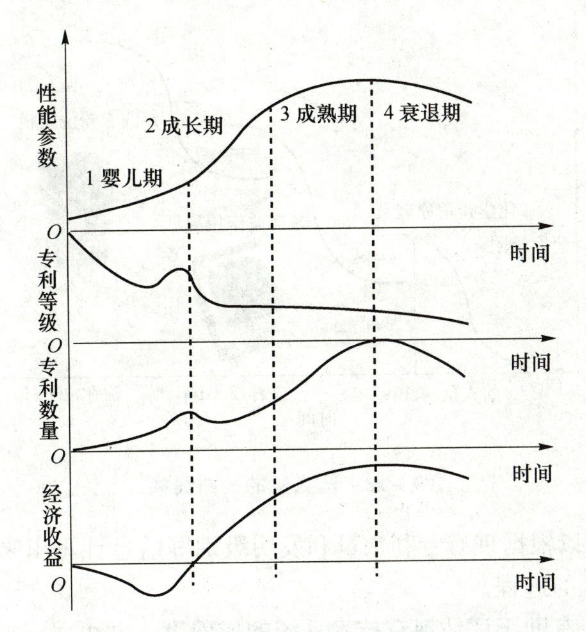

图 9－10　S 曲线的各阶段与四个分析指标的对应关系

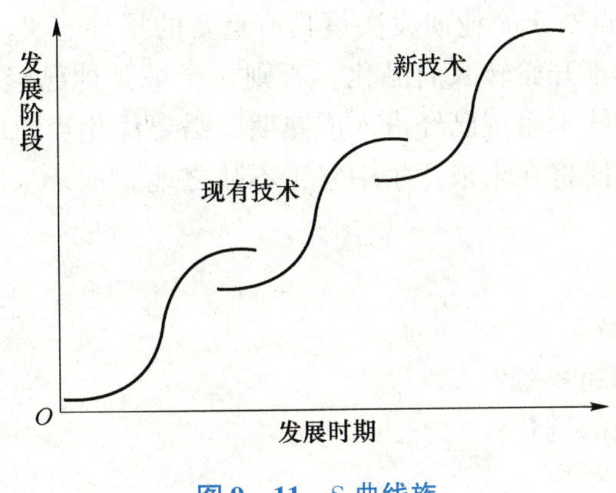

图 9－11　S 曲线族

【案例 9－4】

洗衣机的 S 曲线族

如图 9－12 所示，添加洗衣粉的波轮或滚筒洗衣机洗涤效果在 1997 年时已经达到了极限。利用超声波作用原理产生微气泡“爆破”效应清除衣物纤维污渍的洗衣机在 2001 年推出，洗涤效果明显增加。中国海尔公司在 2005 年推出无洗衣粉洗衣机，采用新的洗涤原理：把水（H_2O）电解成为 H^+ 和 OH^-，其中 OH^- 呈弱碱性，用于洗涤，H^+ 呈弱酸性，用于杀菌。使洗涤效果发生了革命性的变化。同时，基本省却了对洗衣粉的使用。

（四）分析 S 曲线的目的

S 曲线描述了技术系统的一般进化规律，揭示了技术系统像生物有机体一样，呈现“诞生—成长—成熟—衰亡”的过程。S 曲线也是产品生命周期理论的核心部分，既可以分析判断产品处于生命周期的哪个阶段，又能推测技术系统今后的发展方向和趋势。

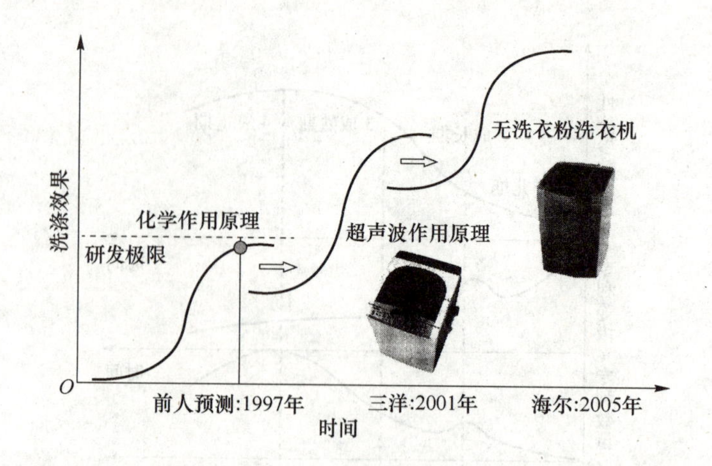

图9－12　洗衣机的S曲线族

首先，S曲线是可以根据现有专利数量和发明级别等信息计算出来的，因此S曲线比较客观地反映了产品进化的进程。

其次，分析S曲线有助于评估现有技术系统的成熟度，并可以根据不同阶段的要求和特点，为商业决策及研发方向提供参考作用。

最后，S曲线上的拐点对于企业研发决策具有重要的指导意义。第一个拐点的出现意味着技术系统的原理研究应当开始转入商品化。否则，会被其他已经转入商品化的同类赶超；第二个拐点的出现，说明技术系统已经进入成熟期，需要优化当前产品的核心技术，并着手研发下一代核心技术，以便将在未来竞争中立于不败之地。

【思考练习9－2】

（1）什么是技术系统？
（2）什么是子系统和超系统？
（3）什么是技术系统的进化？
（4）什么是S曲线？
（5）什么是S曲线族？

第三节　功能分析

一、组件和功能的概念

（一）组件

什么是组件呢？是组成系统或超系统的物质或场，是组成技术系统的一部分物体。这里需要强调的是，物体是指广义上的物质或者场，以及物质和场的组合。“物质”，在TRIZ理论中是指具有净质量的物体。比如常见的自行车、轮胎、手机、桌子、杯子、水、空气等，具有静质量，都属于物质。

在TRIZ理论中，“场”是指没有静质量，但可在物质之间传递能量，并且实现物体与物体相互作用的物质。比如磁场、电场、热场、声场、机械场、化学场等都属于场。例如，两块靠得很近的磁铁，表面上看没有直接接触，事实上是因为它能够产生磁场，一块儿磁铁处在另一块儿磁铁所产生的磁场中，所以二者是相互接触的。再比如声场，一个人说话的时候另外一个人能够听到，可以说是一个人产生的声场与另外一个人有直接接触，这个人通过声场与第二个人相互作用。对于这些情况，可以进行两者相互作用的描述。

对一个技术系统来说，系统可以被看成由组件组成，也可以被看成由多个子系统组成，组件可以等同为系统的子系统，有时子系统就是组件。

（二）功能

功能广义的定义为能够满足人们某种需要的一种属性。例如：冰箱具有满足人们“冷藏食品”的属性；起重机具有帮助人们“移动物体”的属性。用户购买的是产品的功能，实际上企业生产的也是产品的功能，产品只是功能的载体。如用户购买电热水器，实际上是购买“加热水”的功能。

在 TRIZ 中，功能是指一个组件改变或保持了另外一个组件的某个参数的行为。它的描述方式如图 9 – 13 所示，功能的载体作用于功能的对象。

参数是指组件可以进行比较、测量的某个属性，比如位置、重量、长度、温度等。

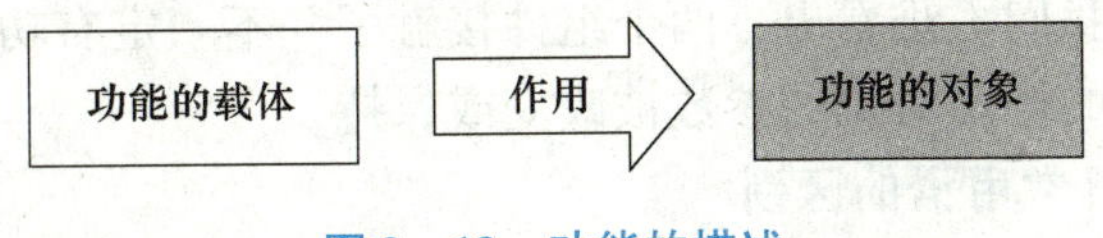

图 9 – 13　功能的描述

【案例 9 – 5】

轿车移动人

“轿车移动人”，就是一个正确的功能描述。因为“轿车移动人”这个功能改变了人所在的位置，如图 9 – 14 所示。在这个例子中，轿车是“移动”这个功能的载体，人是“移动”这个功能的对象。

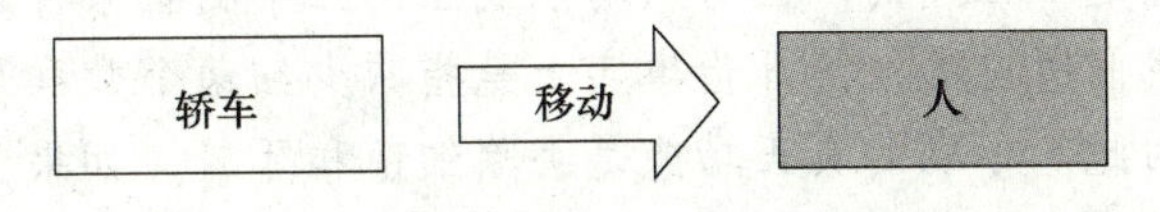

图 9 – 14　轿车移动人的功能描述

【案例 9 – 6】

热水器加热水

在日常生活中用“热水器加热水”，也是一个正确的功能描述。因为“热水器”这个功能改变了水的温度，如图 9 – 15 所示。在这个例子中，热水器是“加热”这个功能的载体，水是“加热”这个功能的对象。

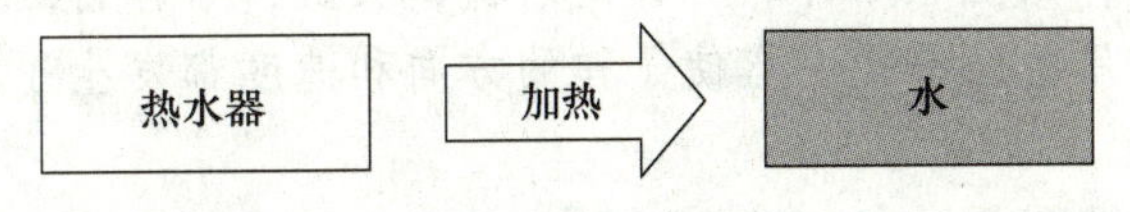

图 9 – 15　热水器加热水的功能描述

从上面的例子中我们可以定义出：执行功能的组件是功能的载体，功能的对象是接受功能的组件，是功能使某个参数得到保持或发生了改变的组件。

在TRIZ中，功能是产品或技术系统特定工作能力抽象化的描述，它与产品的实际用途、能力、性能等概念不完全相同。例如：钢笔的用途是写字，而功能是暂存并输送墨水；铅笔的用途是写字，而功能是摩擦铅芯；毛笔的用途是写字，而功能是浸含墨汁。任何产品都具有特定的功能，功能是产品存在的理由，产品是功能的载体；功能附属于产品，又不等同于产品。

功能一般用“动词+名词”的形式来表达，属于“动宾结构”，动词表示产品所完成的一个功能操作，名词代表被操作的对象，是可测量的。

例如：加热水；支撑桌子；粉碎珍珠；挡住子弹等。

（三）功能存在的三个必备条件

一个功能如果存在，必须同时具备三个条件：

（1）功能的载体和功能的对象都是组件，即物质或场。

（2）功能的载体与功能的对象之间必须有相互作用，即二者必须相互接触。

（3）功能的对象至少是一个参数被这个相互作用改变或者保持。

从这三个条件中，我们不难看出，两个组件接触了并不一定有功能。因为功能更加强调接触后的结果，即功能的作用对象的参数被改变或保持。

（四）功能语言与日常用语的区别

在大多数情况下功能的描述与日常用语是相同的，但有些功能在描述时与日常用语是完全不同的，对我们常规的思维来说是种挑战，但透过功能语言的描述可以让我们看到问题的本质。

【案例9－7】

牙刷与头盔的功能

牙刷的功能是什么？乍一看，牙刷的功能理所当然是清洁牙齿。在TRIZ中，用这个日常用语描述牙刷的功能是不正确的。因为从功能成立的三个必备条件来看，牙刷没有改变牙齿的任何一个参数。我们所说的清洁牙齿事实上是指减少细菌个数和牙屑而已。这个参数是细菌、牙屑的个数。因此，牙刷的真正功能是去除细菌和牙屑。如果我们知道牙刷的真正功能是去除细菌或牙屑，那么在以后设计牙刷的时候，将会把重点放在如何更加有效地去除细菌和牙屑这个功能上，而不至于模糊了目标。

再比如军用头盔的功能，一般人都会脱口而出“保护头部”。这个日常用语的描述也不是对头盔功能的正确描述。对照上面所说的三个条件来看，首先头盔和头都是组件；其次二者也存在相互作用，前面的两个条件是满足的。但第三个条件却不满足，因为头盔没有改变头部的参数，头的形状、硬度、大小等都没有改变。

那么军用头盔的真正功能是什么呢？头盔的真正功能是挡住子弹。我们再回头对照这三个条件来审视它：首先，头盔和子弹二者都是组件；其次，子弹打到头盔上证明了二者是有相互作用的；最后，作用的结果是头盔使子弹的方向和速度都发生了改变。你会看到三个条件它都满足了。

对比这两种描述，我们可以看到第二种更加接近事物的本质。如果把头盔的作用描述成为保护头部，那么在今后的工作中将主要围绕头盔和头部来展开。若是描述成如何能有效地挡住子弹，则在今后的工作中将会把着眼点放在怎样才能使头盔更加有效地挡住子弹。

表 9－1 为一些常用的可用于描述功能的词。在日常用语中有些动词很常用，但用于功能描述是错的，例如允许、保护、连接、提供等。同时，否定词不能用于功能定义中。比如头盔的功能是“不让子弹通过”就是错误的，因为使用了否定词。

表 9－1　一些常用的可用于描述功能的词

吸收	挡住	加热	控制
分解	冷却	移动	去除
支撑	蒸发/汽化	折射	保持
生成	切割	吸附	粉碎

二、功能分析的步骤

（一）功能分析

功能分析是 TRIZ 理论中一个非常重要的分析问题的工具，它是后续许多工具比如剪裁、矛盾解决理论等的基础。功能分析是一种识别系统和超系统组件的功能、特点及其性能水平的分析工具，主要用来明确问题发生的时间和区域，识别需要解决的问题。

（二）功能分析的步骤

功能分析分为四步，即组件分析、相互作用分析、功能分析列表和建立功能模型。

(1) 组件分析，区分系统和超系统的组件并分类列出。

(2) 相互作用分析，识别系统或超系统组件两两之间的相互作用关系。

(3) 功能分析列表，分析相互作用所体现出来的每一个具体功能是基本功能、附加功能、辅助功能或者有害功能，识别性能水平，赋予分值，并列出分析表。

(4) 建立功能模型，依据功能分析列表所体现出来的相互作用关系，明确组件之间所执行的具体功能，评估功能的主次和方向性，标注所执行的功能是有用的还是有害的，或是不足的，勾画出功能模型图。

三、组件分析

（一）选择适当的组件分析层级

组件分析是指将系统和超系统的组件加以区分，并分类罗列出来。在做组件分析的时候，首先需要根据研究项目的目标和范围选择合适的层级。比如，如果研究的对象是自行车车轮，则分析的部件层级是内胎、外胎、轮圈、辐条等。如果我们的研究对象是自行车，那么分析到的部件层级是车架、车轮、车把、齿轮、链条等。

需要注意的是，如果选择的层级过低，将会出现非常多的组件，使系统变得过于复杂，分析起来也很费力。如果选择的层级过高，则将会遗漏掉某些组件或细节，找不到问题的根源。因此，要求我们根据项目的需要，选择合适的层级，然后，将这些组件依据系统组件和超系统组件分别进行归类。将系统组件作为一类放在一起，超系统组件作为一类另放在一起，通过组件分析将系统中存在的问题找出来。

（二）组件分析的注意事项

在对组件进行分析时，需要注意以下问题：

(1) 选择在同一个层级上的组件，不要相互混杂。比如我们在分析自行车的时候，如果把车轮定义为组件，就没有必要将内胎、外胎、轮圈等列出来，因为它们不在一个层级上，内胎、外胎、轮圈等都已经包含在车轮这个组件中了。

（2）如果有多个相同的组件，且执行的功能相同，则将它们看作一个组件。比如轿车的四个车轮，如果认为它们执行的功能是相同的，在分析的时候只要将它们写为车轮就行，而不需要将它们区分。当然，如果认为前轮和后轮执行的功能不同，则需将它们区分为前轮和后轮。

（3）如果发现一个组件需要更加详细的分析，则将这个组件拆解到更低的一个层级上重新进行组件分析。

（4）超系统组件是指超系统中的组件，它不是被研究的技术系统中的一部分，却与技术系统相互影响。比如，我们在研究滑板车的时候，风、重力、路况等都属于超系统组件。

（5）在进行功能分析的时候，组件的数量尽量保持在 10 个以内，如果超过 20 个，建议将某一部分组件单独取出另做功能分析。

【案例 9－8】 **以近视眼镜为例的组件分析**

近视眼镜的结构如图 9－16 所示。

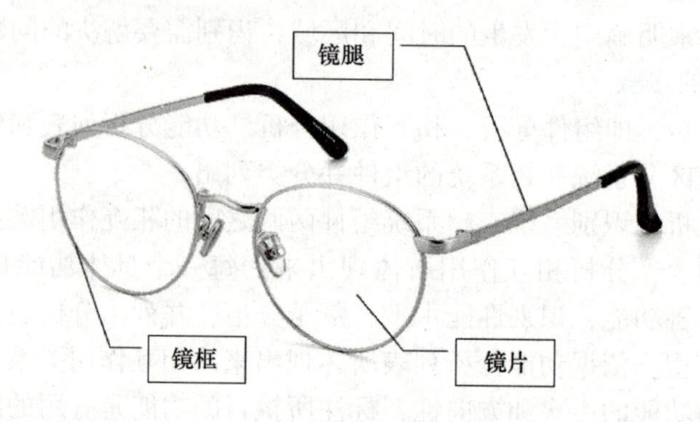

图 9－16　近视眼镜的结构

我们以近视眼镜为例来进行组件分析，可以用表 9－2 的模板来完成。

表 9－2　近视眼镜组件分析

技术系统	组件	超系统组件
眼镜	镜腿 镜框 镜片	光线 耳朵 鼻子 眼睛

四、相互作用分析

做完组件分析后，是进行相互作用分析。相互作用分析就是两两识别系统或超系统组件有无相互作用的关系。

（一）相互作用分析的步骤

相互作用是指两个组件是否相互接触了，只要相互接触了就算相互作用。也就是说：如果一个组件要对另外一个组件发生某种功能，前提条件是二者必须相互接触才行。我们用一个相互作用的矩阵表来体现相互作用分析的成果。其具体操作步骤如下：

（1）如表 9－3 所示，在矩阵中第一行列出组件分析中所得组件，在第一列中也列出相同的组件，排列顺序要完全相同。

表 9－3　矩阵中分别列出组件

组件	组件 1	组件 2	组件 3	…
组件 1				
组件 2				
组件 3				
…				

（2）如表 9－4 所示，两两分析组件，看二者有无相互作用，即接触。如果有相互接触，则在矩阵单元中以“＋”标记；如果没有则以“－”标记，直到将所有矩阵表格填满，对角线上的单元除外。

表 9－4　矩阵中标注关系

组件	组件 1	组件 2	组件 3	…
组件 1		+	+	−
组件 2	+		−	+
组件 3	+	−		+
…	−	+	+	

（3）若发现其中某个组件与其他任何组件都没有相互作用，则需要重新检查组件分析是否全面。若确定与其他组件均无相互作用，则说明这个组件不会有功能，可以将这个组件去掉。

【案例 9－9】　以近视眼镜为例的相互作用分析

我们以前面组件分析中的近视眼镜为例，进行相互作用分析，如表 9－5 所示。

表 9－5　近视眼镜相互作用分析

组件	镜腿	镜框	镜片	光线	耳朵	鼻子	眼睛
镜腿		+	−	−	+	−	−
镜框	+		+	−	−	+	−
镜片	−	+		+	−	−	−
光线	−	−	+		−	−	+
耳朵	+	−	−	−		−	−
鼻子	−	+	−	−	−		−
眼睛	−	−	−	+	−	−	

（二）相互作用分析的注意事项

在做相互作用分析时，需要注意的是：有的组件是靠场相互接触的，容易被忽略；如果相互作用的表格不对称，则意味着相互作用分析时出了问题，需要重新检查。

五、功能分析列表

（一）主要功能

一个系统能够执行的功能往往不止一个，比如牙刷可以用来移除牙屑，牙刷也可以用来涂鞋油，清除一些角落或缝隙的泥土。比如椅子的功能是支撑人，也可以用来放书、放衣服。又比如铅笔，有几百种用途。因此，一个系统的功能会有很多种用途，数不胜数。那么如何取舍这些技术系统的主要功能？

主要功能，就是这个系统被设计时意图要执行的最原本功能。比如，椅子的主要功能是支撑人，也就是说它被设计时意图要执行的最原本功能就是支撑人，而客户购买的也就是这个主要功能。这个主要功能不会因为椅子执行了其他功能而发生改变。

主要功能是非常重要的。因为客户购买的就是这个主要功能，产品只不过是功能的载体。比如，当客户说买一个灯泡时，其实客户买的是灯泡能够提供的主要功能，即它能产生光。也就是说，产生光这个功能是客户想要的。抓住了这一点，我们就有可能为客户提供其他的产生光的解决方案，而不一定给客户提供一个灯。

（二）功能的分类

功能的分类方法主要是按照功能所体现出来的性能水平的程度来划分的。功能的分类及图形化符号如图 9－17 所示。

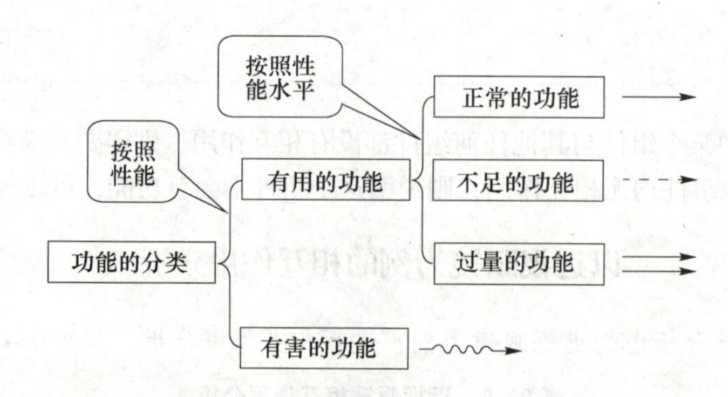

图 9－17 功能的分类及图形化符号

首先，按照组件在系统中所起的作用将功能分为有用的功能和有害的功能，如果功能是我们期望的就是有用的功能；如果不是我们所期望的功能就是有害的功能。组件在系统中的功能好坏是主观的，是以项目要实现的具体目标的需要为确定标准。比如，眼镜的鼻托，如图 9－18 所示。对眼镜来讲，鼻托起着支撑和稳定镜架的作用，是有用功能；但是对鼻子来讲，常年佩戴鼻托会形成很深的压痕，影响美观，是有害功能。所以，我们所站的角度不同，功能的性质就有可能不同。

其次，有用的功能按照性能水平又分为以下三类：

（1）如果一个有用功能所到达的水平与我们的期望值相符，则我们称这个功能是正常的功能。

图 9－18　眼镜的鼻托

（2）如果一个有用功能所到达的水平低于我们的期望值，我们称这个功能是不足的功能。

（3）如果一个功能所达到的水平超过了我们的期望值，则称这个功能是过量的功能。

例如，人的正常体感温度是在 20 ℃～25 ℃，这样的温度会使人比较舒服。在夏天当室外温度达到 38 ℃以上的时候，如果用空调制冷使室内温度达到正常体感温度的区间，我们说空调制冷的功能是正常的；如果空调制冷后的温度只能达到 34 ℃，虽然发挥了制冷的作用，但没有达到我们所期望的水平，我们说空调制冷的功能是不足的；而如果制冷后的温度太低达到 15 ℃以下，已经大大超出了我们体感温度的区间，则这个功能就是过量的。

再次，除了正常功能之外的有害功能、不足的功能、过量的功能都属于功能分析中的功能缺点，需要我们利用其他 TRIZ 工具，比如因果链分析、剪裁等做深入的研究，有可能就是需要运用 TRIZ 理论中解决问题的工具去解决的关键问题。

（三）有用功能的等级

系统中某个组件的有用功能根据作用对象的不同，还可以分基本功能、附加功能和辅助功能三类，如图 9－19 所示。

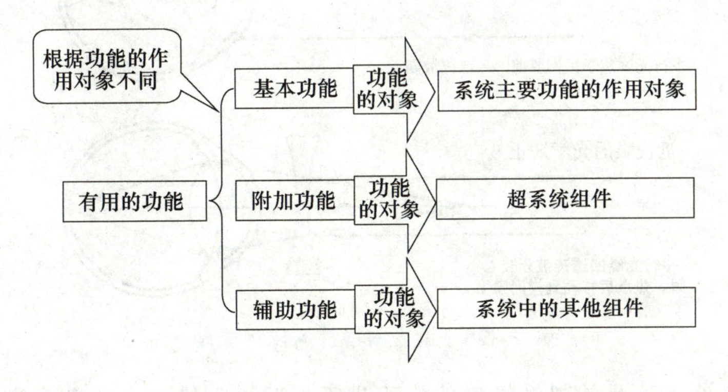

图 9－19　有用功能的等级

（1）如果系统有用功能的对象就是系统本身要作用的目标，则这个功能是基本功能。

（2）如果功能的对象是超系统的组件，但不是目标，那么这个功能是附加功能。

（3）如果有用功能的对象是系统中的其他组件，我们称这个功能是辅助功能。

这三类有用功能根据其重要性又分为三个等级，如表 9－6 所示。

表 9－6　有用功能的三个等级

有用功能分类	等级分值
基本功能	3
附加功能	2
辅助功能	1

（1）对于基本功能，它是直接作用于工程系统的目标，也就是主要功能的作用对象，则它的分数就最高，我们将其记为 3 分。

（2）对于附加功能，其作用对象是超系统的组件，因对超系统的组件有所影响，但又不是系统的目标，因此它的功能得分次之，将其记为 2 分。

（3）对于辅助功能，因其作用对象是系统中的其他组件，内部组件之间的功能如何并不是最终用户关注的，因此其功能的得分也最低，将其记为 1 分。

【案例 9－10】 **有用功能的等级划分**

以我们前面提到的近视眼镜技术系统为例，近视眼镜片是凹透镜，镜片的作用对象或者说作用目标是光线，它的功能是改变光线的方向，将外面的平行光线先发散，然后通过晶状体将光线汇聚到视网膜上，让近视眼的光线聚焦点从视网膜由前向后移动到视网膜上，从而矫正视力，如图 9－20 所示。因此，镜片与近视眼镜技术系统的作用目标是一致的，那么镜片改变光线方向的功能是基本功能。

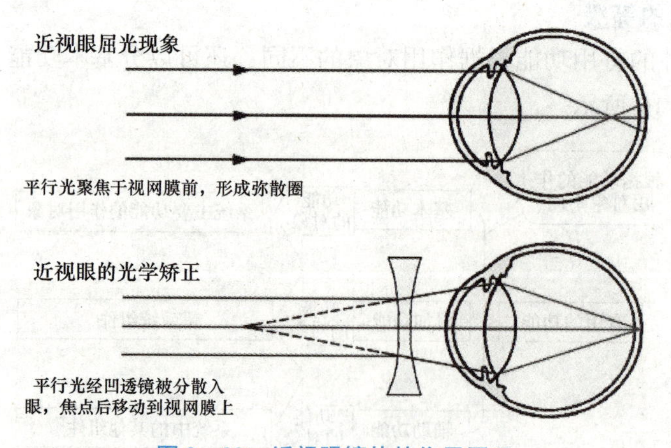

图 9－20　近视眼镜片的作用原理

镜腿是系统组件，耳朵是超系统组件，耳朵不是近视眼镜这个技术系统作用的目标，镜腿对耳朵有挤压功能，假如我们先不考虑这个功能是有用功能还是有害功能，单从组件对超系统组件作用的理解上看，这个功能是附加功能。同样，光线和眼睛属于超系统组件，光线对眼睛的作用也属于附加功能。

镜框和镜片都是近视眼镜技术系统的组件，镜框对镜片具有支撑和固定功能，那么镜框对镜片的支撑功能是辅助功能。分别赋予分值，如表 9－7 所示。

表 9－7 有用功能的等级划分

功能描述	有用功能分类	等级分值
镜片改变光线方向	基本功能	3
光线射到眼睛	附加功能	2
镜框支撑镜片	辅助功能	1

（四）系统功能分析列表

我们将功能的分类、有用功能的分类以及有用功能的等级综合列表分析，如表 9－8 所示。从中能很明显地看清功能的缺点，可为功能模型的建立提供依据。

表 9－8 系统功能分析列表

功能	功能等级	性能水平	得分
功能载体 1			
动词＋对象 A	基本、附加、辅助，或有害	正常、不足、过量	
动词＋对象 B	基本、附加、辅助，或有害	正常、不足、过量	
功能载体 2			
动词＋对象 A	基本、附加、辅助，或有害	正常、不足、过量	
动词＋对象 C	基本、附加、辅助，或有害	正常、不足、过量	

【案例 9－11】

功能分析列表

我们仍然以前面的近视眼镜为例，为了便于学习运用功能分析列表，并掌握功能的分类、有用功能的分类以及有用功能的等级，在此例子中，我们假设近视眼镜的度数偏低、矫正度数不足、不能将光线准确折射到视网膜上，如表 9－9 所示。

表 9－9 矫正度数不足的近视眼镜系统功能分析列表

功能	功能等级	性能水平	总分
镜腿			
支撑镜框	辅助功能	正常	1
挤压功能	有害功能		
镜框			
支撑镜片	辅助功能	正常	1
挤压鼻子	有害功能		
镜片			
改变光线方向	基本功能	不足	3
光线			
射到眼睛	附加功能	正常	2
耳朵			
支撑镜腿	辅助功能	正常	1
鼻子			
支撑镜框	辅助功能	正常	1

通过功能分析列表我们能很明显地看清目前近视眼镜的功能缺点，而且总分值较低的组件是下一步运用 TRIZ 工具予以制定相应策略重点考虑的部分。

需要说明的是：

(1) 镜腿挤压耳朵虽然从作用对象的角度来讲是附加功能，但前提是要首先从功能的性质来判断，它是有害功能，所以它不属于有用功能，不进行有用功能的等级划分及赋予分值。镜框挤压鼻子也是如此。

(2) 眼睛作为超系统组件，除了接受通过眼镜片射入的光线外，与其他组件没有接触，在近视眼镜技术系统中没有功能，所以不列出。

六、建立功能模型

(一) 功能模型的图形化表示

表 9－9 并不能很直观地反映整个系统的功能分析状况，我们可以用关系图示的形式将表 9－9 所列出的功能表示出来。这样就可以一目了然地对系统有一个整体的掌握，其中组件的关系和问题也就显现出来。

组件分析中所列出的组件中不仅有系统组件，还有超系统组件，功能作用对象就是一种特殊的超系统组件，因此，为了将它们进行有效区分，我们通常采用不同形状的框图，如表 9－10所示。

表 9－10　系统功能模型的图形化表示方法

组件名称	图形化表示方法
系统组件	矩形框
超系统组件	六边形框
目标（作用对象）	圆角框

【案例 9－12】

功能化图形表示法

以近视眼镜功能模型的图形化表示方法为例。在以近视眼镜为例的技术系统中，不同组件的图形化表示方法如表 9－11 所示。

表 9－11　近视眼镜功能模型的图形化表示方法

系统组件	超系统组件	目标（作用对象）
镜腿 镜框 镜片	耳朵 鼻子 眼睛	光线

（二）建立功能模型的步骤

我们以近视眼镜为例讲解建立功能模型的步骤。

1. 组件分析

进行组件分析，将技术系统进行分拆，识别系统组件和超系统组件并分别列出，建立组件分析列表，如表 9－12 所示。

表 9－12　组件分析

技术系统	组件	超系统组件
眼镜	镜腿 镜框 镜片	光线 耳朵 鼻子 眼睛

2. 相互作用分析

（1）创建相互作用矩阵表，将各个系统组件和超系统组件按固定顺序分别横列和纵列，识别各组件之间的相互作用关系。

（2）逐个选取一个组件，在相互作用矩阵表中标注这个组件与其他组件的相互作用，有相互作用的标注“＋”，没有相互作用的标注“－”。表 9－13 为近视眼镜相互作用分析。

表 9－13　相互作用分析

组件	镜腿	镜框	镜片	光线	耳朵	鼻子	眼睛
镜腿		+	－	－	+	－	－
镜框	+		+	－	－	+	－
镜片	－	+		+	－	－	－
光线	－	－	+		－	－	+
耳朵	+	－	－	－		－	－
鼻子	－	+	－	－	－		－
眼睛	－	－	－	+	－	－	

3. 功能分析列表

（1）对每一个标注“＋”的单元格进行分析。

①依据功能存在所必须具备的三个条件来判定功能，需要注意的是有相互作用并不一定意味着有功能。

②如果有功能，需要判断这个组件是功能的载体还是功能的作用对象。

③如果该组件是功能的载体，则分析载体与作用对象之间的功能是什么，并填写具体的功能名称。

④继续分析载体与对象之间是否还有其他功能，如果有，将其一一列出。

（2）对于前一步所分析出来的每一个功能，判断这个功能是有用的，还是有害的。

①如果功能是有用的：首先要判断功能的等级，判断是基本功能、附加功能，还是辅助功能，同时进行赋予分值。其次，判断这个功能的性能水平是正常的，还是不足的，或者是过量的。

②如果功能是有害的，直接填写有害。

（3）选取另外一个组件，重复系统功能模型列表中的步骤，将其他组件陆续分析填写，如表9－14所示。

表9－14 功能分析列表

功能	功能等级	性能水平	总分
镜腿			
支撑镜框	辅助功能	正常	1
挤压功能	有害功能		
镜框			
支撑镜片	辅助功能	正常	1
挤压鼻子	有害功能		
镜片			
改变光线方向	基本功能	不足	3
光线			
射到眼睛	附加功能	正常	2
耳朵			
支撑镜腿	辅助功能	正常	1
鼻子			
支撑镜框	辅助功能	正常	1

4. 建立功能模型图

（1）先画出镜腿组件，镜腿支撑镜框，所以画出镜框组件，镜腿支撑镜框是有用功能中的正常功能，用实线箭头连线，并且将支撑写在两个组件的中间位置。

（2）镜腿对耳朵有挤压功能，画出耳朵组件，镜腿对耳朵的挤压功能是有害功能，用曲线箭头连线，将挤压写在两个组件曲线连线的中间位置。

（3）镜框支撑镜片，画出镜片组件，镜框支撑镜片是有用功能中的正常功能，用实线箭头连线，并且将支撑写在两个组件连线的中间位置。

（4）镜框对鼻子有挤压功能，画出鼻子组件，镜框对鼻子的挤压功能是有害功能，用曲线箭头连线，将挤压写在两个组件曲线连线的中间位置。

（5）镜片有改变光线方向的功能，画出光线组件，镜片改变光线方向是有用功能中的不足功能，用虚线箭头连线，并且把改变方向写在两个组件虚线连线的中间位置。

（6）耳朵组件对镜腿有支撑功能，属于正常功能，用实线箭头连线，把支撑填写在两个组件连线的中间位置。

（7）鼻子组件对镜框有支撑功能，属于正常功能，用实线箭头连线，把支撑填写在两个组件连线的中间位置。

（8）考虑美观性，调整功能模型图各个组件的位置关系，使图形看起来更和谐美观，如图9－21所示。

通过建立功能模型图，我们对近视眼镜的技术系统会有一个更加清楚的认识，比功能分析列表更直观，其从功能分析的角度来解剖分析问题，区别于我们见到的常规结构分析，为下一步系统的创新打开了大门。

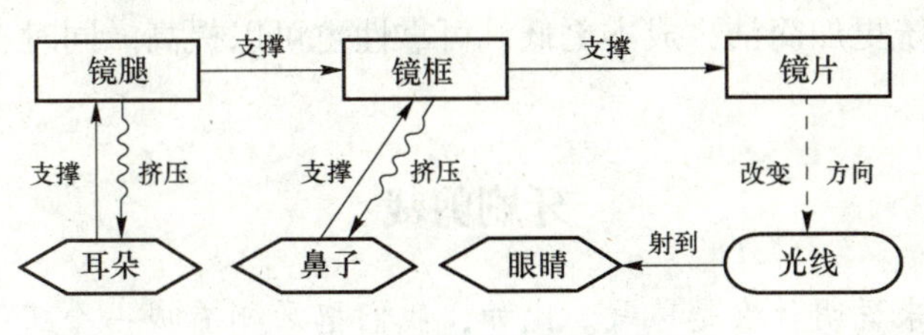

图 9-21　近视眼镜功能模型

（三）建立功能模型的注意事项

（1）对某个功能不太清楚的地方要深挖细究，不要轻易放过，这也许是问题的其中之一。

（2）对于同一个系统，不同的人进行功能分析所得到的结果不一定相同，因而功能模型也不相同。

（3）通过功能分析建立功能模型图不是一个人的工作，而是需要团队的协作，有利于从不同角度寻找到最接近于真实、最合理的功能描述，为解决问题提供路径。

【思考练习 9-3】

（1）什么是组件？
（2）什么是功能？
（3）功能存在的三个必备条件是什么？
（4）什么是功能分析？
（5）功能分析的步骤是什么？
（6）什么是组件分析？
（7）组件分析的注意事项是什么？
（8）什么是相互作用分析？
（9）相互作用分析的步骤是什么？
（10）什么是主要功能？
（11）功能的分类依据及图形化表示方法是什么？
（12）有用功能的分类依据及等级是什么？
（13）功能模型的图形化表示方法是什么？
（14）简述建立功能模型的步骤。

第四节　剪裁工具

一、什么是剪裁

（一）剪裁

剪裁是在现代 TRIZ 理论中一种分析问题的工具，是改进系统、简化系统的方法。剪裁是指将系统中一个或一个以上的组件去掉，而将这些组件所执行的有用功能，利用系统或超系统中的剩余组件来代替执行的方法。换句话说，剪裁是在保留系统功能的前提下，将被剪裁掉组件的有用功能转移到系统或超系统中剩余的其他组件上。

剪裁后的工程系统更加简洁，成本更低，可靠性也可以提高。同时工程系统的价值也能相应提高。

【案例 9-13】

牙刷剪裁

我们举一个例子来说明什么是剪裁。比如，我们把牙刷看成一个工程系统，如图 9-22 所示；通过功能分析，我们得出它的功能模型，如图 9-23 所示。

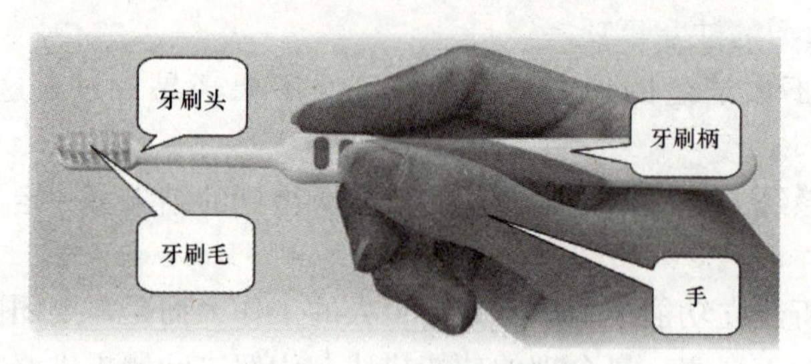

图 9-22 牙刷工程系统

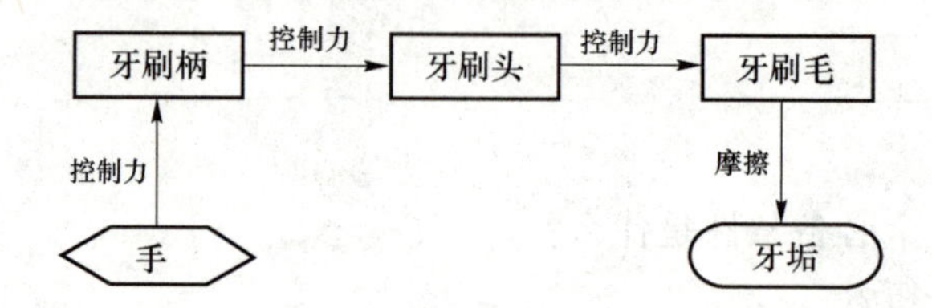

图 9-23 牙刷功能模型

首先在牙刷这个系统中，手对牙刷柄不仅有控制功能，还有支撑功能，但从主要功能的角度考虑，控制力是主要功能。同样，牙刷柄对牙刷头、牙刷头对牙刷毛的主要功能也是控制力。所以，我们标注的主要功能是控制力。

通过对牙刷这个系统的功能分析，我们可以发现：牙刷柄比较长，不方便携带，而且牙刷柄承担的不是基本功能，而是辅助功能。我们考虑：能不能由其他组件替代牙刷柄的功能呢？通过分析功能模型，我们看到，可以剪裁掉牙刷柄，如图 9-24 所示。由牙刷头来替代牙刷柄，剪裁后的功能模型如图 9-25 所示。

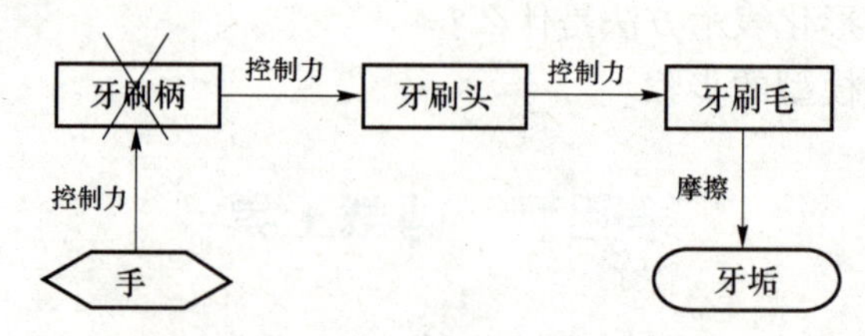

图 9-24 剪裁牙刷柄功能模型

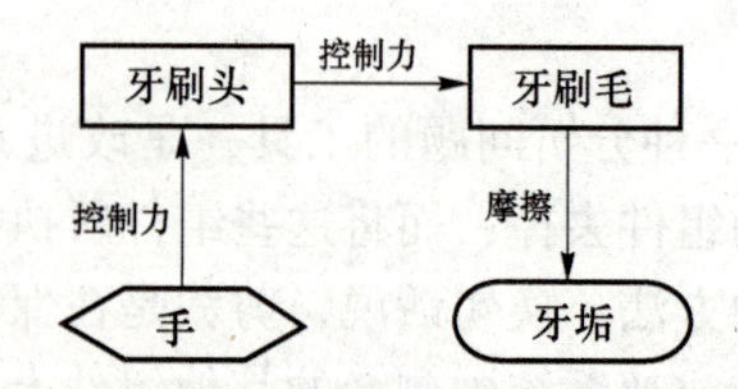

图 9-25 剪裁后牙刷的功能模型

依照剪裁后牙刷的功能模型，思考出的具体解决方案如图 9 - 26 所示。牙刷柄的功能由系统组件牙刷头代替了，缩短了牙刷的尺寸，简化了结构，降低了成本，便于携带。

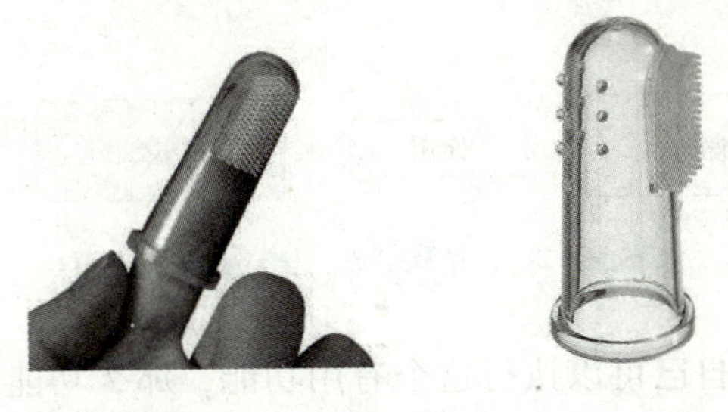

图 9 - 26　剪裁牙刷柄后的指套牙刷

（二）选择剪裁组件的原则

剪裁流程中决定系统的哪些组件可以被剪裁及如何剪裁，是重要的一个步骤。决定哪些组件可以被剪裁，是基于功能分析及列表和功能模型图的建立，并从中发现了系统组件及其关系间的关键缺点，同时，利用工程系统进化趋势分析得到其相应的改进策略。通常按照以下几条原则来选择被剪裁的组件：

（1）要优先选择系统组件。当然也可以选择超系统组件，但通常不如剪裁系统组件更容易操作。在上面这个例子中，我们优先选择了牙刷柄这个系统组件。

（2）选择有多个缺点的组件，或者剪裁后对系统改善最大的组件。

（3）剪裁掉具有较低价值的组件。可以在剩余组件中很容易地重新分配功能，而无须对工程系统进行重大的变动。

（4）既可以剪裁掉少量不怎么重要的组件，又可以剪裁掉系统的主要组件，但这要看系统的条件和技术的限制。

（5）如果被剪裁组件的功能无法由其他组件承担，则不能剪裁掉该组件。

二、剪裁规则

从上面牙刷的例子中，我们了解到什么是剪裁，以及如何选择被剪裁的组件。但有时候这些组件不一定能够被剪裁掉，因为没有其他组件可以执行原有组件的有用功能。那么，什么样的组件可以被最终剪裁掉呢？在 TRIZ 剪裁工具的实际运用中有三条剪裁规则，假如能满足其中的一条，该组件就可以被剪裁掉。

（一）剪裁规则 A

如果有用功能的作用对象被去掉了，那么功能的载体可以被剪裁掉，如图 9 - 27 所示。

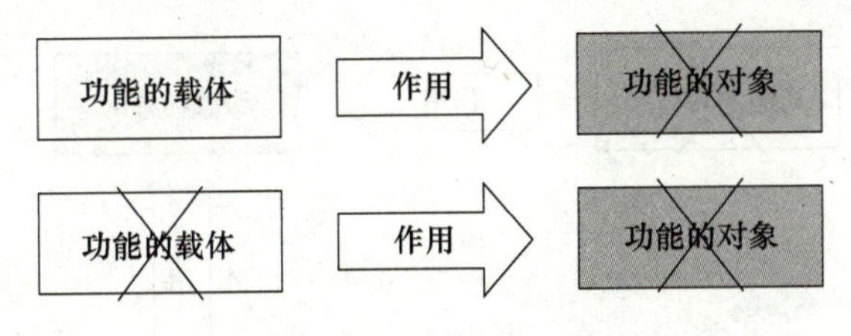

图 9 - 27　剪裁规则 A

比如梳子，功能是整理头发，梳子是功能的载体，功能的作用对象是头发，改变的参数是头发的排列顺序。如果用电推剪刀把头发全推掉，变成光头，那么功能的对象头发就不存在了，作为有用功能载体的梳子也就没有存在的必要。如图 9－28 所示，剪裁规则 A 是最激进的，它同时去掉了功能的对象和功能的载体两个组件。需要说明的是，对于基本功能，剪裁规则 A 不适用。

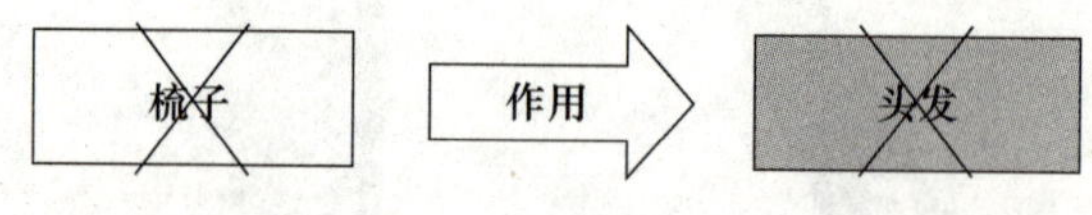

图 9－28　剪裁规则 A 举例

（二）剪裁规则 B

如果有用功能的作用对象自己可以执行这个有用功能，那么功能的载体可以被剪裁掉，如图 9－29 所示。

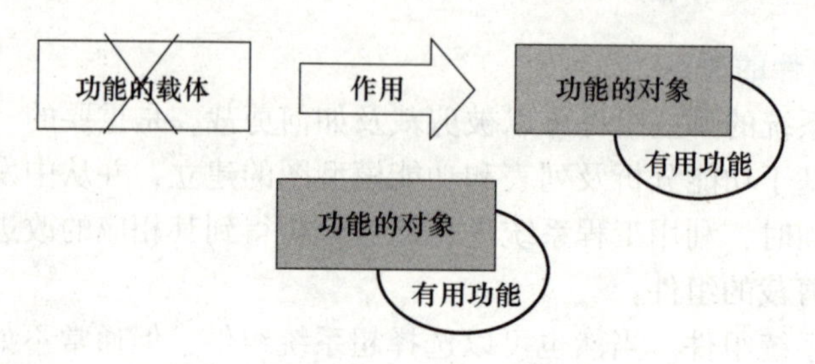

图 9－29　剪裁规则 B

比如剪草机的功能是剪切草。剪草机是功能的载体，草是功能的对象，改变的参数是草的高度。生物学家研究出来一种杂交的草，长到一定高度后就不再生长，会一直保持这个高度，就是说功能的作用对象草，自己能够控制自己的生长高度，那么功能的载体——剪草机就可以被剪裁掉了，如图 9－30 所示。

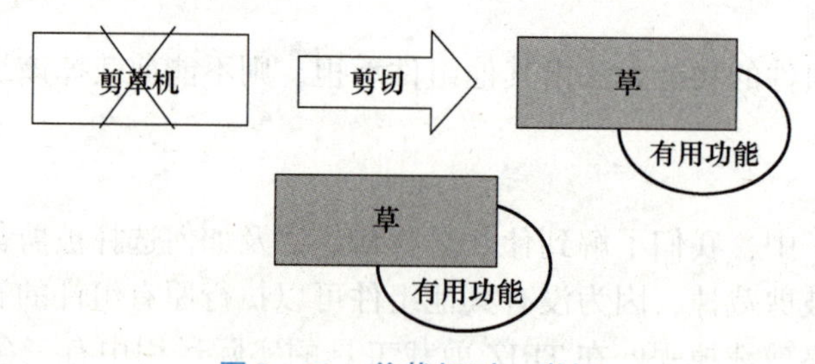

图 9－30　剪裁规则 B 举例

（三）剪裁规则 C

如果能从系统或者超系统中找到另外一个组件替代执行有用功能，那么功能的载体可以被剪裁掉，如图 9－31 所示。

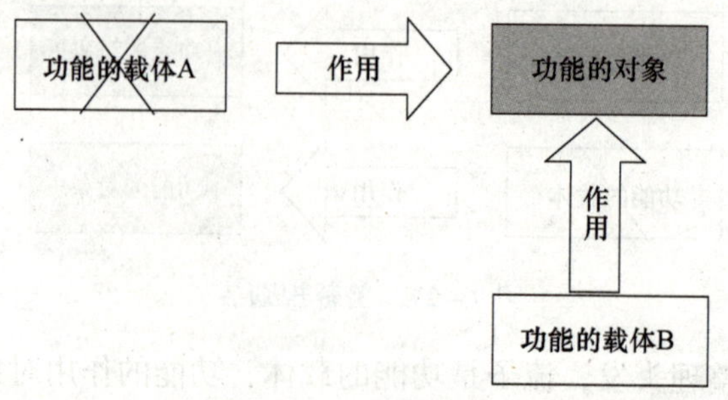

图 9－31　剪裁规则 C

比如，冬天汽车系统中需要用到暖风，如果用空调来制热，这时空调的有用功能是加热空气，但空调制热需要耗费大量的燃油，效率也不高，此时可以利用发动机工作时产生的废热来加热空气，就是用发动机组件来替代空调组件制热。如图 9－32 所示，剪裁规则 C 是三条剪裁规则中最常用的一个。

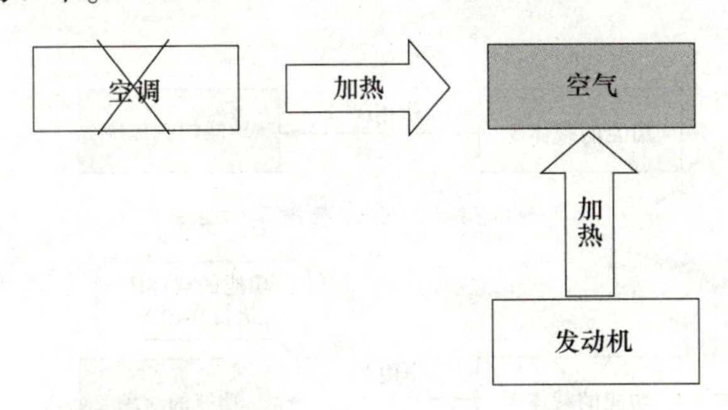

图 9－32 剪裁规则 C 举例

（四）功能的再分配条件

当运用剪裁规则 B 和 C 实施剪裁时，将工程系统中的一个或几个组件剪裁掉，原有组件的有用功能必须在剩余的其他组件中得到分担才行，如果不能得以分担，那么这个组件是不能被剪裁的。如何实施有用功能再分配呢？新的功能载体应该具备什么样的特征呢？根据 TRIZ 创新理论，当其具备下面四个条件之一时，可以将其确定为新的功能载体。

（1）条件一：其中一个组件已经对功能的作用对象执行了相似的功能。如图 9－33 所示，功能的载体 B 的作用类似于功能的载体 A 的作用，并且作用于同一个功能的对象，相似的功能意味着它们对功能的对象的参数变化会产生相似的改变作用。此时可以转移作用 A 到功能的载体 B 上，载体 B 成为功能 A 新的载体。

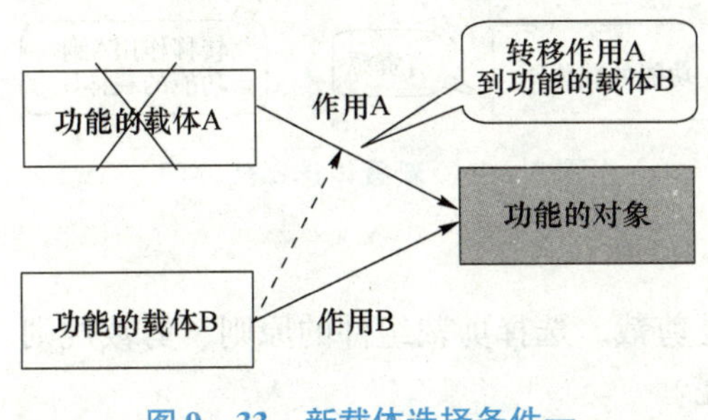

图 9－33 新载体选择条件一

（2）条件二：其中一个组件对另外一个对象执行了类似的功能。如图 9－34 所示，功能的载体 A 与功能的载体 B 分别作用于不同的功能对象，但功能的载体 A 所发出的作用 A 与功能的载体 B 发出的作用 B 类似。也就是说作用 A 与作用 B 基本相同，但对象不同。此时可以转移作用 A 到功能的载体 B 上，载体 B 成为功能 A 新的载体。

（3）条件三：其中一个组件对功能的对象可执行任意功能。如图 9－35 所示，功能的载体 B 与功能的载体 A 所面对的功能的对象相同，但功能的载体 B 仅与功能的对象有相互作用，并没有对其执行任何功能。此时可以考虑用功能的载体 B 来执行作用 A，让载体 B 成为功能 A 新的载体。

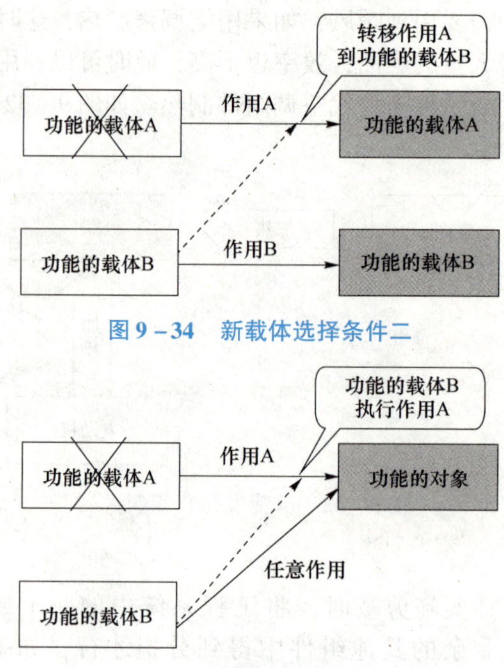

图 9－34 新载体选择条件二

图 9－35 新载体选择条件三

（4）条件四：其中一个组件拥有执行功能 A 所需要的一系列资源。如图 9－36 所示，功能的载体 B 拥有执行功能 A 的资源。此时可以考虑用功能的载体 B 来执行作用 A，从而成为新的载体。

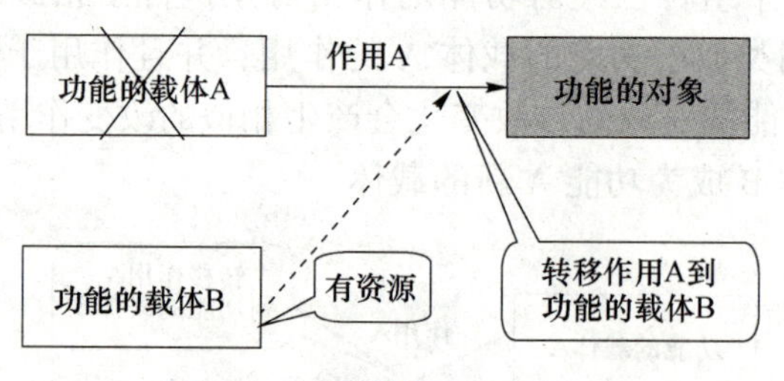

图 9－36 新载体选择条件四

三、剪裁的步骤

前面我们介绍了什么是剪裁、选择剪裁组件的原则、剪裁规则、功能的再分配条件。那么如何一步一步实施剪裁呢？

我们以近视眼镜为例讲解建立剪裁模型的步骤。

我们仍然以近视眼镜技术系统为例来学习剪裁模型建立的步骤。图 9－37 所示为近视眼镜的结构。

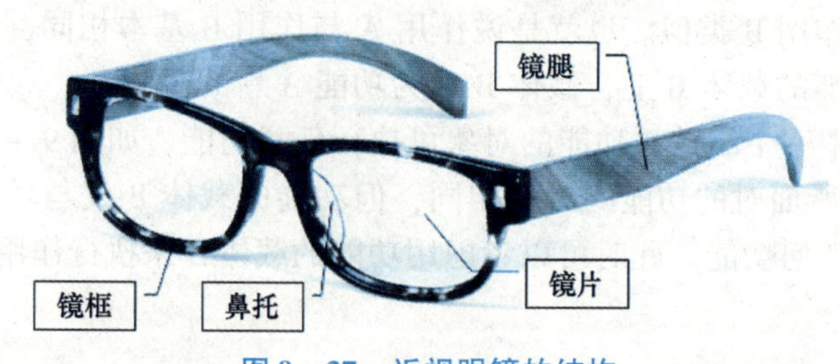

图 9－37 近视眼镜的结构

(1) 首先进行组件分析，区分系统组件和超系统组件，并列表，如表 9－15 所示。

表 9－15　近视眼镜组件分析

技术系统	组件	超系统组件
眼镜	镜腿 镜框 镜片	光线 耳朵 鼻子 眼睛

(2) 相互作用分析，两两识别系统或超系统组件有无相互作用关系，并列表，如表 9－16所示。

表 9－16　近视眼镜相互作用分析

组件	镜腿	镜框	镜片	光线	耳朵	鼻子	眼睛
镜腿		+	－	－	+	－	－
镜框	+		+	－	－	+	－
镜片	－	+		+	－	－	－
光线	－	－	+		－	－	+
耳朵	+	－	－	－		－	－
鼻子	－	+	－	－	－		－
眼睛	－	－	－	+	－	－	

(3) 功能分析列表，将功能的分类、有用功能的分类以及有用功能的等级综合列表分析，如表 9－17 所示。

表 9－17　系统功能分析列表

功能	功能等级	性能水平	总分
	镜腿		
支撑镜框	辅助功能	正常	1
挤压功能	有害功能		
	镜框		
支撑镜片	辅助功能	正常	1
挤压鼻子	有害功能		
	镜片		
改变光线方向	基本功能	不足	3
	光线		
射到眼睛	附加功能	正常	2
	耳朵		
支撑镜腿	辅助功能	正常	1
	鼻子		
支撑镜框	辅助功能	正常	1

对表 9 - 17 进行组件的功能分析，镜腿支撑镜框是辅助功能，性能水平正常，而且分值较低只有 1 分，镜腿挤压耳朵是有害功能；镜框支撑镜片是辅助功能，性能水平正常，分值也是 1 分，镜框挤压鼻子是有害功能。

（4）建立功能模型，图形化功能分析列表，使组件或超系统组件间的相互作用关系更加清晰直观，如图 9 - 38 所示。

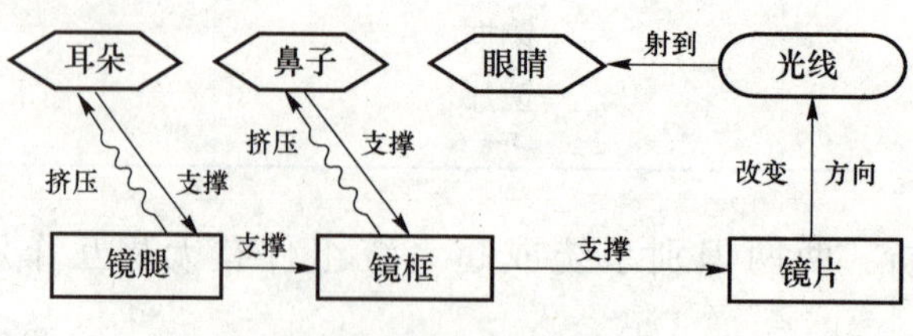

图 9 - 38　功能模型

（5）利用剪裁组件的选择建议，选择系统中需要剪裁的备选组件。

依据剪裁组件的选择条件：要优先选择系统组件；选择有多个缺点的组件；剪裁掉具有较低价值的组件。对照分析，我们将重点分别放在镜腿和镜框，如图 9 - 39 所示。

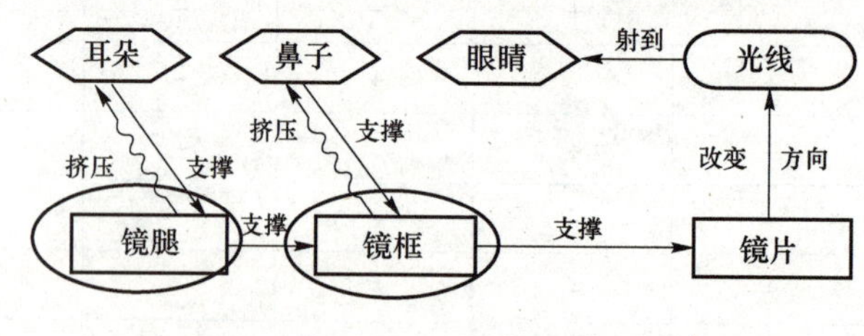

图 9 - 39　备选组件

（6）选择将被剪裁组件的第一个有用功能。

从功能模型中看出，镜腿只有一个有用功能，就是支撑镜框；而镜框也只有一个有用功能，就是支撑镜片。

（7）选择合适的剪裁规则。

我们首先关注“镜腿支撑镜框是辅助功能”。剪裁镜腿适用剪裁规则 C：如果能从系统或者超系统中找到另外一个组件替代执行有用功能，那么功能的载体可以被剪裁掉，如图 9 - 40所示。

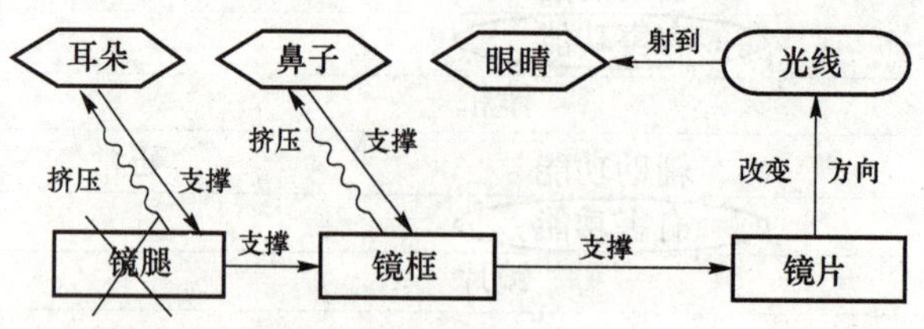

图 9 - 40　剪裁镜腿

（8）运用功能再分配的规则，选择一个新的功能载体。

对照剪裁后功能再分配原则，适合条件二：其中一个组件对另外一个对象执行了类似的功能。剪裁镜腿，支撑功能由镜腿转移到镜框，建立剪裁模型，如图 9 - 41 所示。

（9）重新描述剪裁模型，鼻子支撑镜框，镜框支撑镜片，镜片改变光线的方向，折射到眼睛。

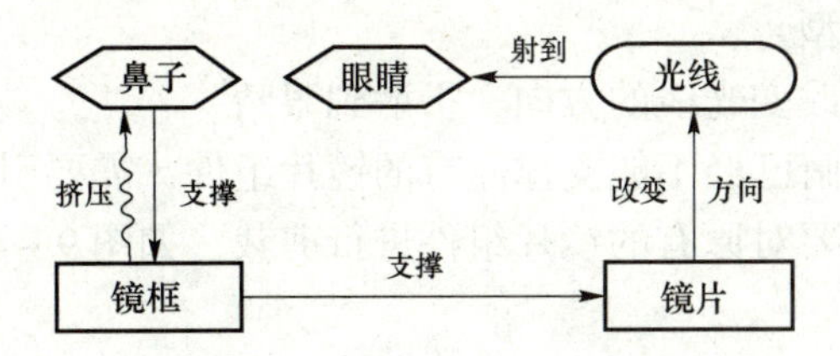

图 9－41　剪裁镜腿后的剪裁模型

(10) 依据剪裁模型寻找解决方案。如图 9－42 所示，剪裁掉镜腿后的无腿近视眼镜系统。

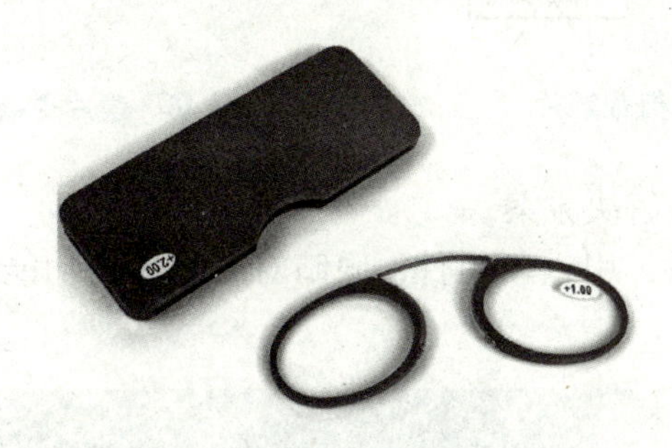

图 9－42　剪裁镜腿后的解决方案

(11) 重复 (4) ~ (10) 步，将所有可能被剪裁的组件尝试一遍。

接下来我们用"镜框支撑镜片是辅助功能"，进行剪裁工具使用方法的进一步演示。

(1) 选择剪裁规则。

剪裁镜框适用剪裁规则 C：如果能从系统或者超系统中找到另外一个组件替代执行有用功能，那么功能的载体可以被剪裁掉，如图 9－43 所示。

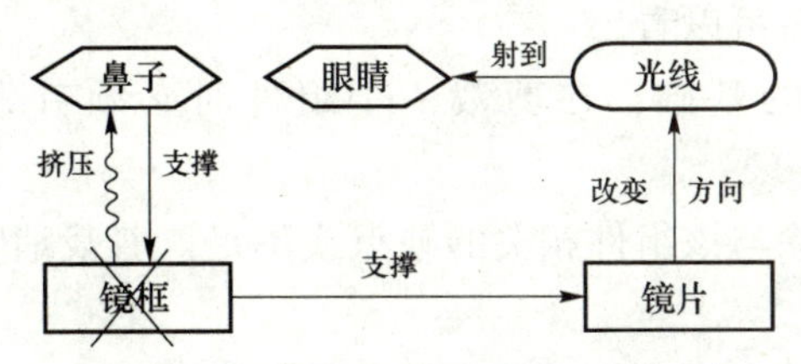

图 9－43　剪裁镜框

(2) 运用功能再分配的规则，选择一个新的功能载体。

对照剪裁后功能再分配原则，适合条件二：其中一个组件对另外一个对象执行了类似的功能。剪裁镜框，镜框支撑功能转移到镜片，建立剪裁模型，如图 9－44 所示。

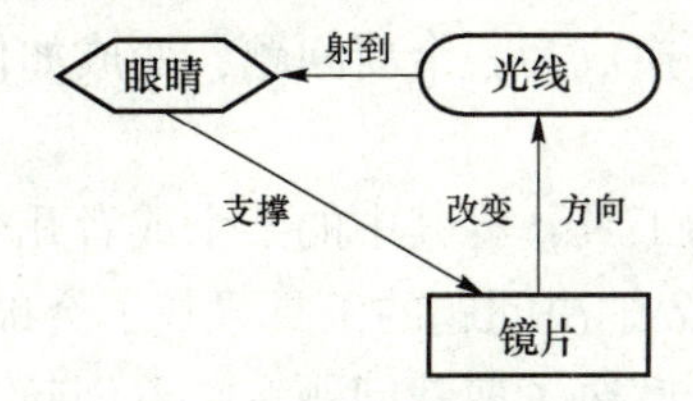

图 9－44　剪裁镜框后的剪裁模型

(3) 重新描述剪裁模型。

眼睛支撑镜片，镜片改变光线的方向，折射到眼睛。

但是，超系统组件眼睛已经不能支撑原有的镜片组件，需要引入一个眼睛能够支撑得住的新组件。所以，这里需要对原有的镜片组件进行剪裁，如图9－45所示。更换新组件，如图9－46所示。

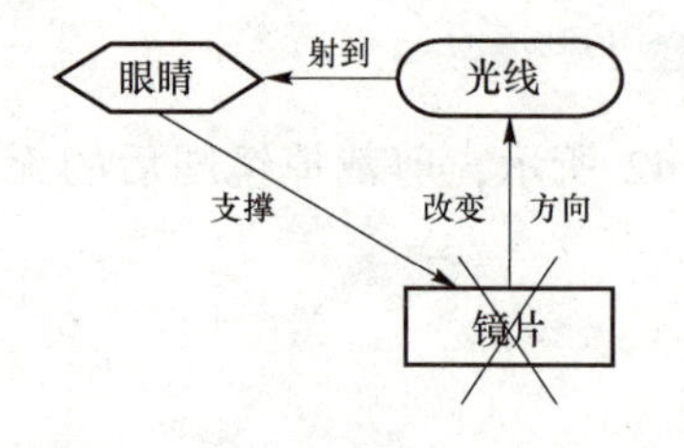

图9－45　剪裁镜片

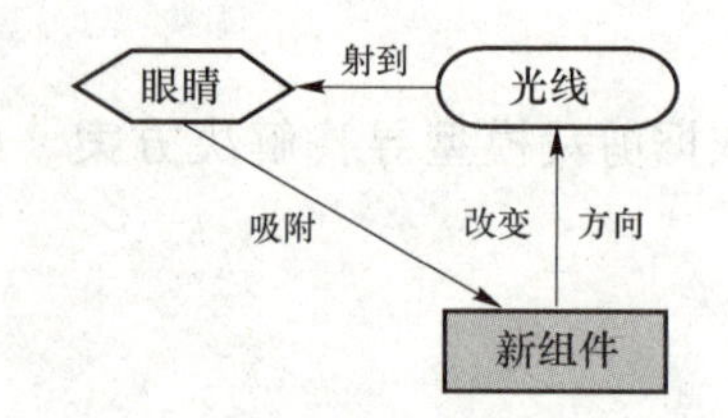

图9－46　镜片更换新组件的剪裁模型

(4) 依据剪裁模型寻找解决方案。

剪裁掉原有镜片组件后，引入新组件，眼睛对新组件的功能变成了吸附，比如隐形眼镜，如图9－47所示。

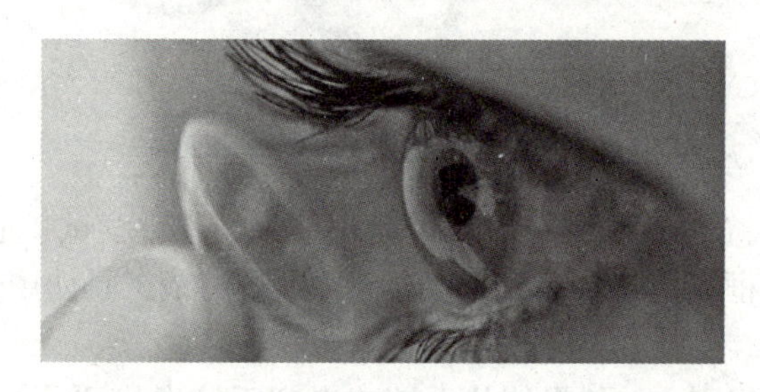

图9－47　引入新组件后的解决方案

通过上面剪裁的案例，可以看出：

(1) 功能分析是剪裁的基础，在剪裁一个组件时必须首先要知道它的有用功能是什么。

(2) 剪裁组件应该去除与该组件相关的缺点或不足，剪裁消除了技术系统的初始缺点，系统更加简化。

(3) 需要将组件所有的有用功能全部重新分配到其他组件后，这个组件才能被剪裁掉。

(4) 选择剪裁不同的组件，会产生不同的剪裁模型。

(5) 剪裁模型是指实施了剪裁之后的功能模型，当系统中的某个组件被剪裁掉后，剩余的这些组件所组成的模型就是剪裁模型。

(6) 剪裁实质上是转换问题。如果解决或者改善一个组件非常困难，则可以尝试将这个组件剪裁掉，使原来的问题被替换成为一个新问题，变成如何让剩余的组件执行原来的有用功能。

(7) 剪裁是一个分析问题的工具，将其中的某个或者几个组件去掉后将产生一系列新的问题，为后续尝试用不同的TRIZ解决问题的工具寻找了突破口。

(8) 剪裁是一种进化趋势。解决了剪裁问题意味着创新，剪裁的程度越大，则创新的水平也越高。

【思考练习 9－4】

(1) 什么是剪裁?
(2) 选择剪裁组件的原则有哪些?
(3) 三条剪裁规则的具体内容是什么?
(4) 功能的再分配条件有哪些?
(5) 简述剪裁的具体步骤。

第五节 矛 盾

一、TRIZ 中的矛盾

阿奇舒勒通过对大量发明专利的研究发现，真正的“发明”往往需要解决隐藏在问题当中的矛盾。这意味着矛盾是发明问题的核心，是否存在矛盾是区分发明问题与普通问题的标志，解决矛盾就成为 TRIZ 最根本的任务。那什么是 TRIZ 中所说的矛盾呢?

比如，为了笔记本电脑可视化效果好，我们希望笔记本电脑的屏幕大一点，但是又带来一个新的问题，那就是携带起来不方便，屏幕大小与携带方便性就是一对矛盾。

又如，我们希望小轿车车身的钢板厚一些，这样在发生碰撞时车身变形小，人会比较安全，但是如果车身的钢板很厚，就会增加车的重量，油耗也会相应增加，车身钢板的厚度与油耗增加就是一对矛盾。

对于这种矛盾问题，常规的解决方案就是折中或者优化。例如将笔记本电脑的屏幕做得不大不小，把车身钢板的厚度做得不厚不薄。研发人员需要在实验中不断尝试，试图找到一个比例最佳的折中方案。而 TRIZ 理论建立了基于消除矛盾的逻辑方法，运用 TRIZ 理论中解决问题的工具能让工程师彻底抛弃折中的企图，将这一对矛盾彻底地解决。让笔记本电脑的屏幕可视化效果更好，同时又具有便携性的优势；让车身具备更高的安全性，同时还具有低油耗的经济性。

二、TRIZ 中的参数

在 TRIZ 理论中，科学合理地刻画和描述矛盾，是解决矛盾的关键步骤之一。面对千千万万个技术系统和其中存在的变化多端的矛盾，每个人的描述方法都不尽相同，而且不同行业可能有行业特定的描述方法。这样就对寻求不同矛盾中的共性，归纳标准化的解法流程造成了困难。

我们知道，参数是指可以进行比较、测量的某个属性，阿奇舒勒通过对大量专利的分析，设想了用规定的“工程参数”去定义问题的状态，来描述纷繁复杂的具体矛盾，使得对矛盾的分类、分析清晰可见。阿奇舒勒对数量众多的工程参数进行了一般化处理，发现所有工程问题都可以使用一系列有限的通用工程参数来描述。最终确定了 39 种能够表达所有技术矛盾的通用工程参数，并按其在技术系统中出现概率的大小，以递减的顺序从 1 至 39 给予它们编码，其中 1 代表出现频繁最高，如表 9－18 所示。

表9－18　39个通用工程参数

序号	参数名称	序号	参数名称
1	运动物体的重量	21	功率
2	静止物体的重量	22	能量损失
3	运动物体的长度	23	物质损失
4	静止物体的长度	24	信息损失
5	运动物体的面积	25	时间损失
6	静止物体的面积	26	物质或事物的数量
7	运动物体的体积	27	可靠性
8	静止物体的体积	28	测试精度
9	速度	29	制造精度
10	力	30	作用于物体的有害因素
11	应力或压力	31	物体产生的有害因素
12	形状	32	可制造性
13	结构的稳定性	33	可操作性
14	强度	34	可维修性
15	运动物体的作用时间	35	适应性及多用性
16	静止物体的作用时间	36	装置的复杂性
17	温度	37	控制与检测的复杂性
18	光照强度	38	自动化程度
19	运动物体消耗的能量	39	生产率
20	静止物体消耗的能量		

解决矛盾问题是TRIZ的核心思维，39个通用工程参数是专门用于定义矛盾问题、描述技术系统所发生问题的参数属性、对具体问题的一般化表达。

三、技术矛盾

（一）技术矛盾

为了理解技术矛盾的概念，我们先来看这样一些问题：如果增大智能手机触摸屏的面积，那么有利于阅读和观看，但是可导致手机耗电量增大；如果增加鞋跟儿的高度，那么可以使身材显得更高更挺拔，但是容易导致走路不稳而摔倒；如果增加旅行水壶的体积，那么可以装更多的热水，但是造成携带不方便；如果喷洒农药，那么可以减少虫害造成的农作物损失，但是农药残留对人畜的健康有损害。在改善技术系统中某一个参数的同时导致另一个参数的恶化，这类情况下的矛盾就是技术矛盾，可以形象地理解为“此消彼长”就是技术矛盾。所谓的改善是指与我们需要的或期望的一致，所谓的恶化是指与期望的相反，或是我们不需要的、不希望的出现了。

一般技术矛盾出现的几种常见情况如下：

(1) 在一个子系统中引入一种有用功能，导致另一个子系统产生一种有害功能。

(2) 消除一种有害功能，导致另一个子系统有用功能减退。

(3) 有用功能的加强或者有害功能的减少，使另外一个子系统变得太复杂。

(二) 技术矛盾的描述方式

在 TRIZ 理论中，用“如果……那么……但是”的形式来描述技术矛盾。例如：在飞机的改进中，如果增加机翼的尺寸，那么会提高飞机向上的升力，但是增加了飞机的重量。技术矛盾的描述方式是：

如果 A ：增加机翼的尺寸；

那么 B ：提高飞机的升力；

但是 C ：增加了飞机的重量。

在改善一个参数的同时导致另一个参数的恶化。为了改善飞机的升力参数，导致了飞机的重量参数恶化。

【案例 9－14】

高跟鞋技术矛盾描述

我们以前面讲到的高跟鞋为例，进行技术矛盾的描述：

如果 A ：增加鞋跟儿的高度；

那么 B ：增高身体的高度；

但是 C ：走路不稳定性增加。(摔跤的概率增加)

(三) 技术矛盾的验证

为了验证某个技术矛盾描述得正确与否，一般还要采用反向描述的方法进行再次描述，只有正向描述和反向描述都成立，才能说明我们所描述的技术矛盾是正确的。否则，说明我们描述得不正确，如表 9－19 和表 9－20 所示。

表 9－19 技术矛盾的正向与反向描述

描述方式	技术矛盾正向描述	技术矛盾反向描述
如果	常规的工程解决方案（A）	常规的工程解决方案（－A）
那么	改善的参数（B）	改善的参数（C）
但是	恶化的参数（C）	恶化的参数（B）

表 9－20 以机翼的技术矛盾为例的正向与反向描述

描述方式	技术矛盾正向描述	技术矛盾反向描述
如果	增加机翼的尺寸（A）	减小机翼的尺寸（－A）
那么	提高飞机的升力（B）	飞机的重量减小（C）
但是	飞机的重量增加（C）	飞机的升力降低（B）

大家可以看出，通过对技术矛盾的描述，我们需要找的并不是折中的解决方案，即机翼的尺寸不大也不小，而是彻底解决这个矛盾，既要满足飞机升力增大，同时又要满足重量不

会增加这两个参数。

（四）找准技术矛盾中的关键问题

技术系统中一个参数的改善往往导致不止一个参数的恶化，那么哪一对参数的此消彼长才是关键问题呢？

关键问题是指起决定性作用的事情、环节或者问题。在TRIZ理论中是指通过功能分析、因果链分析或者剪裁等分析工具所得到的关键问题。技术矛盾描述过程中需要对每一对改善和恶化的参数进行技术矛盾的阐述；为了检验关键技术矛盾定义是否正确，通常将正反两个技术矛盾都写出来，进行对比；在正反两个技术矛盾中，选择与项目目标一致的那个矛盾；然后确定技术矛盾中欲改善和被恶化的参数；将改善和恶化的参数一般化为阿奇舒勒39个通用工程参数中的2个，为下一步利用阿奇舒勒矛盾矩阵确定发明原理做好准备。

四、物理矛盾

（一）物理矛盾

与技术矛盾相对应的另一种矛盾类型是“物理矛盾”。我们先看几个物理矛盾的例子：

（1）我们希望手机的屏幕大一些，这样可以看得更加清楚一些，但我们又希望手机的屏幕小一些，这样携带起来比较方便；我们希望手机的屏幕既要大，又要小，这里只针对一个参数即手机屏幕的尺寸。对于同一个参数有合乎情理的相反的需求就是物理矛盾。

（2）起飞时飞机的机翼应该尽量的大，以便获得更大的升力；飞机在高空高速飞行时机翼应该尽量小，以减少飞行时的阻力。这里只针对机翼的尺寸一个参数；对于机翼尺寸这个参数在不同的时间段里的相反需求，又都是合乎情理的，就是物理矛盾。

（3）钢笔的笔尖在写字的时候应该细一些，以便能够写出笔画较细、干净清晰的字体；同时钢笔的笔尖应该适当的粗一些，以免笔尖锋利将纸划破。这里只针对笔尖的粗细这个参数；对于笔尖粗细这个参数合乎情理的相反的需求就是物理矛盾。

通过上面的实例可以看出，物理矛盾是对技术系统的单一参数提出相互排斥的（相反的或不同的）且都合乎情理的需求。物理矛盾的出现有两种情况：

（1）同一参数，相反要求。如：长与短、重与轻。

（2）同一参数，不同要求。如：灯泡的功率既要是25 W，又要是100 W。

（二）物理矛盾的描述方式

对一个技术系统中的工程问题进行物理矛盾定义时，如同技术矛盾的描述方式，也有固定格式，通常将物理矛盾描述为：

参数__A__需要__B__，因为__C__；

但是参数__A__需要__－B__，因为__D__。

其中，A表示单一参数；B表示正向需求；－B表示相反的负向需求；C表示在正向需求B满足的情况下可以达到的效果；D表示在负向需求－B满足的情况下可以达到的效果。

我们以手机屏幕的尺寸为例，可以将物理矛盾描述为：

手机屏幕尺寸（参数A）需要大（B），因为可以看得清楚（C）；

但是手机屏幕尺寸（参数A）需要小（－B），因为携带方便（D）。

【案例 9-15】

牙刷的物理矛盾描述

为了便于大家理解，我们再以牙刷刷毛的软硬程度为例，进行物理矛盾的描述：

牙刷刷毛硬度（参数 A）需要硬（B），因为除垢效果好（C）；

但是牙刷刷毛硬度（参数 A）需要软（-B），因为不磨损牙齿（D）。

（三）常见的物理矛盾形式

我们常见的物理矛盾形式主要有以下几对，如表 9-21 所示。

表 9-21　常见的物理矛盾形式

类别	常见的物理矛盾
几何类	长与短；大与小；圆与非圆 对称与非对称；锋利与钝 平行与交叉；窄与宽 厚与薄；水平与垂直
材料及能量类	多与少；时间长与短 密度大与小；黏度高与低 导热率高与低；功率大与小 温度高与低；摩擦系数大与小
功能类	喷射与堵塞；运动与静止 推与拉；强与弱 冷与热；软与硬 快与慢；成本高与低

（四）技术矛盾与物理矛盾的关系

（1）技术矛盾是两个参数之间的矛盾，而物理矛盾是单一参数的矛盾，相互矛盾的参数的数量不同。

（2）在很多时候，技术矛盾是更显而易见的矛盾，而物理矛盾是隐藏得更深的、更尖锐的矛盾，是本质矛盾或内在矛盾。

（3）技术矛盾和物理矛盾都是 TRIZ 理论中问题的模型，二者是有相互联系的，物理矛盾可以转化为技术矛盾，同样的，技术矛盾也可以转化为物理矛盾。其实在“如果 A，那么 B，但是 C”技术矛盾的描述中，B 和 C 是一对技术矛盾，而 A 与 -A 就是物理矛盾中同一参数的相反需求，我们可以从中看出隐含了技术矛盾和物理矛盾的转化。

例如：手机屏幕的可视性与耗电量形成一对技术矛盾，然而其背后隐藏着“手机屏幕既要大又要小”这样截然相反的参数要求。通过这种方式，技术矛盾能够转化为物理矛盾，因而物理矛盾才是最本质、最核心的矛盾类型。TRIZ 提供了针对技术矛盾和物理矛盾的分析原则和解决办法，两种矛盾之间不仅可以相互转化，其解决方案之间也存在相互关联性。

【思考练习 9-5】

（1）什么是技术矛盾？

（2）技术矛盾如何描述？

（3）请参照验证机翼技术矛盾描述正确与否的方法，验证高跟鞋的技术矛盾描述是否正确。

（4）什么是物理矛盾？

（5）物理矛盾如何描述？

（6）技术矛盾与物理矛盾的区别是什么？

第六节　理想度与最终理想解

一、理想度的概念

在日常生活中我们会遇到这样的例子：想要购买一台笔记本电脑，在购买之前会在网上查询或咨询专业人士不同品牌笔记本电脑的功能、配置、尺寸、外观、售价、售后等多方面利弊，然后经过对比和询价做出最理想的选择。在这个遴选过程中，我们是用“性价比”的标准来衡量产品的。

我们用类似的思路来理解技术系统的“理想度”概念。技术系统是人类为了实现某种功能而设计、制造出来的，技术系统能够提供一个或多个有用功能的同时，也会附带若干我们不希望出现的、不理想的功能。而且实现技术系统时，比如制造一辆电动平衡车，必然要付出一定的时间、空间、材料、能源等成本。那么这个产品符不符合我们的预期呢？是不是达到了我们理想的要求呢？用一个什么标准来衡量呢？

这就涉及一个理想度的概念，什么是理想度呢？阿奇舒勒是这样描述的：系统中有用功能的总和除以系统有害功能之和加上成本之和的比率。理想度的表达式如下：

技术系统的理想度（Ⅰ）= 系统实现的有用功能之和/（有害功能之和 + 成本之和）。

技术系统的理想度与有用功能之和成正比，与有害功能之和成反比。可以说，创新的过程就是提高系统理想度的过程。理想度越高，产品的竞争能力越强。公式如图 9 – 48 所示。

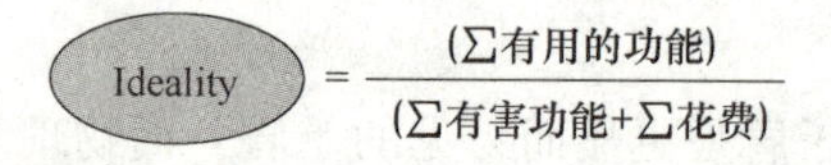

图 9 – 48　技术系统的理想度公式

从图 9 – 48 的公式可以看出，提高理想度可从以下 4 个方向来做努力：

（1）增大分子，减小分母，理想度显著提高。

（2）增大分子，分母不变，理想度也会提高。

（3）分子不变，分母减小，理想度也能提高。

（4）分子、分母都增加，但分子增加的速率高于分母，理想度提高。

阿奇舒勒在专利和产品的进化研究中发现，所有的技术系统都在沿着增加其理想度的方向发展和进化，让技术系统和产品变得越来越满意，越来越接近心中的理想状态，技术系统不断改进的过程，就表现为理想度的不断提升。

以手机为例，如图 9 – 49 所示。其诞生之初被称为“大哥大”，样子像大砖头，零件多、重量大、体积大，制造成本高，信号不稳定，而且也只有打电话的功能。经过 20 多年的改进，如今的手机已经彻底改头换面，通话质量、短信、4G 网络、微信等应用程序、智能终端等有用功能大大增强；手机辐射、零部件发热、重量和尺寸等不理想的功能得到削减，成本降低也使手机得以普及。这些都表明手机系统的理想度得到了大幅提升。

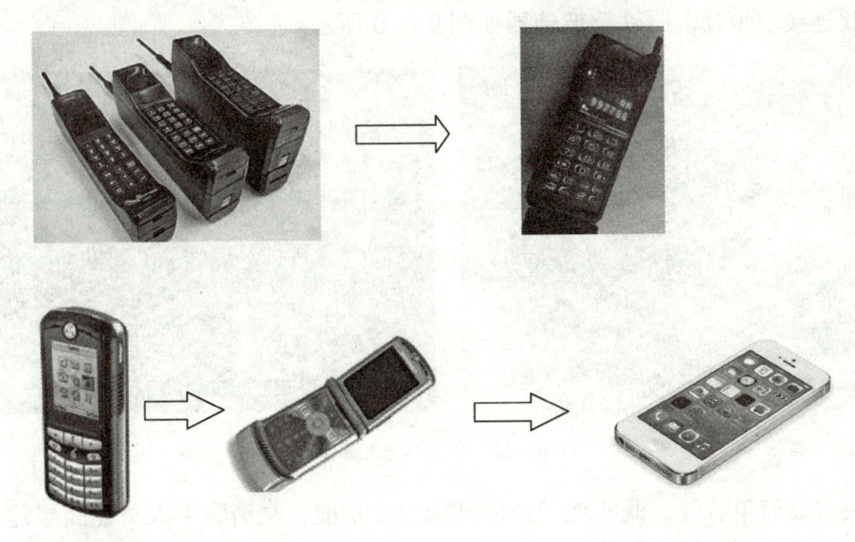

图 9－49　手机的进化

二、最终理想解

（一）最终理想解

最理想的系统是什么样子的呢？根据理想度公式，应该是有害功能之和加上成本之和趋于0，而有用功能之和趋于无穷大。用语言来描述就是指没有物质形态、没有实体，不消耗资源和能量，却能实现所需功能，进而达到“理想化”状态的系统。事实上，我们并不需要系统本身，我们需要的只是功能。那么，我们把能够实现系统理想化状态的方案，或者针对一个特定技术问题的理想化解决方案，称为最终理想解。

理想化状态在现实生活中是不存在的，但是对解决创新问题具有极其重要的意义：

首先，明确最终理想解所在的方向和位置，能够保证在问题解决过程中始终沿着理想化的方向前进，从而避免了狭隘的视野以及盲目无头绪的试探，破除了传统方法中缺乏目标引导的弊端。

其次，理想系统的构建，也能规避因客观条件限制而被迫做出折中妥协的弊端，避免了心理惯性，提高了创新设计的效率。

在达成理想状态的过程中，始终需要以最终理想解为指引，打破刻板思维的束缚，考虑直接解决矛盾而不是向矛盾妥协，这是 TRIZ 理论的核心思想和创举之一。

最终理想解和理想系统是现实世界中永远也无法达到的终极状态。但是，以寻求并定义最终理想解作为解决问题的开端，能够把握技术系统的进化方向，避免就事论事、盲目试错，也为后续使用其他 TRIZ 工具来解决问题奠定了基础。同时，还能够规避思维定式，产生创新的解决方案。

（二）寻求最终理想解的思维方式

我们通过一个实例来理解最终理想解的思维流程。摩天大楼玻璃幕墙外表面的清洗比较困难，需要在大楼外悬吊专业的设备和人员，危险系数大，成本高。为了解决这个问题，工程师们想出了各种解决方案，其中一种是将玻璃清洗工具分为两个部分，清洁人员握持一部分在室内玻璃内侧，另外一部分则在窗外起清洁作用，隔着玻璃的两部分之间通过强力磁铁的吸引力彼此连接、带动。磁铁擦玻璃器如图 9－50 所示。

图 9－50　磁铁擦玻璃器

这个解决方案简单有效，既实现了外墙玻璃清洁功能，又消除了人员在高层建筑外墙清洗的复杂性和危险性。但是，仍然需要大量的人力对玻璃进行擦拭，有没有理想度更高的解决方案？

面对技术系统中的矛盾，寻求其最终理想解是有意识地打破传统思维，激化矛盾，并予以根本性解决矛盾的过程。为了实现这个过程，TRIZ 理论提供了一种科学思维方式，是通过一系列相关问题的回答来探寻最终理想解，流程如下：

（1）精确地描述系统中现存的问题和矛盾。

（2）明确系统所要实现的最根本功能。

（3）思考实现这些功能的理想情况：

①系统自己实现所需功能；

②系统不存在，但所需功能得以实现；

③系统不再需要这种功能。

（4）寻找实现理想情况可用的资源和方法：

①利用系统内部的剩余资源或引入系统外部的“免费”资源；

②去除对于实现根本功能不必要的子系统，从而削减有害作用。

通过上面的最终理想解思维方式的引导，摩天大楼玻璃幕墙外表面的清洗方案的最终理想解应该是突破性的——玻璃能够自主清洁表面，保持洁净，不再需要人为擦拭。

在通过最终理想解明确了自清洁玻璃系统的发展方向之后，根据 TRIZ 科学效应库的指导，自然界的荷叶表面具有超疏水性结构和表层，能够实现良好的出淤泥而不染的自清洁作用。基于此原理，工程师已经开发出表面涂覆二氧化钛薄膜的玻璃。其能够基本实现自清洁功能，相比两块儿强力磁铁的解决方案更接近最终理想解，如图 9－51 所示。

在定义最终理想解的过程中需要遵守一个基本原则：不要预先断言最终理想解能否实现，也不用过度思考采用何种方式才能实现。乍一看上面的方案是不可能的，但是创新的、理想度更高的解决方案往往就存在于我们现有认知范围之外。而且，往往是因为我们想不到用何种方式实现最终理想解，所以就断言它不能实现，这是定义最终理想解的过程中需要打破的传统思维框架。

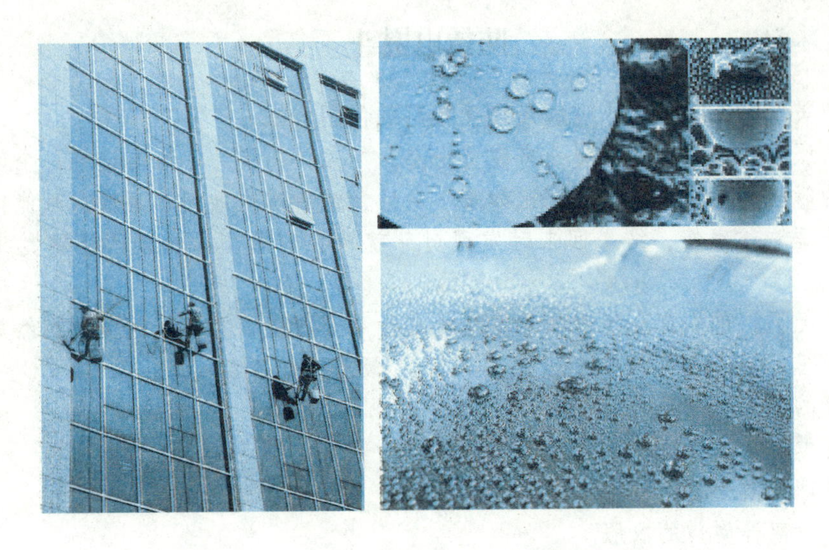

图 9 – 51　摩天大楼玻璃幕墙清洗方式的对比

三、最终理想解的应用

最终理想解的实现可以这样来表述：系统自己能够实现需要的动作，并且同时没有有害作用的参数。在表述最终理想解时希望使用“自己”这个词。通常最终理想解的表述中需要包含以下两个基本点：

(1) 系统自己实现这个功能。

(2) 没有利用额外的资源，并且实现了所需的功能。

在一个技术系统中，一定有某些不理想的、需要改进的元件。确认系统中非理想化状态的元件，并预想最终理想解是问题解决的关键所在。最终理想解的确认和实现可以依照下面提出的 6 个问题，分步回答来逐渐完成：

(1) 设计的最终目的是什么？

(2) 最终理想解是什么？(最终理想状态是什么？)

(3) 达到最终理想解的障碍是什么？

(4) 出现这种障碍的结果是什么？

(5) 不出现这种障碍的条件是什么？

(6) 创造这些条件时可用的资源是什么？

依照上面的“六步法”，将上述问题正确地理解并逐步描述出来，问题的结果也就显现出来。当确定了技术系统或创新产品的最终理想解后，还需检查其是否符合最终理想解的特点，并进行系统优化以确认达到或接近最终理想解为止。最终理想解同时具有以下 4 个特点：

(1) 保持了原系统的优点。

(2) 消除了原系统的不足。

(3) 没有使系统变得更加复杂。

(4) 没有引入新的不足。

因此，设定了最终理想解就设定了技术系统改进的方向。最终理想解是解决问题的最终目标。即使理想的解决方案不能 100% 的获得，但会引导你得到最巧妙和有效的解决方案。

【案例9-16】

防烫电熨斗

我们以防烫电熨斗为例，来理解最终理想解的使用方法。

洗过的衣服起了褶皱需要用熨斗来熨烫平整。但是使用熨斗一直有这样一个问题：假如在你熨衣服的时候突然有事情打扰，比如来了电话，或者有人敲门等事情，可能你会急忙离开熨衣板去处理这些事情，结果回来时发现熨斗就放在衣服上，衣服已经被熨斗烧了一个大洞。

在这种情况下，你一定会想，如果熨斗能自行离开衣服该有多好啊！这显然是熨斗设计的一个最终理想解。依照“六步法”，分作6个步骤来寻找答案：

(1) 设计的最终目的是什么？

衣服不会被熨斗烫坏。

(2) 最终理想解是什么？

熨斗能自行离开熨烫的衣服。

(3) 达到最终理想解的障碍是什么？

熨斗无法自行离开，需要靠人来摆放成站立状态。

(4) 出现这种障碍的结果是什么？

如果有人忘记把熨斗摆放成站立状态，熨斗长时间与衣服接触，衣服被烫坏。

(5) 不出现这种障碍的条件是什么？

有一个支撑力将熨斗从平放状态支撑起来。

(6) 创造无障碍条件可用的资源是什么？

熨斗的自重、形状。

我们可以想象：有什么东西可以自行保持站立状态？小孩子也能马上想到一种最常见的玩具：不倒翁，如图9-52所示。那么不倒翁是如何实现这种神奇的状态的？是不是相同的原理可以应用在熨斗的设计上呢？

图9-52 不倒翁

解决方案：把熨斗的尾部设计成圆柱面或者球面，让重心移到尾部，因此熨斗像不倒翁一样，平时保持自动站立的姿态。使用时轻轻按倒即可；不使用时只要一松手，熨斗就自动站立起来，脱离与衣服的接触，如图9-53所示。这样，可以放心地去做别的事情了。这里解决问题所使用的是一分钱不用花的资源：重力。

图9-53 普通电熨斗与防烫电熨斗对比

【思考练习 9-6】

(1) 什么是理想度?
(2) 什么是最终理想解?
(3) 最终理想解的导引意义有哪些?
(4) TRIZ 理论探寻最终理想解的思考步骤是怎样的?

【体验与训练】

体验与训练指导书

训练名称	铅笔的用途
训练目的	体验与训练学习使用 TRIZ 基本概念和方法
训练所需器材	白板、白板笔、便利贴、铅笔 20 支
训练要求	每个组发 3 支铅笔，在 10 分钟之内，想象出铅笔尽可能多的用途，组内不能重复，并要求将铅笔想象出的用途进行分类，看看都在哪些方面有所扩展
训练步骤（小组商讨后，拟定训练步骤）	
训练结果	完成训练的用时：________，训练结果为：________
体现原理	
训练总结与反思	

【章节练习】

1. TRIZ 问题描述训练

尝试描述近视眼镜（凹透镜）技术系统的基本功能，并掌握简单技术系统的描述方法和语言表述模式，如图 9-54 所示。

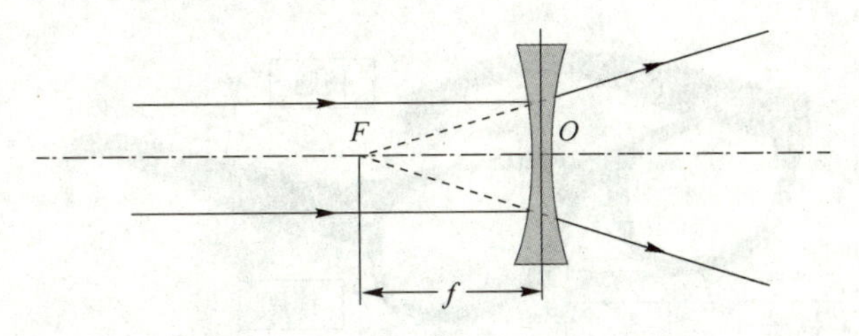

图 9-54　凹透镜折射光线

2. 系统划分训练

以汽车为例，如图 9-55 所示，轿车的主要功能是运输，轿车主要包括：发动机、底盘、车身、电气设备等系统。其中汽车发动机的主要功能是提供驱动力，是由发动机的曲柄连杆、配气机构、起动系统、润滑系统、冷却系统、燃料供给系统、点火系统等两大机构、五大系统组成。汽车又是由驾驶员驾驶行驶在公路上的。请从不同的视角划分一下系统、子系统和超系统。

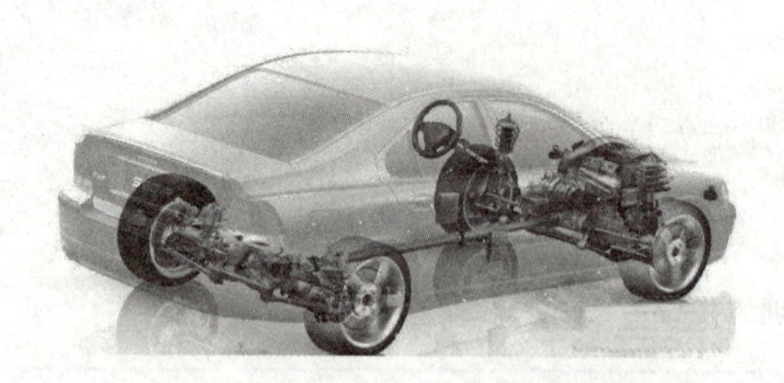

图 9-55 轿车及发动机

3. 功能分析训练

图 9-56 给出了人与椅子场景，其中椅子腿对地面有划伤破坏作用。请进行组件分析、相互作用分析、功能分析及列表和建立功能模型。

图 9-56 人与椅子

4. 剪裁训练

如图 9-57 所示，请按照剪裁步骤，运用剪裁工具，建立剪裁模型，看看可以出现什么样的解决方案？

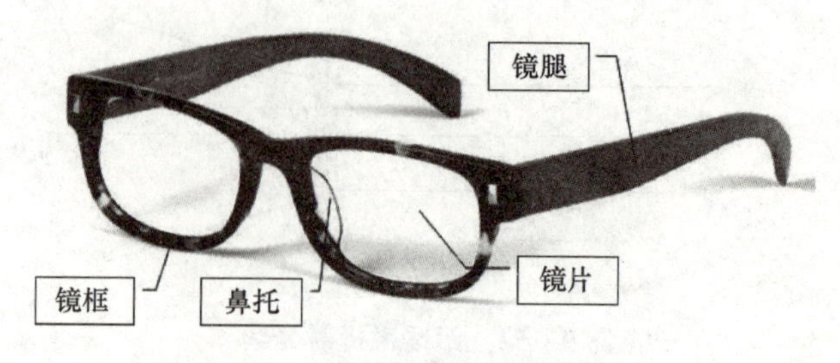

图 9-57 近视眼镜系统

5. 矛盾描述训练

(1) 高跟鞋对女性来讲，能让身体很自然地挺胸抬头，保持好身形，美化走路姿态，从而让女性在社交场合充满自信。但同时会造成开车或者走路不方便，较长距离的步行还会造成脚疼，如图 9－58 所示。请用技术矛盾的描述方法进行描述。

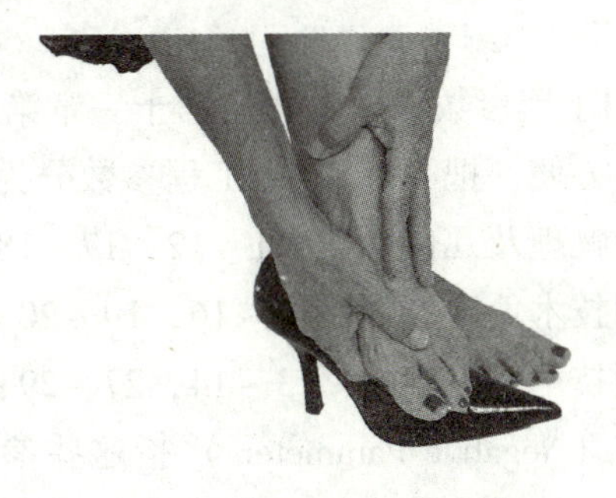

图 9－58 高跟鞋技术矛盾描述

（2）下雨时，我们希望雨伞的伞面要足够大，可以防止下雨淋湿，可是不下雨的时候，我们又希望雨伞越小越好，这样体积减小携带方便，如图 9－59 所示。请用物理矛盾的描述方法进行描述。

图 9－59 雨伞物理矛盾描述

6. 最终理想解分析训练

飞碟射击训练中，运动员以飞碟作为射击目标。然而在训练结束后，被击中的飞碟碎片散落在场地四周非常难以清理，如何清理这些飞碟碎片呢？如图 9－60 所示。尝试用 TRIZ 最终理想解找出解决方案。

图 9－60 飞碟射击训练场

【拓展阅读】

1. 39 个通用工程参数说明

39 个通用工程参数的含义详见第十一章第二节。

为了应用方便，把 39 个通用工程参数分为以下三类：

（1）通用物理及几何参数：1～12，17～18，21。

（2）通用技术负向参数：15～16，19～20，22～26，30～31。

（3）通用技术正向参数：13～14，27～29，32～39。

负向参数（Negative Parameters）指这些参数变大可使系统或子系统的性能变差，如子系统为完成特定的功能所消耗的能量越大，则设计越不合理。

正向参数（Positive Parameters）指这些参数变大可使系统或子系统的性能变好，如子系统的可制造性指标越高，则子系统的制造成本就越低。

2. 推荐图书（图 9－61）

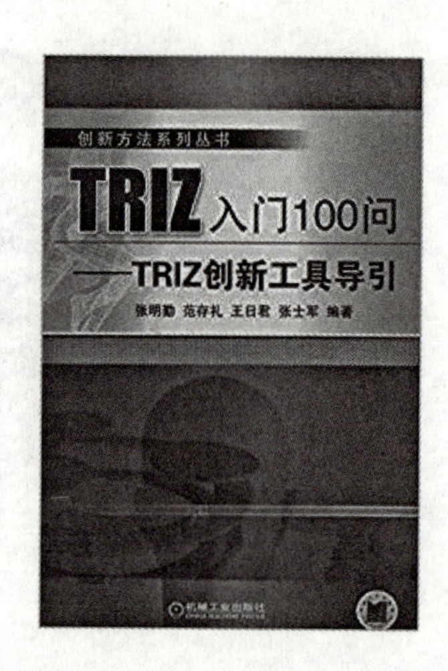

图 9－61　推荐图书的封面

（1）推荐图书 1：《TRIZ 打开创新之门的金钥匙 I》。

A. 推荐指数：4 星。

B. 推荐理由：本书包含国际 TRIZ 协会一级认证所需要的所有内容，包括：绪论、经典 TRIZ 和现代 TRIZ 的对比、功能分析、因果链分析、剪裁、特性传递、功能导向搜索、发明原理、技术矛盾和矛盾矩阵、物理矛盾的解决、物－场模型与标准解系统，以及工程系统进化趋势。本书通俗易懂，案例丰富，分析步骤清晰，可帮助初学者正确理解现代 TRIZ 的基本概念和解决发明问题的一些思考方法与工具。

（2）推荐图书 2：《TRIZ 入门 100 问——TRIZ 创新工具导引》。

A. 推荐指数：4 星。

B. 推荐理由：全书充分反映了 TRIZ 理论的主要内容体系，并结合最新的科技发展成果，补充了大量的 TRIZ 理论创新的实例和图片。

【小结】（图 9－62）

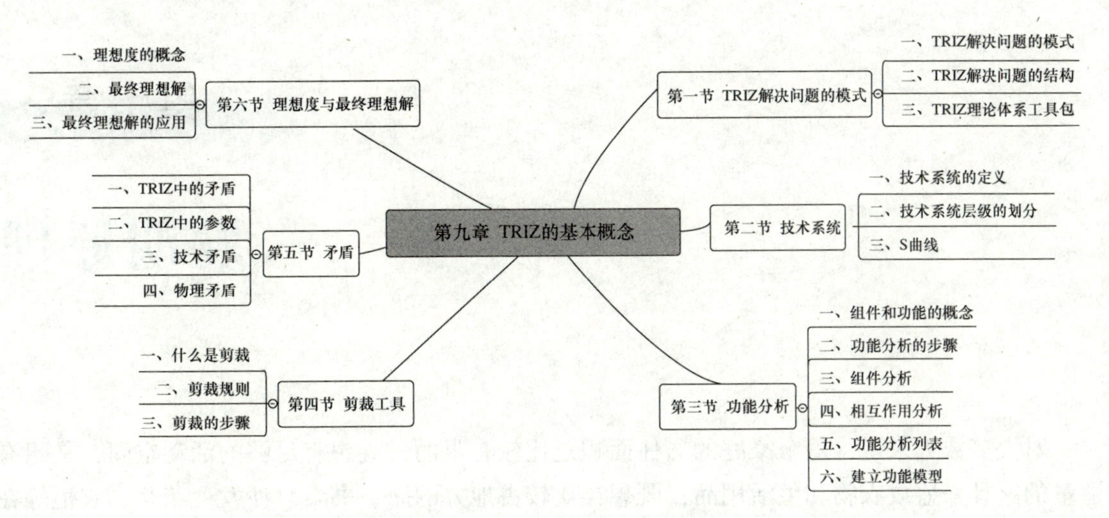

图 9－62 本章内容小结

第十章

发明原理

对大多数人来说，每个家庭的居住面积是比较有限的，既想有足够的活动空间，又想有适量的家具来盛放衣物和生活用品；既想让比较占地方的床、书桌、沙发、茶几、衣柜等在不用时能隐藏起来，又想在需要时能随时出现。那该怎么办呢？

女士拎的手包，既想把钥匙、钱包、银行卡、手机、充电宝、充电线，以及平时补妆用的化妆品都装在包里，又不想这个手包太大，拎着不方便；既想能随时充电，又不想让充电线总是乱糟糟地窝在包里，每次用都得翻整个包。那该怎么办呢？

我们外出携带保温杯，如果保温效果好的话，保温杯里的热水总是烫嘴，不能马上喝到，想喝的话就需要打开盖子凉凉，或者是倒在杯盖里凉凉。那么能不能让保温杯里的水既保温，温度又适合随时喝而不烫嘴呢？

下雨天打雨伞，可是到了车里一收伞，雨水就顺着伞面流到车里和身上，能不能收伞的时候让雨水流到车外面呢？

有没有解决这些问题的系统、快速、高效的科学方法呢？

【案例 10－1】

组合原理

有一个美国画家，他的家境很贫寒，经常是铅笔用到了很短也舍不得扔，橡皮用到了很小也舍不得扔。一天，他在认真画一幅画，沉浸其中。但是当他发现画面上有错误要修改时，却找不到那块小小的橡皮。等他好不容易找到了橡皮，却又不知道那一小截铅笔丢到哪儿去了。为了避免再出现这种麻烦，画家想来想去，用一根线将橡皮头与铅笔连在一起。

图 10－1　带橡皮的铅笔

这种方式被画家的一个朋友看见了，于是又想出更好的办法：用铁皮将橡皮固定在铅笔的顶端，如图 10－1 所示。这种橡皮与铅笔组合在一起的方法，后来被申请了专利。这项专利每年带给画家和他的朋友 50 万美元的专利费。

第一节　发明原理

对于解决这些问题的方法的科学探索，许多卓越的科学家都试图发展创新方法理论，自培根于1620年出版《科学方法论》以来就不曾停止过。先后有笛卡儿出版的《方法论》和《工具论》；J·贝克曼的《发明的历史》；博尔扎诺在《科学教学》提出的优选法，莱布尼茨提出的组合法，歌德提出的形态学等。进入20世纪上半叶又有爱迪生创新实验室；贝尔专利生产线；P·贝伦斯的完全综合法；彼得·恩格尔梅耶的《创造理论》；G·瓦拉斯的准备、孵化、顿悟、检验"四步法"等。20世纪中期出现了目标聚焦法（MFO）、头脑风暴法（BS）、综摄法（SYN）、形态分析法（MMA）、侧面思考法（LT）、神经语言程序学（NLP）。到了20世纪下半叶相继开发的创新理论与方法有：六西格玛（6σ）、全面质量管理（TQM）、质量功能展开（QFD）、精益生产、技术路线图、价值分析、根本原因分析（RCA）、约束理论（TOC）、田口方法、实验设计、风险评估、资源配置决策等。

"但长久以来，发明的进程始终停留在原来的水平。"（迈克尔·A·奥尔洛夫，2002）试错法仍然是基本的思考方法，人们仍然把发明寄托于偶然的顿悟，仿佛"创新能力是上帝给予少数'聪明人'的礼物"。

苏联伟大的科学家、发明家根里奇·阿奇舒勒（G. S. Altshuller，1926—1998年）认为：从以往众多的发明成果中抽取、借鉴解决问题的经验和方法，并转化成明确的"步骤规则"，进一步发展成具有完整"解题模型"的方法学，作为指导解决发明方法的实践理论，更符合逻辑。阿奇舒勒还认为：发明问题的原理一定是客观存在的，如果掌握了这些原理，那么就可将其应用于各个行业中。

【案例10－2】

反作用原理

将需提起的重物和有上升力的物体组合起来。

飞艇，如图10－2所示。

图10－2　飞艇

飞艇是将原本利用机翼与螺旋桨所提供的举升力，换成灌有比空气还要轻的气体机身和机翼，利用气体机身和机翼来为飞机提供提升力，再利用螺旋桨的推力便可使飞机轻松升空。

热气球，如图10－3所示。

图 10－3　热气球

热气球是根据热空气密度比冷空气密度小，相同体积热空气比冷空气轻而产生浮力的原理，把球囊内的空气加热，使其变轻产生浮力，就可以使气球载重升空。

水上脚踏车，如图 10－4 所示。

图 10－4　水上脚踏车

水上脚踏车拥有既大而又空心的塑料质地轮胎，利用水的浮力，使它具有足够的提升力让人和车子浮于水面上。

还有救生衣、游泳圈、孔明灯、浮式船坞等，都使用了相同的反作用原理。

一、发明原理是怎样诞生的

既然生活中和工作中存在着大量“既想这样又不想那样”的矛盾冲突，那么就需要找到一种能普遍适用于解决各类冲突的方法。为此，阿奇舒勒通过对大量专利的研究，发现在解决发明问题的时候，尽管许多问题来自不同的领域和行业，但是解决这些问题的方法是基本相同的。最初他从 20 万份发明专利中筛选出高水平的 4 万份作为研究样本，然后从中抽取、归纳、总结、提炼出最重要、最具有通用性的解决发明问题的基本方法，这些方法可以普遍地适用于新出现的其他发明类问题，帮助人们较快地获得解决这些发明问题的适用原理。1946—1969 年，阿奇舒勒先后共总结、提炼出 40 个用来解决发明问题的方法，我们把 TRIZ 方法论中总结出来的用于解决发明问题常用的 40 个方法，称为 40 个发明原理或 40 个创新原理。

【案例 10－3】

不足或过量作用原理

比如不足或过量作用原理，是指当所期望的效果难以百分之百实现时，则干脆使用“较多一点”或者“较少一点”的做法去简化问题。

在企业产品生产中，要将构造复杂的零件进行着色是比较困难的事，如图 10－5 所示。可以将零件浸渍在颜料槽中，先让零件过度地被着色，随后在离心机上快速旋转以便清除多余的颜料。

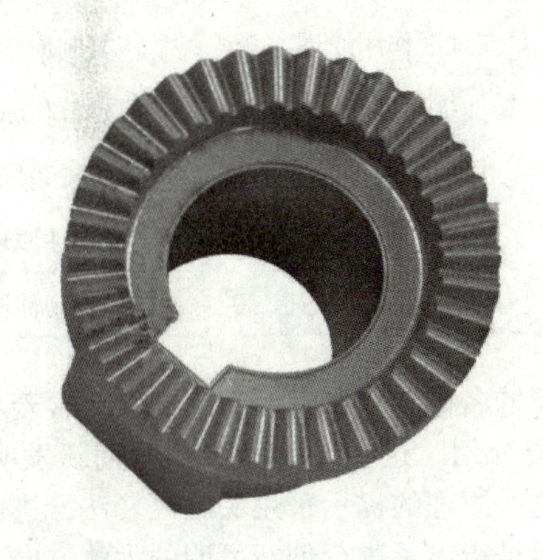

图 10－5　异型零件

同样的原理可以用在傻瓜相机的研发意图上，如图 10－6 所示。

图 10－6　傻瓜相机

傻瓜相机拍照质量与想要达到的理想效果相去甚远，但图的是不用调焦距，也不用管光圈大小，使用方便，拍照质量虽然差一些，但基本上能让人接受。

同样的原理也用在了裤子的裤长上。因无法 100% 适合每一个人的身长，故将裤管放长一些，以利于修剪至消费者适合的长度。

二、发明原理列表

阿奇舒勒提炼出的40个发明原理如表10－1所示。

表10－1 40个发明原理

序号	原理名称	序号	原理名称	序号	原理名称	序号	原理名称
1	分割原理	11	预先防范原理	21	急速作用原理	31	多孔材料原理
2	抽取原理	12	等势原理	22	变害为益原理	32	颜色改变原理
3	局部质量原理	13	反向作用原理	23	反馈原理	33	均质性原理
4	不对称原理	14	曲面化原理	24	中介原理	34	抛弃与再生原理
5	组合原理	15	动态化原理	25	自服务原理	35	参数变化原理
6	多功能性原理	16	不足或过度作用原理	26	复制原理	36	相变原理
7	嵌套原理	17	增加维度原理	27	廉价替代原理	37	热膨胀原理
8	重量补偿原理	18	振动原理	28	替代机械系统原理	38	强氧化原理
9	预先反作用原理	19	周期性原理	29	流动性原理	39	惰性环境原理
10	预先作用原理	20	持续性原理	30	轻薄柔韧性原理	40	复合材料原理

表10－1列出了这些原理的名称，每条发明原理中又包含若干条子原理，子原理将在本章后面的“拓展阅读”中予以介绍。这些原理给了我们创新发明的提示，我们首先需要认识、理解这些原理，并根据这些原理的提示采用头脑风暴法，进而产生方向性和概念性的想法。需要指出的是发明原理只是指出了进行创新发明的大体方向，我们需要运用自己的技术背景、经验，以及自己的判断，来确定最终的具体解决方案。

需要对40个发明原理进行说明的是：

（1）各原理之间不是并列的，是相互融合的。

（2）创新原理体现了系统进化法则。

（3）每条创新原理都包含若干条子原理，各子原理之间层次有高低，前面的概括，后面的具体。

（4）发明原理的“序号”是固定的，不能变动。

三、发明原理的分类

TRIZ发明原理是阿奇舒勒建立在对上百万份专利分析、精心概括和总结基础上的，蕴涵了人类发明创新所遵循的共性原理，是TRIZ中用于解决矛盾或问题的基本方法，是阿奇舒勒最早奠定的TRIZ理论的基础内容。实践证明，这40个发明原理，是行之有效的创新方法。但毕竟内容丰富且数量太大，对初学者来说有一定的学习难度。

为了解决这个问题，阿奇舒勒想了很多办法，1971年他将发明原理按照改善和恶化的参数组成了一一对应的矛盾矩阵，在矛盾矩阵中分成1 482组，每组包括1～4个最常用的发明原理，便于查找使用对应的发明原理；1982年他又进一步提出了解决物理矛盾的空间分离、时间分离、条件分离和系统分离4种分离方法，将发明原理按照所对应的分离方法分成若干组，每组 1～12 个发明原理。这些方法对于发明原理的选择具有很好的指导作用，但是要在短时间内记住并理解每个原理及子原理的具体含义仍然具有难度。

为了更适合东方人的记忆习惯，日本索尼公司的 TRIZ 专家高木芳德于 2012—2014 年提出将 40 个发明原理依据属性的不同，划分成九大类别，称为“九大类别发明原理分类”，如表 10－2 所示。

表 10－2　九大类别发明原理分类

编号	类别	包含原理
第一大类	空间分离	分割原理；抽取原理；局部质量原理；不对称原理
第二大类	时空组合	组合原理；多功能性原理；嵌套原理；重量补偿原理
第三大类	预先安排	预先反作用原理；预先作用原理；预先防范原理；等势原理
第四大类	稳态逆变	反向作用原理；曲面化原理；动态化原理；不足或过度作用原理
第五大类	高效化	增加维度原理；振动原理；周期性原理；持续性原理
第六大类	无害化	急速作用原理；变害为益原理；反馈原理；中介原理
第七大类	省力化	自服务原理；复制原理；廉价替代原理；替代机械系统原理
第八大类	材料改变	流动性原理；轻薄柔韧性原理；多孔材料原理；颜色改变原理；均质性原理；复合材料原理
第九大类	属性改变	抛弃与再生原理；参数变化原理；相变原理；热膨胀原理；强氧化原理；惰性环境原理

为了便于记忆，按照划分九大类别时所依据的不同标准，又将其归类为三个组，同时将九大类原理进一步符号化，简化为九个字：分、合、预、效、益、省、逆、材、性。其中，第一组以时间或空间变换为依据，包括第一大类空间分离、第二大类时空组合和第三大类预先安排，简称“分、合、预”。第二组考虑创新所要实现的目标，包括第五大类高效化、第六大类无害化和第七大类省力化，简称“效、益、省”。第三组着眼于系统的状态、材料或属性，包括第四大类稳态逆变、第八大类材料改变和第九大类属性改变，简称“逆、材、性”。

为了进一步帮助大家理解和简化记忆，笔者将这九大类发明原理按其含义、划分标准及简称绘制成表 10－3。

表 10－3　九大类别发明原理的划分标准、分组及其简称

组别	划分标准	类别	简称
一	时空	空间分离	分
		时空组合	合
		预先安排	预
二	目标	高效化	效
		无害化	益
		省力化	省

续表

组别	划分标准	类别	简称
三	材料	稳态逆变	逆
		材料改变	材
		属性改变	性

高木芳德的九大类别划分是基于功能的分类方法，实质是着眼于发明原理所实现的一般功能。无论是空间分离、时空组合、预先安排，还是高效化、无害化、省力化，或是稳态逆变、材料改变、属性改变，都是为了实现某种功能。

四、发明原理解决问题的方式

常见的使用发明原理的方法有两类。第一类是建立在对 40 个发明原理谙熟于心、融会贯通基础上的“浏览法”。一般是在面对较模糊的问题、矛盾不明显的问题或在问题分析的初始阶段，根据对问题的理解直接凭感觉“对号入座”，用“浏览法”选用发明原理，看看哪个更合适。这种方式由于不必查找矛盾矩阵，可以随时随地凭借经验实施，但此法选用发明原理的针对性和准确性较差，是一种 TRIZ“试错法”。

第二类是最有价值的解决方式，也是运用 TRIZ 发明原理解决问题的主要方式。采用矛盾分析法对问题进行解剖和分析，当矛盾比较清晰、冲突比较明显时，明确该矛盾是技术矛盾还是物理矛盾。对于技术矛盾，先用 39 个通用工程参数进行矛盾描述，即转化为 TRIZ 的标准矛盾模型，然后到矛盾矩阵中查找相应的发明原理来解决，发明原理即问题的标准解法；对于物理矛盾，有三种方法，即分离原理、满足矛盾需求和绕过矛盾需求。一般直接采用分离原理求解，然后用不同分离原理所指向的发明原理求标准解。选到合适的发明原理后，仍然需要结合具体问题的领域经验与专业知识进行解决措施的创新性思考，才能得到具体的解决方案。利用发明原理解决问题的方式如图 10－7 所示。

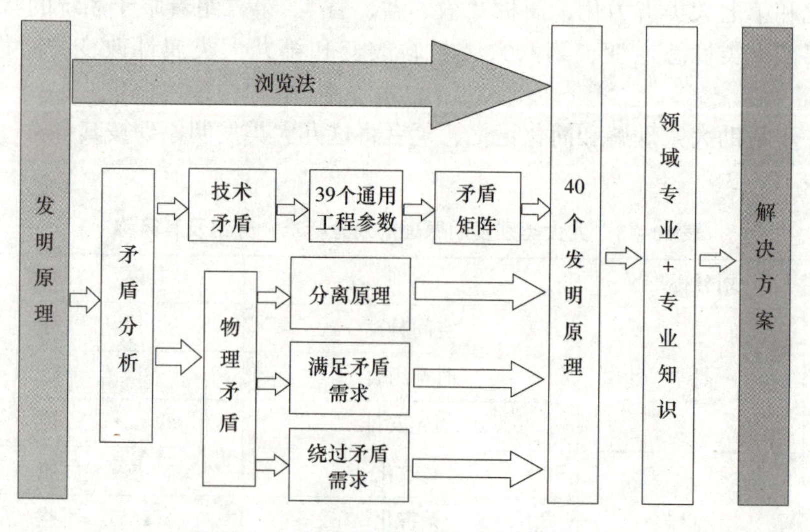

图 10－7　利用发明原理解决问题的方式

【思考练习 10 -1】

（1）什么是发明原理？

（2）创新原理分为几大类？每类的符号化简称是什么？

（3）怎样用创新方法记忆 40 个发明原理？

（4）画图并用你自己的语言，结合实例描述“运用 TRIZ 发明原理解决问题的方式”。

第二节　发明原理的实例与内涵

有了以上的分组和分类，我们就可以根据所要解决问题的属性，快速选择可能适用的发明原理了。下面从九大类发明原理中分别选取 1 个发明原理，通过其在案例中的体现，便于大家理解发明原理的使用。要了解其他发明原理及其子原理，可以阅读本章的“拓展阅读”。

另外，需要说明的是在发明原理的子原理中出现所指的“对象”一词，它不仅表示具体的、有形的“物”，如物体或产品，而且也表示抽象的、无形的“事”，如组织方式、行为方式、流程等。当发明原理应用到“物”上时，就表示具体的、实物形式上的改变；当应用到“事”上时，就表示抽象的、概念上的改变。

我们首先介绍第一类空间分离类别中的“分割原理”，然后分别介绍第二类时空组合中的“嵌套原理”、第三类预先安排中的“预先作用原理”、第四类稳态逆变中的“反向作用原理”、第五类高效化中的“增加维度原理”、第六类无害化中的“中介原理”、第七类省力化中的“廉价替代原理”、第八类材料改变中的“复合材料原理”、第九类属性改变中的“热膨胀原理”，以期通过这些发明原理的使用启发，引导大家思考使用更多的发明原理解决实际问题。

一、分割原理

分割原理是指以虚拟方式或实物方式将一个系统分成若干部分，以便分解或合并成一种有益或有害的系统属性，也称为切割法。其包括 3 个子原理，我们以案例形式进行讲解。

（一）把物体分割成多个独立的部分

将一个大物体或者产品，分割成许多小单位的集合体。

【案例 10 -4】　**红绿灯由灯泡分割成灯组**

将红绿灯分割成由多个小灯泡组成的灯组，一个小灯泡坏了其他的小灯还能亮，不至于一个坏了就影响交通，而且便于更换，如图 10 -8 所示。

（二）把一个物体分成容易组装或拆卸的部分

将一个物体拆分成可组合的几个部分，方便搬运，方便组合，适用于不同的空间需求。

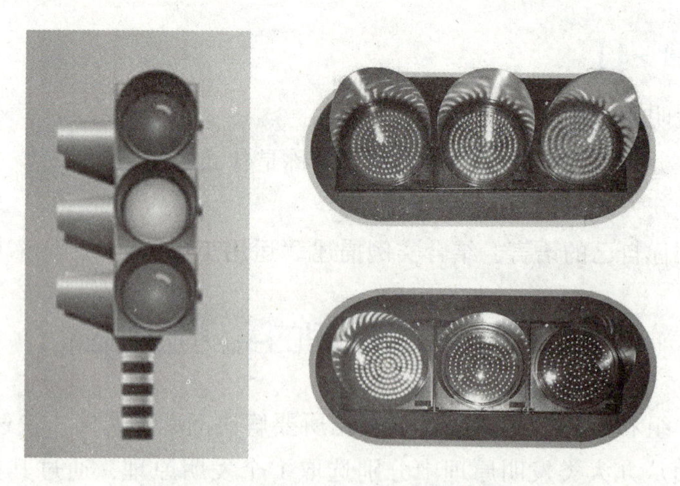

图 10-8 单灯泡红绿灯与灯组红绿灯

【案例 10-5】

组合式家具

组合式家具，可以将书柜、书桌、座椅、床铺等功能组合在一起，既能符合空间的限制，又能满足各种使用需要，同时可以变换不同的陈列效果，如图 10-9 所示。

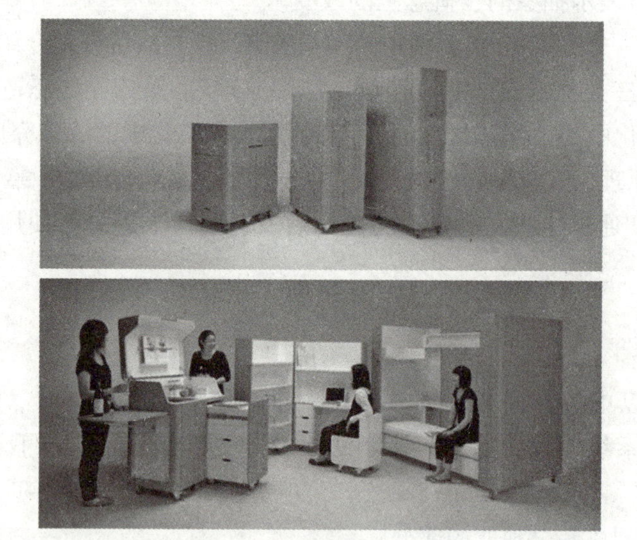

图 10-9 隐藏式组合家具

（三）增加物体可分割的程度

如果产品已经采用了分割的原则，那么就再把它分割成更小或更细的单元。

【案例 10-6】

百叶窗

将两块布做成的窗帘分解成多个小片叶片组成的百叶窗，随着分解程度的增加，可以自由调节采光区域，使用也更加便利，如图 10-10 所示。

图 10－10　百叶窗

二、嵌套原理

嵌套原理是指利用方法将一个物体放入另一个物体的内部，或让一个对象通过另一个对象的空腔，即彼此吻合、彼此组合、内部配合而实现嵌套，也称为套叠法。其包括 3 个子原理，结合案例讲解如下。

（一）把一个物体嵌入另一个物体，然后将这两个物体再嵌入第三个物体，依此类推

利用嵌套的方式，将产品设计成一个物体套在另一个物体的外面，每个物体都具有不同的功能，彼此同时容纳在一个“外壳”里面。

【案例 10－7】　**俄罗斯套娃**

俄罗斯套娃就是采用嵌套原理将一个个带图案且空心的木娃娃套在一起，最多可达十多个，通常为圆柱形，底部平坦可以直立，如图 10－11 所示。

图 10－11　俄罗斯套娃

（二）让一个物体穿过另一个物体的空腔

把产品设计成具有能容纳自身部件的凹槽或孔洞等空间，在需要时伸出来，不需要时收回去，不受限制于折叠或者弯曲。

【案例 10-8】

卷尺

把铁质直尺设计成可以卷曲的卷尺，将卷尺容纳在包裹卷尺的外壳中，在需要时才伸出，不需要时收缩回去，这即节省了空间，又保护了尺面，如图 10-12 所示。

图 10-12　卷尺

三、预先作用原理

预先作用原理是指另一事件发生前，预先执行该作用的全部或一部分，也称为预操作原理。其包括 2 个子原理，结合案讲解如下。

(一) 预先对物体全部或部分施加必要的改变

预先部分或全部导入有用的作用到物体或系统中，事前就部分或全部完成。

【案例 10-9】

黏性便签

预先在每一张黏性便签纸的背面粘附上可重复使用的胶条，需要使用时，直接撕下粘贴在需要的地方，不需要消费者自己涂抹胶水，所以使用起来很方便，如图 10-13 所示。

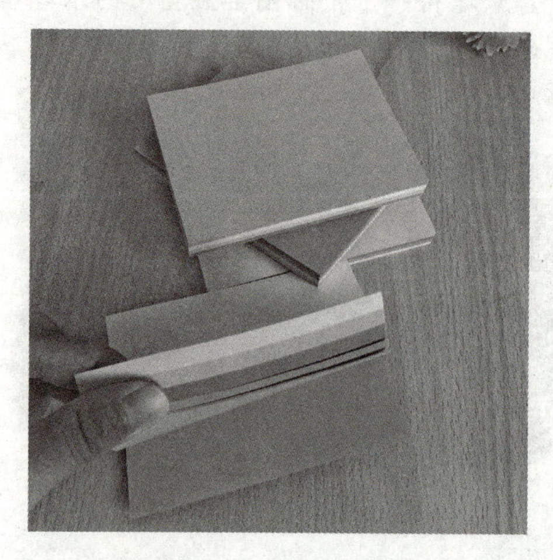

图 10-13　黏性便签

(二) 预先安置物体或系统，以致能在最方便的时间与位置使其发挥作用

预先将在以后运作过程中所需的物体设置在适当的位置，以便其在将来得到使用时，可以立即发挥作用。

【案例 10－10】

倒车雷达

预先在车尾驾驶员视野盲区安装倒车雷达，倒车至极限距离时，能发出急促的警告声从提醒驾驶员注意周围障碍物的情况，并及时采取制动措施，如图 10－14 所示。

图 10－14　倒车雷达

四、反向作用原理

施加一种反向或相反的作用，使前后、内外翻转或上下颠倒，也称反向功能或逆向运作原理。其包括 3 个子原理，结合案例讲解如下。

（一）改用相反的动作替代原来的动作

【案例 10－11】

跑步机

在路上跑步的时候是路不动，人在动。跑步机是利用了路与人的反向作用关系，路在向后走，人在原地跑，可以让我们在斗室之内跑马拉松，如图 10－15 所示。

图 10－15　跑步机

（二）使活动的物体或环境固定，原来固定的部分活动

【案例 10－12】

自动扶梯

楼梯是很古老的东西，数千年从来没有人打算改造它，直到 19 世纪末一位美国人突发奇想，为什么都是人在固定不动的楼梯上攀爬呢？换一个思路，让楼梯动，人不动行不行？其实技术上已经没有任何障碍，只是从来没有人这样想过。想到做到，于是世界上从此诞生了自动扶梯这一新事物，如图 10－16 所示。

图 10－16 自动扶梯

（三）将物体、系统或程序反转。

【案例 10－13】

酒心巧克力的制作方法

你知道酒心巧克力是怎样做成的吗？较早以前的制作工艺是将液态巧克力浇铸成中空的瓶形，冷却后灌上酒，然后继续加热其上部封住瓶口，挤压使其光滑地衔接。可是酒心巧克力的模具昂贵，灌装和封口工艺烦琐，有没有简便的方法呢？答案就是将酒冰冻，放在巧克力铸模上，用巧克力浇铸，酒在热巧克力内融化，巧克力沿着冰冻酒的表面冷却。可谓一举两得，既节省了工艺，又提高了效率，如图 10－17 所示。

图 10－17 酒心巧克力

五、增加维度原理

增加维度原理是指改变系统的方位，使其从水平变成垂直、水平变成对角线或垂直变成水平等，也称为多维原理。其包括5个子原理，结合案例讲解如下。

（一）将一维的运动物体转变成二维的运动物体，或将二维的运动物体转变成三维的运动物体

让原本单一线的方向上的作用，改变成整个平面都同时能发挥作用，进一步变成整个立体空间都能参与作用。

【案例10－14】

莫比乌斯环的应用

纸条有两个面，把它的两头圈回来粘在一起，它就有了一个相对独立的内面和外面。如果先将这个纸条的一端扭转180°，再将两端粘在一起，内外两个面就形成一个连续的面了，不再是分开的两个面了，这就是莫比乌斯环。

莫比乌斯环的应用非常广泛，比如机器上用的皮带圈，它的工作面增加了一倍，所以它的使用寿命也增加了一倍；娱乐场上的过山车跑道采用的就是莫比乌斯环原理，它不仅使游戏惊险刺激，还使过山车轨道的寿命得以延长，如图10－18所示。

图10－18　莫比乌斯环与过山车

（二）使用多层的结构代替单层排列的结构

将产品设计成可以一层一层叠加上去的状态，如高层楼房、多层车位、多层货架仓库等。

【案例10－15】

多层刀片的刮胡刀

多层刀片的刮胡刀比单层刀片的刮胡刀刮胡效果好，而且更耐用，如图10－19所示。

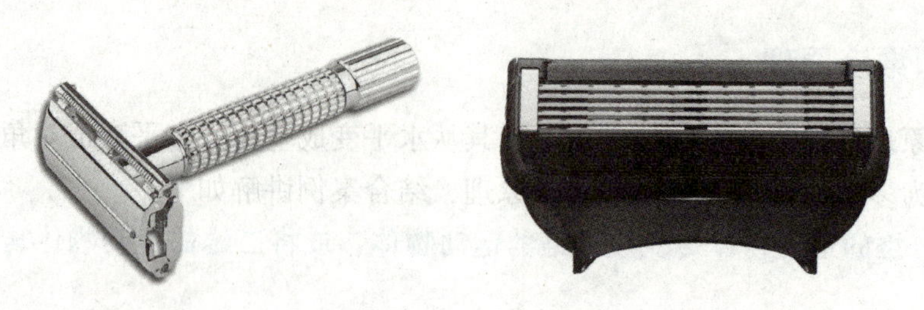

图 10－19 单层与多层刀片的刮胡刀

（三）倾斜物体或侧向放置

【案例 10－16】

翻斗车

普通卡车在运输砂石卸车时需要人工往下铲，费时费工。翻斗车运货时车体后部的翻斗是水平的，在卸货时将翻斗用液压装置支撑到倾斜的状态，货物即顺利地顺势卸车，如图 10－20 所示。

图 10－20 翻斗车

（四）使用物体的反面

【案例 10－17】

双面穿的夹克

利用物体的背面，或者发挥产品本身材质与形状的另一面的特性，如图 10－21 所示。

图 10－21 双面穿的夹克

（五）利用投射到邻近区域或物体背面的光线

传说古希腊阿基里德让全城妇女老幼手持镜子，排列成一个扇形，利用抛物镜面的聚光作用，把阳光聚集到入侵的罗马战船上，将罗马舰队的帆点燃，从而挫败了罗马舰队的进攻。

【案例 10－18】

手术无影灯

手术无影灯，其多角度灯光与灯背面的多边反射器相结合，使得灯下没有任何的阴影，满足手术无阴影照明的要求，如图 10－22 所示。

图 10－22　手术无影灯

六、中介原理

面对有害的功能或情况时，在中间设置可轻松去除的中介物，利用中介物与有害物临时建立的链接实现预计的功能。其包括 2 个子原理，结合案例讲解如下。

（一）使用中介物实现所需动作

利用一个中介物来转移或实现所需动作。

【案例 10－19】

吉他的拨片

弹吉他时手指借助拨片这个中介物，不伤手指，扫弦的声音更有层次感，听上去更加干净明亮，如图 10－23 所示。

图 10－23　吉他拨片

（二）把一个物体与另一个容易去除的物体暂时结合在一起

【案例 10－20】　　**肠溶胶囊**

为保证药效，有的药物必须在肠中溶解，制成肠溶胶囊剂后，胶囊不能在胃中被分解，从而保证药物效力不被破坏，如图 10－24 所示。

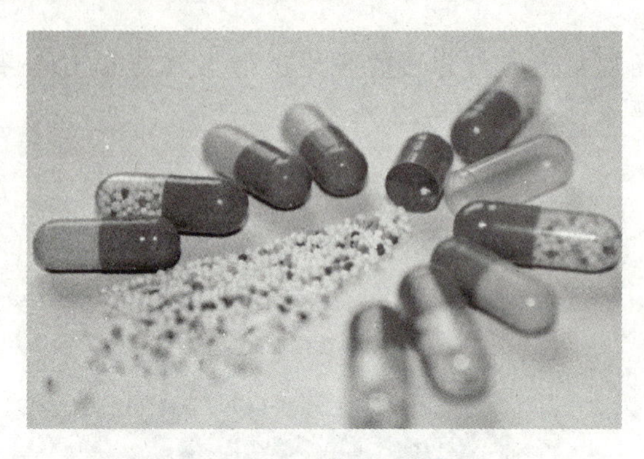

图 10－24　肠溶胶囊

七、廉价替代原理

在产品整体性能满足需要的前提下，使用廉价的、较简单的或较易处理的物品替代昂贵的物质，以便降低成本。同时可以在某些性能上稍微做些让步和牺牲，降低对某些性能的要求，也称为廉价替代原理。例如一次性纸杯、一次性纸尿布和一次性输液器械等。结合案例讲解如下。

【案例 10－21】　　**抛弃式马桶刷**

抛弃式马桶刷头上蓝色的清洁剂遇水后会自动散开，刷完马桶后清洁剂颜色变淡接近白色，此时只要将手柄上的按钮往前推，刷头即可直接冲入马桶而不会堵塞马桶，使用既卫生又方便，如图 10－25 所示。

图 10－25　抛弃式马桶刷

【案例 10－22】

一次性马桶套

公共卫生间使用的坐式马桶垫每次使用前不方便清洁，使用一次性马桶套，用完直接放入马桶冲走即可，使用既方便又卫生，如图 10－26 所示。

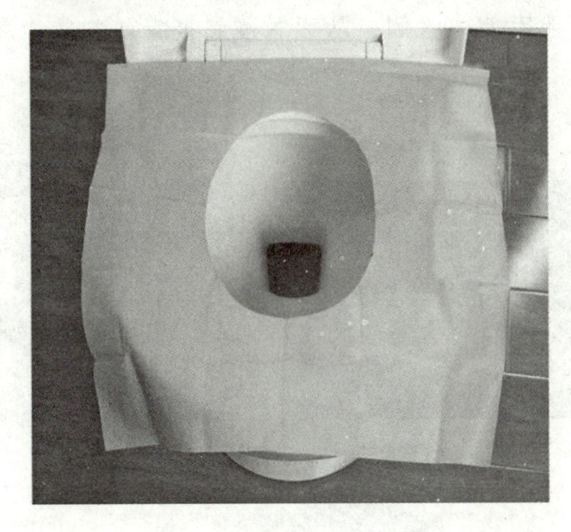

图 10－26 一次性马桶套

八、热膨胀原理

热膨胀原理是指利用物体或对象的受热膨胀原理，将热能转换为机械能或机械作用，从而实现某种功能。其包括 2 个子原理，结合案例讲解如下。

（一）利用材料的热膨胀或冷收缩的特性

在温度变化的环境下，利用材料或对象的热胀冷缩的性质来实现有效功能，或是完成某一项操作过程。

【案例 10－23】

温度计

密封在温度计里的乙醚，当外部环境温度升高时，乙醚膨胀带动指针上升；当外部环境温度下降时，乙醚受冷收缩，带动指针下降，如图 10－27 所示。

图 10－27 温度计

(二) 组合使用几种不同热膨胀系数的材料

【案例 10－24】

温控开关与火灾报警器

将两种不同热膨胀系数的金属材料黏合在一起组合使用，当温度变化时，双金属片受热膨胀会发生程度不同的弯曲而倒向一侧，从而触碰到报警开关，如图 10－28 所示。

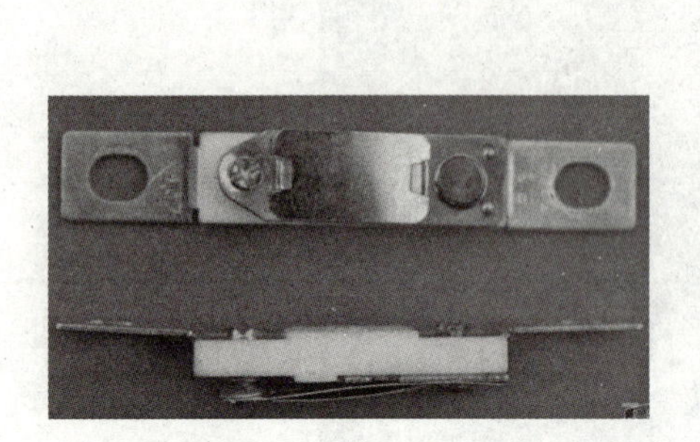

图 10－28 温控开关与火灾报警器

九、复合材料原理

复合材料原理是指在原本单一的材料中混合加入另一种或多种不同的材料，使物体由单一材料转换成复合材料，以此来增强产品的某种特性。其通常描述为用复合材料代替均质材料。结合案例讲解如下。

【案例 10－25】

汽车挡风玻璃

汽车挡风玻璃是由外层玻璃、塑料薄膜层、粘胶层与内层玻璃复合而成，不仅可以防止意外破碎后伤害乘客，而且可以更好地起到隔音效果，如图 10－29 所示。

图 10－29 汽车挡风玻璃

【案例 10－26】

防盗井盖

曾经铸铁井盖成为犯罪分子盗窃的对象，井盖被盗后，不仅威胁到车辆和行人的出行安全，而且对地下管线的安全运行造成隐患。采用树脂等复合材料经高温高压压制成型的井盖，不仅强度高、重量轻、耐腐蚀，而且没有回收价值，从而彻底解决了防盗问题，如图 10－30所示。

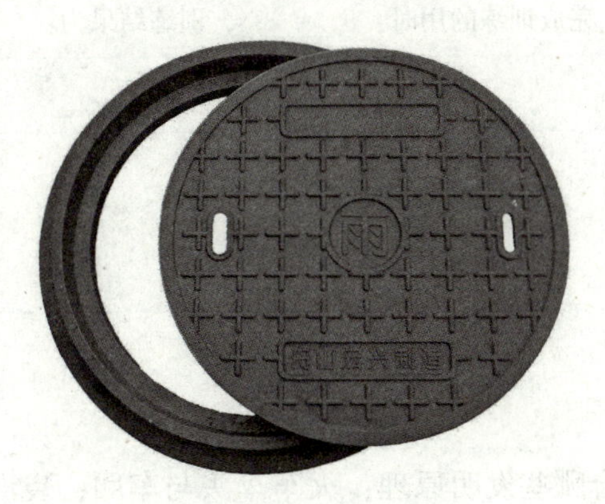

图 10－30 防盗井盖

【思考练习 10－2】

（1）请举出一个你在生活中遇到的运用“分割原理”的实例，并加以说明。
（2）请举出一个你在生活中遇到的运用“嵌套原理”的实例，并加以说明。
（3）请举出一个你在生活中遇到的运用“预先作用原理”的实例，并加以说明。
（4）请举出一个你在生活中遇到的运用“反向作用原理”的实例，并加以说明。
（5）请举出一个你在生活中遇到的运用“增加维度原理”的实例，并加以说明。
（6）请举出一个你在生活中遇到的运用“中介原理”的实例，并加以说明。
（7）请举出一个你在生活中遇到的运用“廉价替代原理”的实例，并加以说明。
（8）请举出一个你在生活中遇到的运用“复合材料原理”的实例，并加以说明。
（9）请举出一个你在生活中遇到的运用“热膨胀原理”的实例，并加以说明。

【体验与训练】

体验与训练指导书

训练名称	发明原理体验
训练目的	体验与训练学习使用发明原理
训练所需器材	白板、白板笔、便利贴、袋泡茶 12 袋
训练要求	每个组发 2 袋茶，在 10 分钟之内，思考在袋泡茶上所能体现出的发明原理。通过脑力激荡，看看在袋泡茶上还能有哪些方面可以创新发明，能否在其他产品上有所应用
训练步骤 （小组商讨后，拟定训练步骤）	

续表

训练名称	发明原理体验
训练结果	完成训练的用时：________，训练结果为：________
体现原理	
训练总结与反思	

【章节练习】

（1）讨论下列实例符合哪些发明原理：火车车头与车厢；袋泡茶；避雷针；瑞士军刀；伸缩式天线；三翻广告板；不干胶贴；汽车安全气囊；折叠椅；照相机的闪光灯；声控喷泉；一次性打火机；气垫运动鞋；蜂窝砖；验钞机；真空包装食品。

（2）每个组分别列举出以下每个发明原理生活中运用的3个实例，各组之间不能重复。发明原理如下："分割原理"；"嵌套原理"；"预先作用原理"；"反向作用原理"；"增加维度原理"；"中介原理"；"廉价替代原理"；"复合材料原理"；"热膨胀原理"。

【拓展阅读】

1. 40个发明原理及其子原理

（1）原理1：分割原理。

①把一个物体分成相互独立的部分。

A. 将计算机工作站的主机分解成个人电脑。

B. 将巨型载重汽车分解成卡车及拖车。

C. 大型项目设置多个子项目。

②将物体分成容易组装和拆卸的部分。

A. 由很多零散的夹块制成的夹具可以夹紧各种工件。

B. 消防器材中的铅管可快速拆卸连接。

③提高物体的可分性。

活动百叶窗替代整体窗帘。

（2）原理2：抽取原理。

①从物体中抽出产生负影响的部分或属性。

A. 空气压缩机工作，将其产生噪声的部分即压缩机移到室外。

B. 在发生交通事故的时候把容易引起爆炸的油箱扔掉。

②从物体中抽出必要的部分或属性。

用电子狗代替真狗充当警卫，以减少伤人事件的发生和减少环境污染。

（3）原理3：局部质量原理。

①将物体、环境或外部作用的均匀结构变为不均匀结构。

让系统的温度、密度、压力由恒定值改为按一定的斜率增长。

②让物体的不同部分各具不同功能。

A. 带橡皮的铅笔。

B. 羊角锤既可起钉子，又可钉钉子。

③让物体的各部分处于执行各自功能的最佳状态。

在食盒中设置间隔，在不同的间隔内放置不同的食物，避免相互影响味道。

（4）原理4：不对称原理。

①将物体的对称外形变为不对称的。

为增强混合功能，在对称容器中用不对称的搅拌装置，如：水泥搅拌车、蛋糕搅拌机。

②增强不对称物体的不对称程度。

为增强防水保温性，建筑上采用多重坡屋顶。

（5）原理5：组合原理。

①在空间上将相同物体或相关操作加以组合。

A. 在网络中使用个人电脑。

B. 在计算机中安装成百上千的微处理器。

C. 戟是戈和矛的合体，兼有戈的钩、矛的刺两种作用。

②在时间上将相同或相关操作进行合并。

混凝土搅拌机在运输途中进行搅拌。

（6）原理6：多功能性原理。

使一个物体具有多项功能，消除了该功能在其他物体内存在的必要性，进而裁剪其他物体。

A. 可移动的儿童安全椅，既可放在汽车内，拿出汽车外也可单独作为儿童车。

B. 企业中的复合型人才。

（7）原理7：嵌套原理。

①把一个物体嵌入另一个物体，然后将这两个物体再嵌入第三个物体，依此类推。

俄罗斯套娃。

②让某一个物体穿过另一个物体的空腔。

A. 卷尺。

B. 汽车安全带。

C. 抽屉。

（8）原理8：重量补偿原理。

①将某一个物体与另一个能提供升力的物体组合，以补偿其重量。

用氢气球悬挂广告牌。

②通过与环境（利用空气动力、流体动力或其他力等）的相互作用实现物体的重量补偿。

A. 飞机的机翼。

B. 轮船应用阿基米德定律产生可承重千吨的浮力。

（9）原理9：预先反作用原理。

①事先施加机械应力，以抵消工作状态下不期望的过大应力。

酸碱缓冲溶液。

②如果问题定义中需要某种作用，那么事先施加反作用。

在灌注混凝土之前，对钢筋预加应力。

(10) 原理10：预先作用原理。

①预先对物体（全部或至少部分）施加必要的改变。

手术前将手术器具按所用顺序排列整齐。

②预先安置物体，使其在最方便的位置开始发挥作用而不浪费运送时间。

A. 建筑内通道里安置的灭火器。

B. 酒店、宾馆的门童，当客人进门时，帮助客人开门。

(11) 原理11：预先防范原理。

采用事先准备好的应急措施，补偿物体相对较低的可靠性。

A. 显影剂可依据胶卷底片上的磁性条来弥补曝光不足。

B. 航天飞机的备用输氧装置。

C. 汽车上的备胎。

(12) 原理12：等势原理。

①改变操作条件，以减少物体提升或下降的需要。

A. 三峡大坝的水闸。

B. 搬运货物的叉车。

C. 电梯代替楼梯。

(13) 原理13：反向作用原理。

①用相反的动作代替问题定义中所规定的动作。

吸尘器的前身是吹尘器。

②让物体或环境，可动部分不动，不动部分可动。

A. 加工零件变工具旋转为工件旋转。

B. 健身器材中的跑步机。

③将物体上下颠倒或内外翻转。

钻井火箭是把升空火箭倒转180°，朝地下发射。

(14) 原理14：曲面化原理。

①将物体的直线、平面部分用曲线或球面代替，变平行六面体或立方体为球形结构。

两表面间引入圆倒角，减少应力集中。

②使用滚筒、球状、螺旋结构。

A. 千斤顶中螺旋结构可产生很大的升举力。

B. 螺钉。

③改直线运动为螺旋运动，应用离心力。

使用鼠标在计算机上画直线。

(15) 原理15：动态化原理。

①调整物体或环境的性能，使其在工作的各阶段达到最优状态。

A. 飞机中的自动导航系统。

B. 在医疗检查中，使用柔性肠镜。

C. 自动调焦相机。

D. 陀螺仪。

②分割物体，使其各部分可以改变相对位置。

A. 装卸货物的铲车，通过铰链连接两个半圆形铲斗，可以自由开闭。装卸货物时张开，铲车移动时铲斗闭合。

B. 偏转翼飞机。

C. 双锥混合机。

③如果一个物体整体是静止的，使其移动或可动。

转椅。

(16) 原理16：不足或过度作用原理。

如果所期望的效果难以百分之百实现，稍微超过或稍微小于期望效果，会使问题大大简化。

A. 为了防止迟到，可以将闹钟调快几分钟。

B. 在孔中填充过多的石膏，然后打磨平滑。

(17) 原理17：增加维度原理。

①将物体变为二维（如平面）运动，以克服一维直线运动或定位的困难，或过渡到三维空间，运动以消除物体在二维平面运动或定位。

A. 用空间红外线鼠标进行虚拟操作。

B. 立体停车场。

②单层排列的物体变为多层排列。

双层大巴。

③将物体倾斜或侧向放置。

自动垃圾卸载车。

④利用给定表面的反面。

A. 印刷电路板的芯片安装在两面。

B. 双面胶。

⑤利用照射到邻近表面或物体背面的光线。

(18) 原理18：振动原理。

①使物体处于振动状态。

A. 用筛子筛米。

B. 手机在开会时处于振动状态。

②如果已处于振动状态，提高振动频率（直至超声振动）。

电钻。

③利用共振频率。

超声波碎石机击碎胆结石。

④用压电振动代替机械振动。

高精度时钟使用石英振动机芯。

⑤将超声波振动和电磁场结合。

超声波振动和电磁场共用，在电熔炉中混合金属，使混合均匀。

（19）原理 19：周期性原理。

①用周期性动作或脉冲动作代替连续动作。

蛙泳分为一次划手、一次蹬腿、一次头出水面的组合，完成一次呼吸。

②如果周期性动作正在进行，改变其运动频率。

A. 用频率调音代替摩尔电码。

B. 使用 AM（调幅）、FM（调频）、PWM（脉冲宽度调制）来传输信息。

③利用脉冲周期中的暂停来执行另一个有用动作。

接线员利用通话间隙喝水。

（20）原理 20：持续性原理。

①物体的各个部分同时满载持续工作，以提供持续可靠的性能。

龙骨水车。

②消除空闲和间歇性动作。

A. 电脑后台打印，不耽误前台工作。

B. 在两辆并行的火车上进行货物的装卸。

（21）原理 21：急速作用原理。

将危险或有害的流程或步骤在高速下进行。

A. 快速冷冻鸡肉，防止鸡肉结块。

B. 高速切割，防止材料变形。

（22）原理 22：变害为益原理。

①利用有害的因素（特别是环境中的有害效应），得到有益的结果。

A. 废热发电。

B. 回收废物二次利用，如再生纸。

②将两个有害的因素相结合进而消除它们。

A. 潜水中用氮氧混合气体，以避免单用氧气造成昏迷或中毒。

B. “以毒攻毒”。

③增大有害因素的幅度直至有害性消失。

森林灭火时用逆火灭火（在森林灭火时，为熄灭或控制即将到来的野火蔓延，燃起另一堆火将即将到来的野火的通道区域烧光）。

（23）原理 23：反馈原理。

①在系统中引入反馈。

A. 声控开关。

B. 客运大巴上的时速提示系统。

C. 自动控制系统。

②如果已引入反馈，改变其大小或作用。

A. 在 5 公里航程范围内，改变导航系数的敏感区域。

B. 自动调温器的负反馈装置。

（24）原理 24：中介原理。

①使用中介物实现所需动作 。

A. 用刷子涂眼影和腮红。

B. 用镊子拔眉毛。

②把一个物体与另一个容易去除的物体暂时结合。

纸杯的杯托。

（25）原理 25：自服务原理。

①让物体通过执行辅助或维护功能为自身服务。

自补水和排水的洗衣机。

②利用废弃的能量与物质。

A. 利用发电过程产生的热量取暖。

B. 用动物的粪便做肥料。

（26）原理 26：复制原理。

①用经过简化的廉价复制品代替复杂的、昂贵的、不方便的、易碎的物体。

A. 虚拟现实系统，如虚拟训练飞行员系统。

B. 看电视直播，而不到现场。

②用光学复制品（图像）代替实物或实物系统，可以按一定比例扩大或缩小图像。

A. 用卫星相片代替实地考察。

B. 由图片测量实物尺寸。

③如果已使用了可见光复制品，用红外线或紫外线复制品代替。

利用紫外线诱杀蚊蝇。

（27）原理 27：廉价替代原理。

用若干便宜的物体代替昂贵的物体，同时降低某些质量要求（例如工作寿命）。

A. 用一次性的物品，如一次性的餐具，清洁卫生。

B. 假发。

C. 临时工。

（28）原理 28：替代机械系统原理。

①用光学（视觉）系统、声学（听觉）系统、电磁系统、味觉系统或嗅觉系统替代机械系统。

A. 用声控开关替代机械开关。

B. 在煤气中掺入难闻气体，警告使用者气体泄漏（替代机械或电子传感器）。

②使用与物体相互作用的电场、磁场、电磁场。

为混合两种粉末，用电磁场替代机械振动使粉末混合均匀。

③用运动场替代静止场，时变场替代恒定场，结构化场替代非结构化场。

早期的通信系统用全方位检测，现在用特定发射方式的天线。

④利用场与铁磁粒子的联合使用。

用不同的磁场加热含磁粒子的物质，当温度达到一定程度时，物质变成顺磁，不再吸收热量，以达到恒温的目的。

（29）原理 29：流动性原理。

将物体的固体部分用气体或流体代替，如充气结构、充液结构、气垫、液体静力结构和流体动力结构。

A. 汽车减速时液压系统储存能量，在汽车加速时再释放能量。

B. 运输易损物品时，经常使用发泡材料保护。

C. 充气枕头。

D. 水枕头。

（30）原理30：轻薄柔韧性原理。

①使用柔性壳体或薄膜代替标准结构。

A. 布衣柜。

B. 简易储物袋。

②使用柔性壳体或薄膜，将物体与环境隔离。

在冰箱保存食物的保鲜袋、保鲜膜。

（31）原理31：多孔材料原理。

①使物体变为多孔性或加入多孔物体（如多孔嵌入物或覆盖物）。

A. 为减轻物体重量，在物体上钻孔，或使用多孔性材料。

B. 建筑用的多孔砖。

②如果物体是多孔结构，在小孔中事先填入某种物质。

用海绵储存液态氮。

（32）原理32：颜色改变原理。

①改变物体或环境的颜色。

A. 在暗室中使用安全灯，作为警戒色。

B. 变色龙。

②改变物体或环境的透明度。

感光太阳镜。

③利用着色剂观察难以观察到的对象或过程。若已应用此类着色剂，引入发光示踪剂或示踪原子。

紫外线笔辨别伪钞。

（33）原理33：均质性原理。

存在相互作用的物体用相同材料或特性相近的材料制成。

A. 方便面的料包外包装用可食性材料制造。

B. 用金刚石切割钻石，切割产生的粉末可以回收。

（34）原理34：抛弃或再生原理。

①采用溶解、蒸发等手段抛弃系统中已完成功能的多余部分，或在系统运行过程中直接修改它们。

A. 可溶性的药物胶囊。

B. 火箭助推器在完成其作用后立即分离。

②在工作过程中迅速补充系统或物体中消耗的部分。

A. 草坪剪草机的自锐系统。

B. 自动铅笔。

（35）原理35：参数变化原理。

①改变聚集态（物态）。

A. 天然气用液态运输，以减少体积和成本。

B. 用液态的肥皂水代替固体肥皂，可以定量控制使用，减少浪费。
②改变浓度或密度。
在水中加入气泡，以减少水对船的阻力。
③改变系统的柔性。
硫化橡胶改变了橡胶的柔性和耐用性。
④改变温度。
A. 用冰箱改变食物保存时的温度。
B. 降低医用标本保存温度，以备后期解剖。
(36) 原理 36：相变原理。
利用物质相变时产生的某种现象，如体积改变、吸热或放热。
使用干冰灭火。
(37) 原理 37：热膨胀原理。
①使用材料的热膨胀或热收缩特性。
A. 在寒冷的地方铺设光纤时，需要在管道旁边挖一些小的沟壑。
B. 北方的水泥街道需要在一定的长度内放置隔条。
②组合使用不同热膨胀系数的几种材料。
双金属片。
(38) 原理 38：强氧化原理。
①用富氧空气代替普通空气。
A. 为持久在水下呼吸，水中呼吸器中储存浓缩空气。
B. 用乙炔－氧代替乙炔－空气切割金属。
C. 缺氧人群可以使用吸氧机。
②用纯氧代替富氧空气。
用高压纯氧杀灭伤口厌氧细菌。
③将空气或氧气用电离放射线处理，产生离子化氧气。
A. 使用离子空气清新机。
B. 在化学试验中使用离子化氧气加速化学反应。
④用臭氧替代离子化氧气。
臭氧溶于水中去除船体上的有机污染物。
(39) 原理 39：惰性环境原理。
①用惰性环境替代通常环境。
用氩气等惰性气体填充灯泡，做成霓虹灯。
②使用真空环境。
钨丝灯泡内部抽成真空。
(40) 原理 40：复合材料原理。
用复合材料代替均质材料
A. 玻璃钢。
B. 陶瓷合金。
C. 金属合金。

2. 推荐图书（图 10－31）

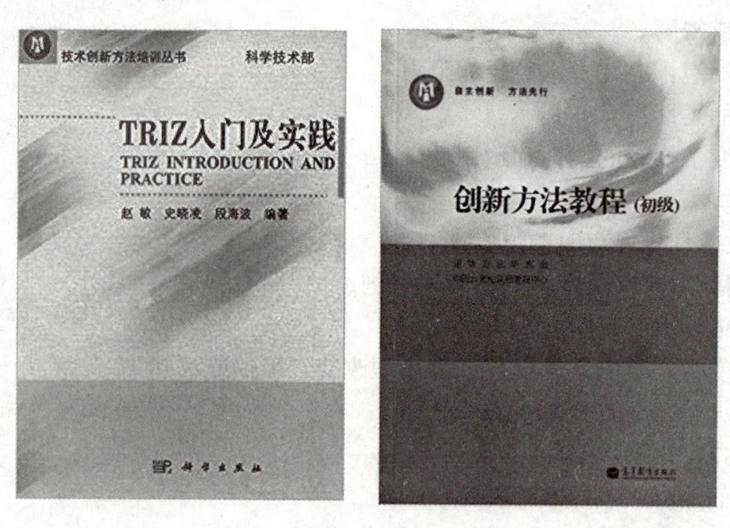

图 10－31 推荐图书的封面

（1）推荐图书 1：《TRIZ 入门及实践》。

A. 推荐指数：4 星。

B. 推荐理由：本书比较系统地介绍了基于 TRIZ 理论的创新方法。

（2）推荐图书 2：《创新方法教程（初级）》。

A. 推荐指数：4 星。

B. 推荐理由：本书包括三部分：第一部分是创新思维技法；第二部分介绍 TRIZ 的理论体系及发展，重点介绍 TRIZ 理论中的基本概念、分析问题和解决问题的流程、计算机辅助创新技术的基本知识；第三部分是工业工程部分。按照由浅入深的顺序构建，内容丰富，案例生动，具有很大的信息量。

【小结】（图 10－32）

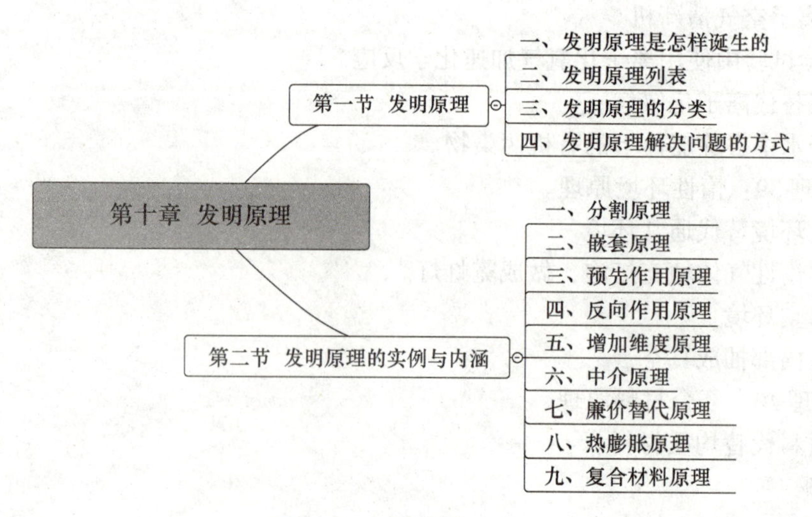

图 10－32 本章内容小结

第十一章

技术矛盾与解决

在我们的生活中，任何的产品都具有一个或多个功能，比如飞机具有运输、侦察等功能，汽车具有载人、载物等功能，眼镜具有改善视力、保护眼睛或作为装饰等功能。可以说，这些产品都是多种功能的复合载体，为了实现这些功能，就要由多个实现相关功能的零部件组成。为了提高产品的性能，需要根据功能需求不断地对产品的某个或某些性能进行改进或创新设计。当改变某个元件的设计，即提高产品某方面的性能时，可能会影响到与被改进元件相关联的其他元件，结果就可能导致产品的另一方面的性能受到影响。如果由于改进而产生的影响是负面影响，则改进设计就出现了矛盾。因此，创新设计要做的工作就是解决创新设计过程中的各种矛盾，也就是说矛盾就是创新设计问题的切入点。那么面对创新设计过程中出现的这些矛盾、问题我们又该怎样解决呢？首先，我们需要了解的就是什么叫矛盾，创新设计中存在哪些类型的矛盾。

第一节　技术矛盾的概念

一、什么是技术矛盾

在 TRIZ 创新方法中，我们常提的就是技术矛盾和物理矛盾。本章我们来学习一下什么叫技术矛盾，如何来解决技术矛盾。

下面我们先一起来看一个生活中的例子。

雨伞是每个人的必备出行用品之一，好多人都有出门带雨伞的习惯。所以在携带过程中，我们总是希望雨伞尽可能的小巧一些。这时，我们就想到是不是可以把雨伞做得小一些来满足我们对雨伞携带方便的需求。可是当下雨的时候，这种便于携带的小巧雨伞就不能更好地为我们遮挡雨水。反过来，如果我们为了满足遮雨的要求，可以把雨伞做得大一些，这样就能更好地遮挡雨水，但是携带却不方便。这种当优化或改善一方面参数的同时造成另一参数的恶化的问题就称为技术矛盾。所谓改善就是指与我们所期望的一致，也可以说是有用效应的引入或有害效应的消除，而恶化就是指与我们的期望相反。在这里为了使雨伞便于携带，恶化了其遮雨效果，这一矛盾就可以用“如果……那么……但是……”规范地进行描述，如表 11－1 所示。

表 11－1 技术矛盾的规范描述

	技术矛盾 1	技术矛盾 2
如果	减小雨伞的体积	增加雨伞的体积
那么	便于携带	遮雨效果好
但是	遮雨效果差	不便于携带

技术矛盾常表现为一个系统中两个子系统之间的矛盾，而且总是涉及两个基本参数：当其中一个得到改进时，另一个变得更差。

二、技术矛盾的三种表现

（1）一个子系统中引入一种有用性能后，导致另一个子系统产生一种有害性能，或增强了已存在的有害性能。

（2）一种有害性能导致另一个子系统有用性能的变化。

（3）有用性能的增强或有害性能的降低使另一个子系统或系统变得更加复杂。

【案例 11－1】 **技术矛盾实例**

（1）分析桌子问题中的技术矛盾。

桌子强度增加，会导致其重量增加，桌面面积增加，会导致其体积增大。

（2）分析学生书包问题中的技术矛盾。

学生的书包应该需要很大的容量以便容纳更多的物品，但是书包大了，放的物品多了，书包又重了，增加了学生的负担。

（3）分析飞机油箱问题中的技术矛盾。

飞机油箱越大，盛的油越多，飞机的续航能力越强，飞得越远；但是飞机的油箱越大，也影响了飞机的机动性和耗油量。

（4）分析手机的功能问题中的技术矛盾。

手机的功能自然是越强大越好，但是手机的功能越多越强大手机的耗电量和价格也就会上升。

【思考练习 11－1】

（1）什么是技术矛盾？请举例进行规范描述。

（2）请规范描述案例 11－1 中提到的技术矛盾。

（3）高层楼房存在的技术矛盾有哪些？

（4）技术矛盾的特征有哪些？

第二节 39 个通用工程参数

一、39 个通用工程参数的产生

阿奇舒勒通过对大量的专利文献进行研究分析后，总结出在工程领域内常用的表述系统性能的39个通用参数，通用参数一般是物理、几何和技术性能的参数。尽管现在有很多对这些参数的补充研究，并将个数提高到50多个，但在这里我们仍然只介绍核心的这39个参数（表11-2）。

阿奇舒勒发现，利用这39个通用工程参数就足以描述工程中出现的绝大多数技术问题，可以说39个通用工程参数就是连接我们具体技术问题和TRIZ创新方法的一个桥梁，借助39个通用工程参数，就可以将一个具体的技术问题转化成为标准的TRIZ问题模型（图11-1）。

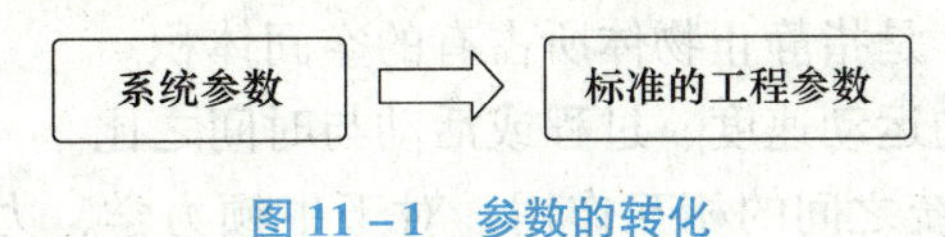

图11-1　参数的转化

将39个通用工程参数进行配对，可以产生1 520多个通用的技术矛盾。

表11-2　39个通用工程参数

序号	参数名称	序号	参数名称	序号	参数名称
1	运动物体的重量	14	强度	27	可靠性
2	静止物体的重量	15	运动物体的作用时间	28	测试精度
3	运动物体的长度	16	静止物体的作用时间	29	制造精度
4	静止物体的长度	17	温度	30	作用于物体的有害因素
5	运动物体的面积	18	光照强度	31	物体产生的有害因素
6	静止物体的面积	19	运动物体消耗的能量	32	可制造性
7	运动物体的体积	20	静止物体消耗的能量	33	可操作性
8	静止物体的体积	21	功率	34	可维修性
9	速度	22	能量损失	35	适应性及多用性
10	力	23	物质损失	36	装置的复杂性
11	应力或压力	24	信息损失	37	控制与检测的复杂性
12	形状	25	时间损失	38	自动化程度
13	结构的稳定性	26	物质或事物的数量	39	生产率

二、39个通用工程参数的含义

39个通用工程参数中常用到“运动物体”“静止物体”这两个术语。运动物体是指自身或借助于外力可在一定的空间内运动的物体；静止物体是指自身或借助于外力都不能使其在空间内运动的物体。

以下给出39个通用工程参数的具体含义：

（1）运动物体的重量：是指在重力场中运动物体所受到的重力。如运动物体作用于其支撑或悬挂装置上的力。

（2）静止物体的重量：是指在重力场中静止物体所受到的重力。如静止物体作用于其支撑或悬挂装置上的力。

（3）运动物体的长度：是指运动物体的任意线性尺寸，不一定是最长的，都认为是其长度。

（4）静止物体的长度：是指静止物体的任意线性尺寸，不一定是最长的，都认为是其长度。

（5）运动物体的面积：是指运动物体内部或外部所具有的表面或部分表面的面积。

（6）静止物体的面积：是指静止物体内部或外部所具有的表面或部分表面的面积。

（7）运动物体的体积：是指运动物体所占有的空间体积。

（8）静止物体的体积：是指静止物体所占有的空间体积。

（9）速度：是指物体的运动速度、过程或活动与时间之比。

（10）力：是指两个系统之间的相互作用。对于牛顿力学，力等于质量与加速度之积。在 TRIZ 中，力是试图改变物体状态的任何作用。

（11）应力或压力：是指单位面积上的力。

（12）形状：是指物体外部轮廓或系统的外貌。

（13）结构的稳定性：是指系统的完整性及系统组成部分之间的关系。磨损、化学分解及拆卸都降低稳定性。

（14）强度：是指物体抵抗外力作用使之变化的能力。

（15）运动物体的作用时间：是指运动物体完成规定动作的时间、服务期。两次误动作之间的时间也是作用时间的一种度量。

（16）静止物体的作用时间：是指静止物体完成规定动作的时间、服务期。两次误动作之间的时间也是作用时间的一种度量。

（17）温度：是指物体或系统所处的热状态，包括其他热参数，如影响改变温度变化速度的热容量。

（18）光照强度：是指单位面积上的光通量，系统的光照特性，如亮度、光线质量。

（19）运动物体消耗的能量：是指运动物体执行给定功能所需的能量。在经典力学中，能量等于力与距离的乘积。包括消耗超系统提供的能量。

（20）静止物体消耗的能量：是指静止物体执行给定功能所需的能量。在经典力学中，能量等于力与距离的乘积。包括消耗超系统提供的能量。

（21）功率：是指单位时间内所做的功，即利用能量的速度。

（22）能量损失：是指做无用功消耗的能量。为了减少能量损失，需要不同的技术来改善能量的利用。

（23）物质损失：是指部分或全部、永久或临时的材料、部件或子系统等物质的损失。

（24）信息损失：是指部分或全部、永久或临时的数据损失。

（25）时间损失：是指一项活动所延续的时间间隔。改进时间的损失指减少一项活动所花费的时间。

（26）物质或事物的数量：是指材料、部件及子系统等的数量，它们可以被部分或全部、临时或永久地改变。

（27）可靠性：是指系统在规定的方法及状态下完成规定功能的能力。

（28）测试精度：是指系统特征的实测值与实际值之间的误差。减少误差将提高测试精度。

（29）制造精度：是指系统或物体的实际性能与所需性能之间的误差。

（30）作用于物体的有害因素：是指物体对受外部或环境中的有害因素作用的敏感程度。

（31）物体产生的有害因素：是指有害因素将降低物体或系统的效率，或完成功能的质量。这些有害因素是由物体或系统操作的一部分而产生的。

（32）可制造性：是指物体或系统制造过程中简单、方便的程度。

（33）可操作性：是指要完成的操作应需要较少的操作者、较少的步骤以及使用尽可能简单的工具。一个操作的产出要尽可能多。

（34）可维修性：是指对于系统可能出现失误所进行的维修要时间短、方便和简单。

（35）适应性及多用性：是指物体或系统响应外部变化的能力，或应用于不同条件下的能力。

（36）装置的复杂性：是指系统中元件数目及多样性，如果用户也是系统中的元素将增加系统的复杂性。掌握系统的难易程度是其复杂性的一种度量。

（37）控制与检测的复杂性：是指如果一个系统复杂、成本高、需要较长的时间建造及使用，或部件与部件之间关系复杂，都使得系统的监控与测试困难。测试精度高，增加了测试的成本也是测试困难的一种标志。

（38）自动化程度：是指系统或物体在无人操作的情况下完成任务的能力。自动化程度的最低级别是完全人工操作。最高级别是机器能自动感知所需的操作、自动编程和对操作自动监控。中等级别的需要人工编程、人工观察正在进行的操作、改变正在进行的操作及重新编程。

（39）生产率：是指单位时间内所完成的功能或操作数。

为了应用方便，上述 39 个通用工程参数可分为如表 11－3 所示的 6 类。

表 11－3　39 个通用工程参数分类表

类别	参数	类别	参数	类别	参数
几何参数	（3）运动物体的长度 （4）静止物体的长度 （5）运动物体的面积 （6）静止物体的面积 （7）运动物体的体积 （8）静止物体的体积 （12）形状	资源参数	（19）运动物体消耗的能量 （20）静止物体消耗的能量 （22）能量损失 （23）物质损失 （24）信息损失 （25）时间损失 （26）物质或事物的数量	有害参数	（30）作用于物体的有害因素 （31）物体产生的有害因素
物理参数	（1）运动物体的重量 （2）静止物体的重量 （9）速度 （10）力 （11）应力或压力 （17）温度 （18）光照强度 （21）功率	能力参数	（13）结构的稳定性 （14）强度 （15）运动物体的作用时间 （16）静止物体的作用时间 （27）可靠性 （32）可制造性 （34）可维修性 （35）适应性及多用性 （39）生产率	操控参数	（28）测试精度 （29）制造精度 （33）可操作性 （36）装置的复杂性 （37）控制与检测的复杂性 （38）自动化程度

【思考练习 11－2】

（1）简述 39 个工程参数的具体含义。

（2）提取下列问题中各技术矛盾所对应的工程参数。

①桌子问题中的技术矛盾。

②学生书包问题中的技术矛盾。

③飞机油箱问题中的技术矛盾。

④手机的功能问题中的技术矛盾。

⑤高层楼房存在的问题中的技术矛盾。

第三节　矛盾矩阵表

一、矛盾矩阵表的使用

技术矛盾是在机械工程中最常见的问题。从创新的角度讲，我们解决问题时，不仅要尽可能或彻底改善某一方面的性能，而且要不降低与之相关的另一方面的性能，显然折中法不能满足我们的要求。在 TRIZ 创新方法中，对于技术矛盾的解决则有能够让我们将“永远做不到的事情”变成现实。因为阿奇舒勒在研究大量专利的时候发现一种想象，即针对某一对由两个工程参数所确定的技术矛盾来说，在 40 个发明原理中的某几个发明原理被使用的次数明显比其他原理要多，也就是说，一个发明原理对于不同技术矛盾的有效性是不同的。如果我们能够将技术矛盾与 40 个发明原理之间的这种对应关系描述出来，那将会为使用发明原理去解决技术矛盾的技术人员提供更便捷的工具，而不用将技术矛盾同 40 个发明原理逐一对应地试用了。

阿奇舒勒经过多年的潜心研究，将 40 个发明原理同 39 个工程参数相结合，建立了矛盾矩阵表（表 11－4），该表为 39×39 的矩阵表，左边第一列为我们在技术矛盾中希望得到改善的 1～39 个工程参数，而上面第一行则是引起恶化的相应 1～39 个工程参数，位于矛盾矩阵表中的其他单元格里对应的序号就是解决该技术矛盾时所用到的发明原理。这些序号是按照统计结果进行排列，即排在第一的那个序号所对应的发明原理在解决其所对应技术矛盾时，使用的次数应该最多，越靠后的序号使用的次数越少。而对某一技术矛盾来说，矛盾矩阵表中所推荐的发明原理只是在解决该技术矛盾时，最有希望解决问题的思考方向，而这些思考方向将会引导我们去寻找解决方案。但这些思考方向是基于对大量高级别专利研究分析的一个概率统计结果，因此，对在解决实际问题中所遇到的具体技术矛盾来说，并不是每一个矩阵表中列出的对应发明原理都一定能解决该技术矛盾，得出解决方案的。

表 11－4　矛盾矩阵表（部分）

改善的参数＼恶化的参数		1 运动物体的重量	2 静止物体的重量	3 运动物体的长度	4 静止物体的长度	5 运动物体的面积	6 静止物体的面积
1	运动物体的重量	+	－	15，8，9，34		29，17，38，34	－
2	静止物体的重量	－	+	－	10，1，29，35	－	35，30，13，2
3	运动物体的长度	15，8，29，34	－	+	－	15，17，4	－
4	静止物体的长度	－	35，28，40，29	－	+	－	17，7，10，40
5	运动物体的面积	2，14，29，4	－	14，15，18，4	－	+	－
6	静止物体的面积	－	30，2，14，28	－	26，7，9，39	－	+

二、技术矛盾的解决

应用矛盾矩阵解决工程矛盾时，其核心思想就是在改善技术系统中的某个参数时，保证其他参数不受影响。整个解题过程我们可以大致概括为三部分、九个基本步骤。

（一）技术系统的分析

1. 步骤一：初始问题描述并确定问题所在的技术系统

在对问题进行描述的时候，一定要注意所描述的问题是最根本和最本质的问题，而不应该是表面的，同时也要尽量少用特别专业的词汇。

2. 步骤二：确定技术系统的组成及主要功能

技术系统的主要功能是在技术系统设计和改进过程中必须保证需求，这是技术系统应该存在的前提。在技术系统主要功能的定义过程中应该注意寻求其最根本的、最实质性的功能需求。

3. 步骤三：分析问题关键所在，找出其根本原因

问题永远都不会无缘无故地产生，也就是说问题背后一定有其原因。找出问题产生的根本原因就是彻底解决问题的基础。

（二）定义技术矛盾

1. 步骤四：针对以上问题提出现有的初步解决方法，并进行规范描述

面对我们技术系统所存在的矛盾，提出现有的解决方案或设想常规的解决办法，使技术系统所存在的问题有一个初步的解决方案，并用“如果……那么……但是……”对技术矛盾进行规范描述。

2. 步骤五：确定初步解决方案改善了哪个方面的性能

当通过以上方案来解决技术系统所存在的问题时，改善的特性通常比较容易确定，因为这通常与我们所提出的问题有较直接的联系，对于所改善的特性，需要做的就是如何准确地

加以描述。

3. 步骤六：确定初步解决方案恶化了哪些方面的性能

提升欲改善特性的同时，必然会带来其他一个或者多个特性的恶化，对应筛选并确定这些恶化的特性。因为恶化参数属于尚未发生的，所以确定起来需要“大胆设想，小心求证”。

4. 步骤七：将改善和恶化的性能一般化为对应39个通用工程参数中的某一个

将以上2步所确定的参数，对应附表所列的39个通用工程参数进行重新描述。工程参数的定义描述是一项难度颇大的工作，不仅需要对39个通用工程参数的充分理解，更需要丰富的专业技术知识。

（三）解决技术矛盾

1. 步骤八：通过矛盾矩阵表查找对应的发明原理

定义了技术矛盾以后，就可以使用矛盾矩阵来寻找解决问题的思考方向了。

在表11-5中左边第一列中找到改善的参数，如：操作性；在表的第一行中，找到被恶化的参数，如：时间损失。从操作性向右，从时间损失向下分别作两条射线，这两条线的交叉点所在的单元格，就对应着相应的发明原理序号：4，28，10，34。

表11-5 矛盾矩阵表的查找（部分）

改善的参数 \ 恶化的参数		1	2	…	24	25	26
		运动物体的重量	静止物体的重量	…	信息损失	时间损失	物质或事物的数量
1	运动物体的重量	+	–	…	10，24，35	10，35，20，28	3，26，18，31
2	静止物体的重量	–	+	…	10，15，35	10，20，35，26	19，6，18，26
…		…	…	…	…	…	…
32	制造性	28，29，15，16	1，27，36，13	…	32，24，18，16	35，28，34，4	35，24，1，24
33	操作性	25，2，13，15	6，13，1，25	…	4，10，27，22	4，28，10，34	12，35
34	维修性	2，27，35，11	2，27，35，11	…	–	32，1，10，25	2，28，10，25

2. 步骤九：利用发明原理找到解决该技术矛盾的具体方案

分析所得的发明原理，确定其可用性。这是应用矛盾矩阵解决技术矛盾最困难也是最重要的一步。从矩阵表中给出的发明原理，我们相应地了解了其一些成熟的案例。如果实例中有和我们的技术问题相似的，那么问题就迎刃而解了。但这种情况很少，绝大多数情况需要我们自己发挥想象，依靠以往解决问题的经验和足够的知识面来发现问题与原理之间的相关性。通过大量分析，利用TRIZ发明原理所提供的原理解转化为实际的技术方案。

以上解决过程我们也可以将其概括为如图11-2所示的几个步骤。

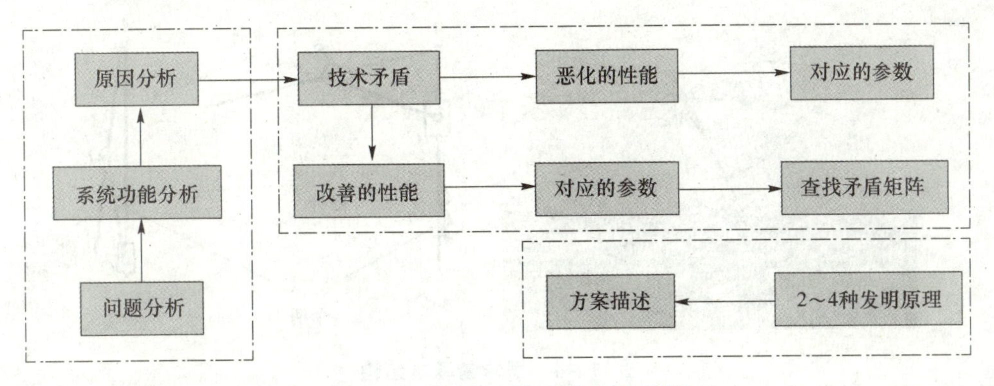

图 11－2　技术矛盾解决问题的步骤

下面我们以一些具体的实例来描述一下应用技术矛盾解决问题的过程。

【案例 11－2】　技术矛盾的解题实例——雨伞支撑机构的技术改进

步骤一：初始问题描述并确定问题所在的技术系统

问题描述：雨伞是每个人的必备出行用品之一，好多人都有出门带雨伞的习惯，这就进一步说明了雨伞使用的重要性。雨伞使用之多，并不代表雨伞的设计就已达完美，雨伞使用中的弊端还是存在的，比方说进门、进车总是需要先把雨伞收拢后再进，刮风天气时雨伞容易刮翻等问题（图 11－3）。面对这些问题，提出了改进雨伞结构的要求。

图 11－3　雨伞使用中存在的问题

技术系统的名称：雨伞支撑系统

步骤二：确定技术系统的组成及主要功能

传统雨伞支撑机构主要是由伞柄、套筒、撑杆、伞骨等基本构件组成（图 11－4）。伞柄与撑杆、伞骨组成一个三角形，当用力将伞收起来时，在向下的力作用下，伞骨与伞柄之间的夹角变小，伞被收拢起来。一旦将开关打开，被压缩的弹簧伸长，夹角增大，带动 AB 段伞骨向伞顶移动，伞自动打开，并因弹簧力量维持打开状态，直到用手再次拉回收伞，弹簧再受压缩准备下次打开。由此可以看出，雨伞支撑机构的主要功能就是支撑伞面张开，以实现遮挡雨水的功能。

步骤三：分析问题的关键所在，找出其根本原因

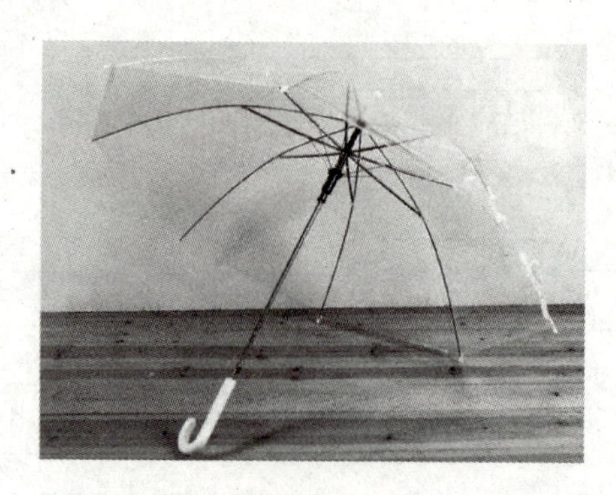

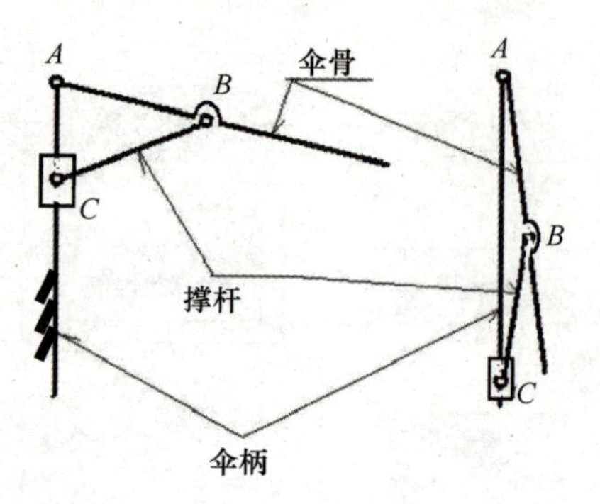

图 11－4　雨伞的基本结构

运用根本原因分析法（图 11－5），可以发现，雨伞使用不方便的原因主要是其支撑机构运动原理的限制。

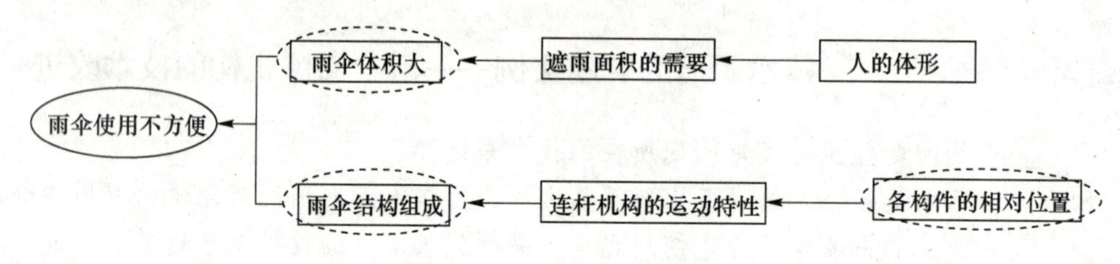

图 11－5　根本原因分析法

步骤四：针对以上问题现有的初步解决方法

针对雨伞使用过程中存在的问题，我们现有的解决方案就是将雨伞设计成自开自收式雨伞，我们在雨天可以先进门或进车，然后利用在外伸出的手按动伞柱上的按钮将伞收起来。

利用 TRIZ 的"如果……那么……但是……"对该技术矛盾进行规范描述：

如果将传统雨伞设计成自开自收式雨伞，

那么我们不需要在门外待更长时间来收伞，

但是雨伞支撑系统的设计将更复杂。

步骤五：确定初步解决方案改善了哪个方面性能

以上方案可以说是利用一键式收缩的功能，使得我们不会在雨天因为收伞而待在门外太长时间，从而避免出现躲了一路的雨到门口却被淋湿的尴尬。

步骤六：确定初步解决方案恶化了哪些方面性能

自开自收式雨伞的方案带来的问题就是雨伞支撑系统的设计变得更复杂，其在收缩时虽然不需要用双手去收缩，但仍然还是需要较大的空间才能使雨伞收缩回来。

步骤七：将改善和恶化的性能一般化为对应 39 个通用工程参数中的某一个

根据以上对初步方案的分析我们可以将其改善和恶化的性能与 TRIZ 技术矛盾中的 39 个通用工程参数进行对应。

改善的参数：时间损失

恶化的参数：装置的复杂性

步骤八：通过矛盾矩阵表查找对应的发明原理

根据所对应的工程参数查找矛盾矩阵表（表 11－6），得到发明原理：29、30、7。

表 11－6　矛盾矩阵表（部分）

改善的参数 \ 恶化的参数		21 功率	22 能量损失	…	25 时间损失	26 物质或事物的数量
1	运动物体的重量	12，36，18，31	6，2，34，19	…	10，35，20，28	3，26，18，31
…	…	…	…	…	…	…
6	静止物体的面积	17，32	17，7，30	…	10，35，4，18	2，18，40，4
7	运动物体的体积	35，6，13，18	7，15，13，16	…	2，6，34，10	29，30，7

步骤九：利用发明原理找到解决该技术矛盾的具体方案

发明原理 29：流动性原理

该原理是指将系统中的固体部分用气体或液体代替（图 11－6），如气压结构、充液结构等。由此我们可以想到，将该系统的固体支撑机构撑起伞面，改为采用压缩空气作为遮雨部件。通过调整伞柄的控制按钮，可以自如控制、调整雨伞的空气伞直径。这样伞的部件便只剩下一支伞柄，而不用为雨天撑伞进入室内弄湿地板而发愁。基本结构和功能（上为喷气口，下为进气口）：通过空气从进气口进入而后从喷气口喷出，空气伞为使用者提供了一道气幕。这道气幕能够起到伞盖的作用，用来阻挡雨水。

发明原理 30：轻薄柔韧性原理

该原理有这样一个解释：使用柔性壳体或薄膜，将物体与环境隔离（图 11－7）。根据以上解释，我们得到的方案是将雨伞伞布做成一个薄膜式的充气雨伞，充气伞柄是一个充气泵，使用时只需来回反复抽送，就可以使坚韧的伞面膨胀起来；而在使用后，将伞把处的出气孔打开，就可以释放空气，既解决了进、出门的不方便，又易于存储、便于携带。

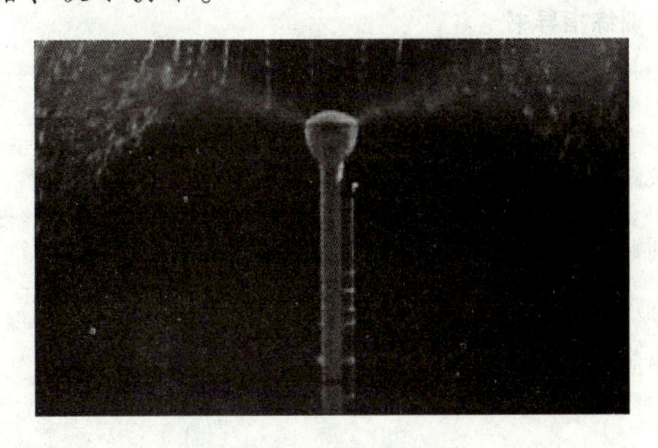

图 11－6　气压式雨伞

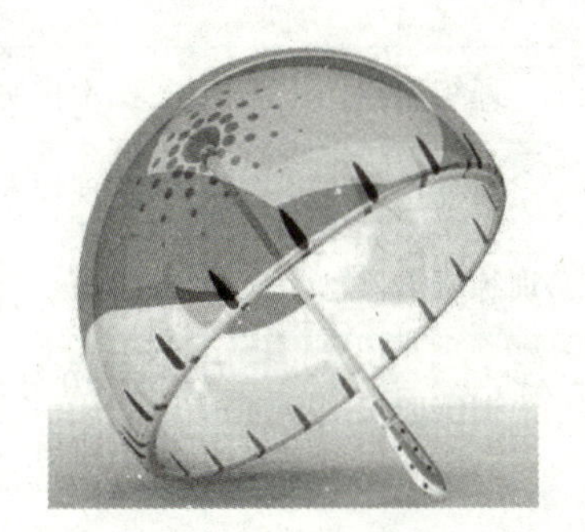

图 11－7　充气雨伞

发明原理 7：嵌套原理

该原理是指把一个物体嵌入另一个物体，或是让某物体穿过另一物体的空腔。根据其解释，我们得到的方案就是将雨伞的伞柱、伞骨及撑杆都做成伸缩式结构，伞面材料可以是弹性材料，并且在其端头部分做成布袋状，在使用过程中可以根据人的体型大小、撑伞人数来决定其撑开的面积（图11－8）。使用后，将雨伞收缩折叠装入布袋，这样既便于携带，又可满足不同人的需求。

图11－8　伸缩式雨伞

【思考练习11－3】

（1）举例说明解决技术矛盾时的一般解题步骤。

（2）俗话说“慢工出细活”，从这句话中找出其所包含的技术矛盾，并利用矛盾矩阵表查找发明原理，找到解决这一矛盾的具体方案。

（3）在地面上使用锤子时，其重量会抵消冲击后可能的反弹；在太空中，由于没有重力，发生碰撞后，锤子会以非常危险的速度反弹向使用者的头部。找出该问题中的技术矛盾，利用矛盾矩阵表查找发明原理，并尝试寻找解决办法。

（4）为防止浴室四处溅水，安装钢化玻璃保护，但钢化玻璃沐浴房安装麻烦且存在自爆危险，如何利用技术矛盾解决该问题？

【体验与训练】

体验与训练指导书

训练名称	积木搭房子
训练目的	发现技术矛盾并寻求解决方案
训练所需器材	白板、白板笔、便利贴、彩笔、50块装积木5套、双面胶等
训练要求	在10分钟之内，想尽可能多的办法，把积木搭得越高越好，但一定要保证积木所搭的房子稳定坚固
训练步骤 （小组商讨后，拟定训练步骤）	

续表

训练结果	
体现原理	
训练总结与反思	

【章节练习】

在拆信时，我们经常会遇到这样的麻烦，一不小心就会撕坏里面的文件或资料，那么，如何能迅速、安全地取出信封内的文件或资料呢？请用技术矛盾解题步骤进行分析，并给出合理的解决方案。

【拓展阅读】（图 11－9）

图 11－9　推荐图书的封面

（1）推荐图书 1：《TRIZ 工程师创新手册：发明问题的系统化解决方案》。

A. 推荐指数：4 星。

B. 推荐理由：本书是解决实际工程案例的范本。

（2）推荐图书 2：《TRIZ 打开创新之门的金钥匙 I》。

A. 推荐指数：4 星。

B. 推荐理由：本书是打开创新之门的金钥匙。

【小结】

通过这一章的学习，我们了解了 TRIZ 创新方法解决问题的核心工具之一——技术矛盾。

应用矛盾矩阵和发明原理来解决技术矛盾，可以使我们收到事半功倍的效果。但在利用矛盾矩阵时，我们一定要将工程参数定义准确，也就是说当矛盾出现时，改善和恶化的参数一定是最直接的参数，而这一过程是最难的，如何将一般的工程问题转化为 TRIZ 标准工程参数，这就要看应用者具体的技术经验和对39个通用工程参数的了解程度了。

当确定了工程参数时，利用对应的发明原理产生具体解决方案，这一过程又是一个难点，需要应用者具有丰富的知识面，才能将发明原理变为解决实际问题的可行方案。我们需要不断地积累经验、拓宽知识面，才能更好地利用这一工具来解决我们的实际工程问题。

图11－10是本章内容小结，可供读者参考理解。

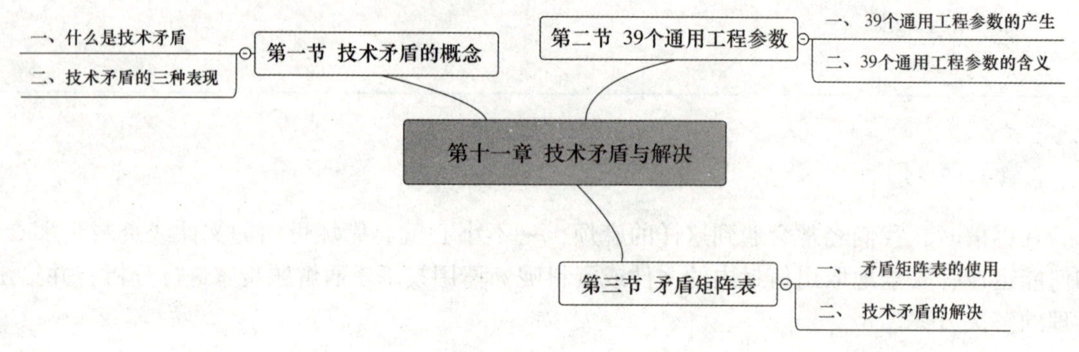

图11－10 本章内容小结

附录：矛盾矩阵表

改善的参数 \ 恶化的参数		1	2	3	4	5	6	7	8	9	10
		运动物体的重量	静止物体的重量	运动物体的长度	静止物体的长度	运动物体的面积	静止物体的面积	运动物体的体积	静止物体的体积	速度	力
1	运动物体的重量	+	–	15，8，9，34	–	29，17，38，34	–	29，2，40，28	–	2，8，15，38	8，10，18，37
2	静止物体的重量	–	+	–	10，1，29，35	–	35，30，13，2	–	5，35，14，2	–	8，10，19，35
3	运动物体的长度	15，8，29，34	–	+	–	15，17，4	–	7，17，4，35	–	13，4，8	17，10，4
4	静止物体的长度	–	35，28，40，29	–	+	–	17，7，10，40	–	35，8，2，14	–	28，10
5	运动物体的面积	2，14，29，4	–	14，15，18，4	–	+	–	7，14，17，4	–	29，30，4，34	19，30，35，2
6	静止物体的面积	–	30，2，14，18	–	26，7，9，39	–	+	–	–	–	1，18，35，36
7	运动物体的体积	2，26，29，40	–	1，7，35，4	–	1，7，4，17	–	+	–	29，4，38，34	15，35，36，37
8	静止物体的体积	–	35，10，9，14	19，14	35，8，2，14	–	–	–	+	–	2，18，37
9	速度	2，28，13，38	–	13，14，8	–	29，30，34	–	7，29，34	–	+	13，28，15，19
10	力	8，1，37，18	18，13，1，28	17，19，9，36	28，10	19，10，15	1，18，36，37	15，9，12，37	2，36，18，37	13，28，15，12	+

续表

改善的参数 \ 恶化的参数		11	12	13	14	15	16	17	18	19	20
		应力或压力	形状	结构的稳定性	强度	运动物体的作用时间	静止物体的作用时间	温度	光照强度	运动物体消耗的能量	静止物体消耗的能量
1	运动物体的重量	10，36，37，40	10，14，35，40	1，35，19，39	28，27，18，40	5，34，31，35	–	06，29，4，38	19，1，32	35，12，34，31	–
2	静止物体的重量	13，29，10，18	13，10，29，14	26，39，1，40	28，2，10，27	–	2，27，19，6	28，19，32，22	35，19，32		18，19，28，1
3	运动物体的长度	1，18，35	1，8，10，29	1，18，15，34	8，35，29，34	19	–	10，15，19	32	8，35，24	–
4	静止物体的长度	1，14，35	13，14，15，7	39，37，35	15，14，28，26	–	1，40，35	3，35，38，18	3，25	–	–
5	运动物体的面积	10，15，36，28	5，34，29，4	11，2，13，39	3，15，40，14	6，3	–	2，15，16	15，32，19，13	19，32	–
6	静止物体的面积	10，15，36，37	–	2，38	40	–	2，10，19，30	35，39，38	–	–	–
7	运动物体的体积	6，35，36，37	1，15，29，4	28，10，1，39	9，14，15，7	6，35，4	–	34，39，10，18	10，13，2	35	–
8	静止物体的体积	24，35	7，2，35	34，28，35，40	9，14，17，15	–	35，34，38	35，6，4	–	–	–
9	速度	6，18，38，40	35，15，18，34	28，33，1，18	8，3，26，14	3，19，35，5	–	28，30，36，2	10，13，19	8，15，35，38	–
10	力	18，21，11	10，35，40，34	35，10，21	35，10，14，27	19，2	–	35，10，21	–	19，17，10	1，16，36，37

续表

改善的参数 \ 恶化的参数		21 功率	22 能量损失	23 物质损失	24 信息损失	25 时间损失	26 物质或事物的数量	27 可靠性	28 测试精度	29 制造精度	30 作用于物体的有害因素
1	运动物体的重量	12，36，18，31	6，2，34，19	5，35，3，31	10，24，35	10，35，20，28	3，26，18，31	3，11，1，27	28，27，35，26	28，35，26，18	22，21，18，27
2	静止物体的重量	15，19，18，22	18，19，28，15	5，8，13，30	10，15，35	10，20，35，26	19，6，18，26	10，28，8，3	18，26，28	10，1，35，17	2，19，22，37
3	运动物体的长度	1，35	7，2，35，39	4，29，23，10	1，24	15，2，29	29，35	10，14，29，40	28，32，4	10，1，35，17	1，15，17，24
4	静止物体的长度	12，8	6，28	10，28，24，35	24，26	30，29，14	–	15，29，28	32，28，3	2，32，10	1，18
5	运动物体的面积	19，10，32，18	15，17，30，26	10，35，2，39	30，26	26，4	29，30，6，13	29，9	26，28，32，3	2，32	22，33，28，1
6	静止物体的面积	17，32	17，7，30	10，14，18，39	30，16	10，35，4，18	2，18，40，4	32，35，40，4	26，28，32，3	2，29，18，36	27，2，39，35
7	运动物体的体积	35，6，13，18	7，15，13，16	36，39，34，10	2，22	2，6，34，10	29，30，7	14，1，40，11	25，26，28	25，28，2，16	22，21，27，35
8	静止物体的体积	30，6	–	10，39，35，34	–	35，16，32，18	35，3	2，35，16	–	35，10，25	34，39，19，27
9	速度	19，35，38，2	14，20，19，35	10，13，28，38	13，26	–	10，19，29，38	11，35，27，28	28，32，1，24	10，28，32，25	1，28，35，23
10	力	19，35，18，37	14，15	8，35，40，5	–	10，37，36	14，29，18，36	3，35，13，21	35，10，23，24	28，29，37，36	1，35，40，18

续表

改善的参数 \ 恶化的参数		31 物体产生的有害因素	32 可制造性	33 可操作性	34 可维修性	35 适应性及多用性	36 装置的复杂性	37 控制与检测的复杂性	38 自动化程度	39 生产率
1	运动物体的重量	22，35，31，39	27，28，1，36	35，3，2，24	2，27，28，11	29，5，15，8	26，30，36，34	28，29，26，32	26，35，18，19	35，3，24，37
2	静止物体的重量	35，22，1，39	28，1，9	6，13，1，32	2，27，28，11	19，15，29	1，10，26，39	25，28，17，15	2，26，35	1，28，15，35
3	运动物体的长度	17，15	1，29，17	15，29，35，4	1，28，10	14，15，1，16	1，19，26，24	35，1，26，24	17，24，26，16	14，4，28，29
4	静止物体的长度	–	15，17，27	2，25	3	1，35	1，26	26	–	30，14，27，26
5	运动物体的面积	17，2，18，39	13，1，26，24	15，17，13，16	15，13，10，1	15，30	14，1，13	2，36，26，18	14，30，28，23	10，26，34，2
6	静止物体的面积	22，1，40	40，16	16，4	16	15，16	1，18，36	2，35，30，18	23	10，15，17，7
7	运动物体的体积	17，2，40，1	29，1，40	15，13，30，12	10	15，29	26，1	29，26，4	35，34，16，24	10，6，2，34
8	静止物体的体积	30，18，35，4	35	–	1	–	1，31	2，17，26	–	35，37，10，2
9	速度	2，24，32，21	35，13，8，1	32，28，13，12	34，2，28，27	15，10，26	10，28，4，34	3，34，27，16	10，18	–
10	力	13，3，36，24	15，37，18，1	1，28，3，25	15，1，11	15，17，18，20	26，35，10，18	36，37，10，19	2，35	3，28，35，37

续表

改善的参数＼恶化的参数		1	2	3	4	5	6	7	8	9	10
		运动物体的重量	静止物体的重量	运动物体的长度	静止物体的长度	运动物体的面积	静止物体的面积	运动物体的体积	静止物体的体积	速度	力
11	应力或压力	10，36，37，40	13，29，10，18	35，10，36	35，1，14，16	10，15，36，28	10，15，36，24	6，35，10	35，34	6，35，36	36，35，21
12	形状	8，10，29，40	15，10，26，3	29，34，5，4	13，14，10，7	5，34，4，10	–	14，4，15，22	7，2，35	35，15，34，18	35，10，37，40
13	结构的稳定性	21，35，2，39	26，39，1，40	13，15，1，28	37	2，11，13	39	28，10，19，39	34，28，35，40	33，15，28，18	10，35，21，16
14	强度	1，8，40，15	40，26，27，1	1，15，8，35	15，14，28，26	3，34，40，29	9，40，28	10，15，14，7	9，14，17，15	8，13，26，14	10，18，3，14
15	运动物体的作用时间	19，5，34，31	–	2，19，9	–	3，17，19	–	10，2，19，30	–	3，35，5	19，2，16
16	静止物体的作用时间	–	6，27，19，16	–	1，40，35	–	–	–	35，34，38	–	–
17	温度	36，22，6，38	22，35，32	15，19，9	15，19，9	3，35，39，18	35，38	34，39，40，18	35，6，4	2，28，36，30	35，10，3，21
18	光照强度	19，1，32	2，35，32	19，32，16	–	19，32，26	–	2，13，10	–	10，13，19	26，19，6
19	运动物体消耗的能量	12，18，28，31	–	12，28	–	15，19，25	–	35，13，18	–	8，15，35	16，26，21，2
20	静止物体消耗的能量	–	19，9，26，27	–	–	–	–	–	–	–	36，37

续表

改善的参数 \ 恶化的参数		11	12	13	14	15	16	17	18	19	20
		应力或压力	形状	结构的稳定性	强度	运动物体的作用时间	静止物体的作用时间	温度	光照强度	运动物体消耗的能量	静止物体消耗的能量
11	应力或压力	+	35，4，15，10	35，33，2，40	9，18，3，40	19，3，27	–	35，39，19，2	–	14，24，10，37	–
12	形状	34，15，10，14	+	33，1，18，4	30，14，10，40	14，26，9，25	–	22，14，19，32	13，15，32	2，6，34，14	–
13	结构的稳定性	2，35，40	22，1，18，4	+	17，9，15	13，27，10，35	39，3，35，23	35，1，32	32，3，27，15	13，19	27，4，29，18
14	强度	10，3，18，40	10，30，35，40	13，17，35	+	27，3，26	–	30，10，40	35，19	19，35，10	35
15	运动物体的作用时间	19，3，27	14，26，28，25	13，3，35	27，3，10	+	–	19，35，39	2，19，4，35	28，6，35，18	–
16	静止物体的作用时间	–	–	39，3，35，23	–	–	+	19，18，36，40	–	–	–
17	温度	35，39，19，2	14，22，19，32	1，35，32	10，30，22，40	19，13，39	19，18，36，40	+	32，30，21，16	19，15，3，17	–
18	光照强度	–	32，30	32，3，27	35，19	2，19，6	–	32，35，19	+	32，1，19	32，35，1，15
19	运动物体消耗的能量	23，14，25	12，2，39	19，13，17，24	5，19，9，35	28，35，6，18	–	19，24，3，14	2，15，19	+	–
20	静止物体消耗的能量	–	–	27，4，29，18	35	–	–	–	19，2，35，32	–	+

续表

改善的参数 \ 恶化的参数		21 功率	22 能量损失	23 物质损失	24 信息损失	25 时间损失	26 物质或事物的数量	27 可靠性	28 测试精度	29 制造精度	30 作用于物体的有害因素
11	应力或压力	10，35，14	2，36，25	10，36，37	–	37，36，4	10，14，36	10，13，19，35	6，28，25	3，35	22，2，37
12	形状	4，6，2	14	35，29，3，5	–	14，10，34，17	36，22	10，40，16	28，32，1	32，30，40	22，1，2，35
13	结构的稳定性	32，35，27，31	14，2，39，6	2，14，30，40	–	35，27	15，32，35	–	13	18	35，23，18，30
14	强度	10，26，35，28	35	35，28，31，40	–	29，3，28，10	29，10，27	11，3	3，27，16	3，27	18，35，37，1
15	运动物体的作用时间	19，10，35，38	–	28，27，3，18	10	20，10，28，18	3，35，10，40	11，2，13	3	3，27，16，40	22，15，33，28
16	静止物体的作用时间	16	–	27，16，18，38	10	28，20，10，16	3，35，31	34，27，6，40	10，26，24	–	17，1，40，33
17	温度	2，14，17，25	21，17，35，38	21，36，29，31	–	35，28，21，18	3，17，30，39	19，35，3，10	32，19，24	24	22，33，35，2
18	光照强度	32	19，16，1，6	13，1	1，6	19，1，26，17	1，19	–	11，15，32	3，32	15，19
19	运动物体消耗的能量	6，19，37，18	12，22，15，24	35，24，18，5	–	35，38，19，18	34，23，16，18	19，21，11，27	3，1，32	–	1，35，6，27
20	静止物体消耗的能量	–	–	28，27，18，31	–	–	3，35，31	10，36，23	–	–	10，2，22，37

续表

改善的参数 \ 恶化的参数		31	32	33	34	35	36	37	38	39
		物体产生的有害因素	可制造性	可操作性	可维修性	适应性及多用性	装置复杂性	控制与检测的复杂性	自动化程度	生产率
11	应力或压力	–	35，4，15，10	35，33，2，40	9，18，3，40	19，3，27	–	35，39，19，2	–	14，24，10，37
12	形状	34，15，10，14	–	33，1，18，4	30，14，10，40	14，26，9，25	–	22，14，19，32	13，15，32	2，6，34，14
13	结构的稳定性	2，35 40	22，1，18，4	–	17，9，15	13，27，10，35	39，3，35，23	35，1，32	32，3，27，15	13，19
14	强度	10，3 18，40	10，30，35，40	13，17，35	–	27，3，26	–	30，10，40	35，19	19，35，10
15	运动物体的作用时间	19，3，27	14，26，28，25	13，3，35	27，3，10	–	–	19，35，39	2，19，4，35	28，6，35，18
16	静止物体的作用时间	–	–	39，3，35，23	–	–	–	19，18，36，40	–	–
17	温度	35，39，19，2	14，22，19，32	1，35，32	10，30，22，40	19，13，39	19，18，36，40	–	32，30，21，16	19，15，3，17
18	光照强度	–	32，30	32，3，27	35，19	2，19，6	–	32，35，19	–	32，1，19
19	运动物体消耗的能量	23，14，25	12，2，39	19，13，17，24	5，19，9，35	28，35，6，18	–	19，24，3，14	2，15，19	–
20	静止物体消耗的能量	–	–	27，4，29，18	35	–	–	–	19，2，35，32	–

续表

改善的参数 \ 恶化的参数		1	2	3	4	5	6	7	8	9	10
		运动物体的重量	静止物体的重量	运动物体的长度	静止物体的长度	运动物体的面积	静止物体的面积	运动物体的体积	静止物体的体积	速度	力
21	功率	8，36，38，31	19，26，17，27	1，10，35，37	–	19，38	17，32，13，38	35，6，38	30，6，25	15，35，2	26，2，36，35
22	能量损失	15，6，19，28	19，6，18，9	7，2，6，13	6，38，7	15，26，17，30	17，7，30，18	7，18，23	7	16，35，38	36，38
23	物质损失	35，6，23，40	35，6，22，32	14，29，10，39	10，28，24	35，2，10，31	10，18，39，31	1，29，30，36	3，39，18，31	10，13，28，38	14，15，18，40
24	信息损失	10，24，35	10，35，5	1，26	26	30，26	30，16	–	2，22	26，32	–
25	时间损失	10，20，37，35	10，20，26，5	15，2，29	30，24，14，5	26，4，5，16	10，35，17，4	2，5，34，10	35，16，32，18	–	10，37，36，5
26	物质或事物的数量	35，6，18，31	27，26，18，35	29，14，35，18	–	15，14，29	2，18，40，4	15，20，29	–	35，29，34，28	35，14，3
27	可靠性	3，8，10，40	3，10，8，28	15，9，14，4	15，29，28，11	17，10，14，16	32，35，40，4	3，10，14，24	2，35，24	21，35，11，28	8，28，10，3
28	测试精度	32，35，26，28	28，35，25，26	28，26，5，16	32，28，3，16	26，28，32，3	26，28，32，3	32，13，6	–	28，13，32，24	32，2
29	制造精度	28，32，13，18	28，35，27，9	10，28，29，37	2，32，10	28，33，29，32	2，29，18，36	32，28，2	25，10，35	10，28，32	28，19，34，36
30	作用于物体的有害因素	22，21，27，39	2，22，13，24	17，1，39，4	1，18	22，1，33，28	27，2，39，35	22，23，37，35	34，39，19，27	21，22，35，28	13，35，39，18

续表

改善的参数 \ 恶化的参数		11 应力或压力	12 形状	13 结构的稳定性	14 强度	15 运动物体的作用时间	16 静止物体的作用时间	17 温度	18 光照强度	19 运动物体消耗的能量	20 静止物体消耗的能量
21	功率	22，10，35	29，14，2，40	35，32，15，31	26，10，28	19，35，10，38	16	2，14，17，25	16，6，19	16，6，19，17	–
22	能量损失	–	–	14，2，39，6	26	–	–	19，38，7	1，13，32，15	–	–
23	物质损失	3，36，37，10	29，35，3，5	2，14，30，40	35，28，31，40	28，27，3，18	27，16，18，38	21，36，39，31	1，6，13	35，18，24，5	28，27，12，31
24	信息损失	–	–	–	–	10	10	–	19	–	–
25	时间损失	37，36，4	4，10，34，17	35，3，22，5	29，3，28，18	20，10，28，18	28，20，10，16	35，29，21，18	1，19，21，17	35，38，19，18	1
26	物质或事物的数量	10，36，14，3	35，14	15，2，17，40	14，35，34，10	3，35，10，40	3，35，31	3，17，39	–	34，29，16，18	3，35，31
27	可靠性	10，24，35，19	35，1，16，11	–	11，28	2，35，3，25	34，27，6，40	3，35，10	11，32，13	21，11，27，19	36，23
28	测试精度	6，28，32	6，28，32	32，35，13	28，6，32	28，6，32	10，26，24	6，19，28，24	6，1，32	3，6，32	–
29	制造精度	3，35	32，30，40	30，18	3，27	3，27，40	–	19，26	3，32	32，2	–
30	作用于物体的有害因素	22，2，37	22，1，3，35	35，24，30，18	18，35，37，1	22，15，33，28	17，1，40，33	22，33，35，2	1，19，32，13	1，24，6，27	10，2，22，37

续表

改善的参数 \ 恶化的参数		21 功率	22 能量损失	23 物质损失	24 信息损失	25 时间损失	26 物质或事物的数量	27 可靠性	28 测试精度	29 制造精度	30 作用于物体的有害因素
21	功率	+	10，35，38	28，27，18，38	10，19	35，20，10，6	4，34，19	19，24，26，31	32，15，2	32，2	19，22，31，2
22	能量损失	3，38	+	35，27，2，37	19，10	10，18，32，7	7，18，25	11，10，35	32	–	21，22，35，2
23	物质损失	28，27，18，38	35，27，2，31	+	–	15，18，35，10	6，3，10，24	10，29，39，35	16，34，31，28	35，10，24，31	33，22，30，40
24	信息损失	10，19	19，10	–	+	24，26，28，32	24，28，35	10，28，23	–	–	22，10，1
25	时间损失	35，20，10，6	10，5，18，32	35，18，10，39	24，26，28，32	+	35，38，18，16	10，30，4	24，34，28，32	24，26，28，18	35，18，34
26	物质或事物的数量	35	7，18，25	6，3，10，24	24，28，35	35，38，18，16	+	18，3，28，40	3，2，28	33，30	35，33，29，31
27	可靠性	21，11，26，31	10，11，35	10，35，29，39	10，28	10，30，4	21，28，40，3	+	32，3，11，23	11，32，1	27，35，2，40
28	测试精度	3，6，32	26，32，27	10，16，31，28	–	24，34，38，32	2，6，32	5，11，1，23	+	–	28，24，22，26
29	制造精度	32，2	13，23，2	35，31，10，24	–	32，26，28，18	32，30	11，32，1	–	+	26，28，10，36
30	作用于物体的有害因素	19，22，31，2	21，22，35，2	33，22，19，40	22，10，2	35，18，34	35，33，29，31	27，24，2，40	28，33，23，26	26，28，10，18	+

续表

恶化的参数 / 改善的参数		31 物体产生的有害因素	32 可制造性	33 可操作性	34 可维修性	35 适应性及多用性	36 装置的复杂性	37 控制与检测的复杂性	38 自动化程度	39 生产率
21	功率	2，35，18	26，10，34	26，35，10	35，2，10，34	19，17，34	20，19，30，34	19，35，16	28，2，17	28，35，34
22	能量损失	21，35，2，22	–	35，32，1	2，19	–	7，23	35，3，15，23	2	28，10，29，35
23	物质损失	10，1，34，29	15，34，33	32，28，2，24	2，35，34，27	15，10，2	35，10，28，24	35，18，10，13	35，10，18	28，35，10，23
24	信息损失	10，21，22	32	27，22	–	–	–	35，33	35	13，23，15
25	时间损失	35，22，18，39	35，28，34，4	4，28，10，34	32，1，10	35，28	6，29	18，28，32，10	24，28，35，30	–
26	物质或事物的数量	3，35，40，39	29，1，35，27	35，29，10，25	2，32，10，25	15，3，29	3，23，27，10	3，27，29，18	8，35	13，29，3，27
27	可靠性	35，2，40，26	–	27，17，40	1，11	13，35，8，24	13，35，1	27，40，28	11，13，27	1，35，29，38
28	测试精度	3，33，39，10	6，35，25，18	1，13，17，34	1，32，13，11	13，35，2	27，35，10，34	26，24，32，28	28，2，10，34	10，34，28，32
29	制造精度	4，17，34、26	–	1，32，35，23	25，10	–	26，2，18	–	26，28，18，23	10，18，32，39
30	作用于物体的有害因素	–	24，35，2	2，25，28，39	35，10，2	35，11，22，31	22，19，29，40	22，19，29，40	33，3，34	22，35，13，24

续表

改善的参数＼恶化的参数		1 运动物体的重量	2 静止物体的重量	3 运动物体的长度	4 静止物体的长度	5 运动物体的面积	6 静止物体的面积	7 运动物体的体积	8 静止物体的体积	9 速度	10 力
31	物体产生的有害因素	19，22，15，39	35，22，1，39	17，15，16，22	-	17，2，18，39	22，1，40	17，2，40	30，18，35，4	35，28，3，23	35，28，1，40
32	可制造性	28，29，15，16	1，27，36，13	1，29，13，17	15，17，27	13，1，26，12	16，40	13，29，1，40	35	35，13，8，1	35，12
33	可操作性	25，2，13，15	6，13，1，25	-	1，17，13，16	18，16，15，39	1，16，15，39	1，16，35，15	4，18，31，39	18，13，34	28，13，35
34	可维修性	2，27，35，11	2，27，35，11	1，28，10，25	3，18，31	15，32，13	16，25	25，2，35，11	1	34，39	1，11，10
35	适应性及多用性	1，6，15，8	19，15，29，16	35，1，29，2	1，35，16	35，30，29，7	15，16	15，35，29	-	35，10，14	15，17，20
36	装置的复杂性	26，30，34，36	2，26，35，39	1，19，26，24	26	14，1，13，16	6，36	34，26，6	1，16	34，10，28	26，16
37	控制与检测的复杂性	27，26，28，13	6，13，28，1	16，17，26，24	26	2，13，18，17	2，39，30，16	29，1，4，16	2，18，26，31	3，4，16，35	36，28，40，19
38	自动化程度	28，26，18，35	28，26，35，10	14，13，28，27	23	17，14，13	-	35，13，16	-	28，10	2，35
39	生产率	35，26，24，37	28，27，15，3	18，4，28，38	30，7，14，26	10，26，34，31	10，35，17，7	2，6，34，10	35，37，10，2	-	28，15，10，36

续表

改善的参数＼恶化的参数		11	12	13	14	15	16	17	18	19	20
		应力或压力	形状	结构的稳定性	强度	运动物体的作用时间	静止物体的作用时间	温度	光照强度	运动物体消耗的能量	静止物体消耗的能量
31	物体产生的有害因素	2，33，27，18	35，1	35，40，27，39	15，35，22，2	15，22，33，31	21，39，16，22	22，35，2，24	19，24，39，32	2，35，6	19，22，18
32	可制造性	35，19，1，37	1，28，13，27	11，13，1	11，3，10，32	27，1，4	35，16	27，26，18	28，24，27，1	28，26，27，1	1，4
33	可操作性	2，32，12	15，34，29，28	32，35，30	32，40，3，28	29，3，8，25	1，16，25	26，27，13	13，17，1，24	1，13，24	-
34	可维修性	13	1，13，2，4	2，35	1，11，2，39	11，29，28，27	1	4，10	15，1，13	15，1，28，16	-
35	适应性及多用性	35，16	15，37，1，8	35，30，14	35，3，32，6	13，1，35	2，16	27，2，3，35	6，22，26，1	19，35，29，13	-
36	装置的复杂性	19，1，35	29，13，28，15	2，22，17，19	2，13，28	10，4，28，15	-	2，17，13	24，17，13	27，2，29，28	-
37	控制与检测的复杂性	35，36，37，32	27，13，1，39	11，22，39，30	27，3，15，28	19，29，25，39	25，34，6，35	3，27，35，16	2，24，26	35，38，19，18	19，35，16
38	自动化程度	13，35	15，32，1，13	18，1	25，13	6，9	-	26，2，19	8，32，19	2，32，13	28，2，27
39	生产率	10，37，14	14，10，34，40	35，3，22，39	29，28，10，18	35，10，2，18	20，10，16，38	35，21，28，10	26，17，19，1	35，10，38，19	1

续表

改善的参数＼恶化的参数		21	22	23	24	25	26	27	28	29	30
		功率	能量损失	物质损失	信息损失	时间损失	物质或事物的数量	可靠性	测试精度	制造精度	作用于物体的有害因素
31	物体产生的有害因素	2，35，18	21，35，22，2	10，1，34	10，21，29	1，22	3，24，39，1	24，2，40，39	3，33，26	4，17，34，26	–
32	可制造性	27，1，12，24	19，35	15，34，33	32，24，18，16	35，28，34，4	35，24，1，24	–	1，35，12，18	–	24，2
33	可操作性	35，34，2，10	2，19，13	28，32，2，24	4，10，27，22	4，28，10，34	12，35	17，27，8，40	25，13，2，34	1，32，35，23	2，25，28，39
34	可维修性	15，10，32，2	15，1，32，19	2，35，34，27	–	32，1，10，25	2，28，10，25	11，10，1，16	10，2，13	25，10	35，10，2，16
35	适应性及多用性	19，1，29	18，15，1	15，10，2，13	–	35，28	3，35，15	35，13，8，24	35，5，1，10	–	35，11，32，31
36	装置的复杂性	20，19，30，34	10，35，13，2	35，10，28，29	–	6，29	13，3，27，10	13，35，1	2，26，10，34	26，24，32	22，19，29，40
37	控制与检修的复杂性	19，1，16，10	35，3，15，19	1，18，10，24	35，33，27，22	18，28，32，9	3，27，29，18	27，40，28，8	26，24，32，28	–	22，19，29，28
38	自动化程度	23，28	35，10，18，5	35，33	24，28，35，30	35，13	11，27，32	28，26，10，34	28，26，18，23	2，33	2
39	生产率	35，20，10	28，10，29，35	28，10，35，23	13，15，23	–	35，38	1，35，10，38	1，10，34，28	32，1，18，10	22，35，13，24

续表

改善的参数 \ 恶化的参数		31	32	33	34	35	36	37	38	39
		物体产生有害因素	制造性	操作性	维修性	适应性	装置复杂程度	测控难度	自动化程度	生产率
31	物体产生的有害因素	+	–	–	–	–	19，1，31	2，21，27，1	2	22，35，18，39
32	可制造性	–	+	2，5，13，16	35，1，11，9	2，13，15	27，26，1	6，28，11，1	8，28，1	35，1，10，28
33	可操作性	–	2，5，12	+	12，26，1，32	15，34，1，16	32，25，12，17	–	1，34，12，3	15，1，28
34	可维修性	–	1，35，11，10	1，12，26，15	+	7，1，4，16	35，1，13，11	–	34，35，7，13	1，32，10
35	适应性及多用性	–	1，13，31	15，34，1，16	1，16，7，4	+	15，29，37，28	1	27，34，35	35，28，6，37
36	装置的复杂性	19，1	27，26，1，13	27，9，26，24	1，13	29，15，28，37	+	15，10，37，28	15，1，24	12，17，28
37	控制与检测的复杂性	2，21	5，28，11，29	2，5	12，26	1，15	15，10，37，28	+	34，21	35，18
38	自动化程度	1，26，13	1，12，34，3	1，35，13	27，4，1，35	15，24，10	34，27，25	–	+	5，12，35，26
39	生产率	35，22，18，39	35，28，2，24	1，28，7，19	1，32，10，25	1，35，28，37	12，17，28，24	35，18，27，2	5，12，35，26	+